The Meaning of Science

The Meaning of Science

MiD

과학한다, 고로 철학한다

초판 1쇄 발행   2016.07.22
초판 4쇄 발행   2020.12.07

지 은 이   팀 르윈스
옮 긴 이   김경숙

펴 낸 곳   (주)엠아이디미디어
펴 낸 이   최종현

편   집   최종현
디 자 인   홍슬미
마 케 팅   김태희
경영지원   윤 송

주   소   서울특별시 마포구 토정로 222 한국출판콘텐츠센터 303호
전   화   (02) 704-3448
팩   스   (02) 6351-3448
이 메 일   mid@bookmid.com
홈페이지   www.bookmid.com
등   록   제2011 - 000250호

I S B N   979-11-85104-84-3 03400

이 도서의 국립중앙도서관 출판예정도서목록(CIP)은 서지정보유통지원시스템 홈페이지(http://seoji.nl.go.kr)와 국가자료공동목록시스템(http://www.nl.go.kr/kolisnet)에서 이용하실 수 있습니다. (CIP 제어번호:2016017251)

로즈와 샘에게.

독자에게 드리는 글

이 책의 각 장은 거의 독립적인 구조로 되어 있으므로 어느 장부터 읽으셔도 상관이 없습니다. 책의 끝에는 그 장에서 다룬 주제에 대해 더 알고 싶은 독자들을 위해 짧은 참고도서 목록을 소개합니다. 대부분의 독자께서는 이 책에 달린 많은 미주에 신경 쓰지 않으셔도 됩니다. 미주는 본문에 나오는 사실과 논쟁 및 주장에 대한 출처를 밝히고 있습니다.

팀 르윈스는 젊은 나이에도 불구하고 과학철학계에서 세계적 명망이 있는 학자이며, 특히 생물학 분야의 과학이론들이 가지는 사회적, 문화적 의미를 깊이 고려하는 전문가로 유명하다. 그의 명쾌한 강의는 케임브리지 대학에서 학생들에게 지속적으로 인기를 끌고 있다. 그가 최근에 내놓은 이 책은 영국에서 수준 높은 대중 서적의 대명사로 꼽히는 「펠리컨」시리즈에 들어간 것으로, 난해하다고 다들 두려워하는 과학철학을 친근하게 소개하도록 시도하였다. 영국인 특유의 미묘한 철학적 스타일을 번역을 통해서 전달하는 것이 결코 쉬운 일은 아닌지라, 역자의 노력도 눈에 띄는 작품이다.

이 책의 처음 부분은 과학 방법론에 중점을 두는 과학철학 개론서의 역할을 한다. 포퍼와 쿤의 과학관을 설명하고,

실재론 논쟁 등 핵심적 주제들을 다룬다. 간략하면서도 깊이 있는 논의는 여러 문제의 정곡을 찔러주고 있으며, 고전적 논의에서부터 최근의 연구결과까지 과학철학에서 논의되는 대부분의 내용을 섭렵하고 있다. 후반부로 가면 저자 특유의 사고가 본격적으로 전개되며, 보통 과학철학에서 흔히 다루지 않는 중요한 문제들이 불쑥불쑥 제기된다. 무엇보다도 다윈주의 진화론에 기반해서 섣불리 내리는 인간 본성과 윤리에 대한 결론들을 거침없이 비판한다. 지구온난화, 유전공학 등 시사성 있는 여러 사회문제들을 언급하며 펼치는 철학적 논의는 신선한 맛이 있고, 많은 독자에게 공감을 주리라 생각한다.

르윈스 교수는 과학이 과연 인간의 삶에 대해 어떤 이야기를 해주는 것인가에 대하여 날카로운 철학적 통찰력을 보여주는 훌륭한 저서를 내놓았다. 이 책이 국내에 소개되는 것은 참으로 반가운 일이며, 독자들이 평소에 해 보지 못했던 깊은 생각을 체계적으로 해 볼 계기를 만들어 줄 것으로 믿는다.

장하석
케임브리지대 석좌교수

목차

　지난 여름 팀 르윈스의 『과학한다, 고로 철학한다』를 번
역해 보는 게 어떻겠냐는 제안을 받았을 때 "아, 과학에 대
해 공부할 좋은 기회가 되겠구나"하는 반가운 생각이 제일
먼저 들었다. 인문학(철학)을 전공한 역자에게 과학이라는
학문은 예술을 하는 사람들이 논리학에 대해 생각하는 것
처럼 이질된 학문이라는 생각이 들었지만, 바로 그 이유로
더 호기심이 가기도 했다. 이 책은 과학이라는 학문 자체에
관해 관심을 지닌 사람이라면 누구나 읽어볼 만한 책이다.
이 책은 과학의 입문서라기보다는 과학철학의 입문서이
다. 과학철학이란 무엇인가? 과학철학이란 말 그대로 과학
에 대해 철학하는 것이다. 그렇다면 철학한다는 것은 무엇
을 말하는가? 철학적인 활동은 여러 가지 행위를 포함하고
있는데 그중 하나가 어떤 대상에 대한 피상적인 설명을 넘

어서 그것이 지닌 의미를 찾아내고 평가하는 역할이 아닐까 한다. 이런 의미에서 철학은 "의미"를 찾는 행위와 불가분의 관계에 있다고 하겠다.

이 책 역시 그런 철학적인 활동을 충실히 해내고 있다. 구체적으로 저자는 이 책에서 과학에 대해 다음과 같이 철학적인 접근을 시도한다. 먼저 과학이란 무엇인가? 과학과 비과학을 구분 짓는 기준은 무엇이고 그 기준은 얼마나 명확한가? 예를 들어, 경제학이나 동종요법 같은 것들도 과학이라고 말할 수 있을까? (1, 2장) 다음으로 저자는 과학의 본질에 대한 질문을 던진다. 구체적으로, 과학이란 시간을 통해 계속해서 발전하는 것인가, 아니면 한 시대를 풍미하는 특정 문화처럼 어떤 시대에 권위 있게 받아들여지는 어떤 사고의 유형(패러다임)인가? (3장) 이와 연관된 질문으로 다음이 있을 수 있다 — 과학은 우리에게 있는 세상을 그대로 보여주는가? 아니면 칸트가 인식론에서 인간의 지식이 인간이 세상을 바라보는 방식에 조건 지어져 있다고 말했듯 과학 역시 과학자가 세상을 바라보는 방식에 의존해 있는 것일까? (4장) 이 문제와 관계된 또 다른 주제가 과학과 가치 중립성의 문제이다. 흔히 우리는 과학자의 가치가 배제된 과학일수록 더 과학적이라고 생각한다. 이런 가치 중립성 혹은 객관성을 우리는 과학을 비과학에서 분리하는 척도로 흔히 여긴다. 하지만 저자는 이 책에서 과학이 과연 가치 중립적일 수 있는가 하는 질문을 던진다. (5장) 그렇다면 과학과 도덕의 관계는 어떠한가? 예를 들어, 적자생존 이론이 바탕이 된 진화론과 인간이 이타적일 수 있다는 이론은 양립 불가능하다고 여겨진다. 그러나 저자는 이것이 진화론에 대한 편협한 해석의 결과라고 지적한다. (6장) 또 다른 중요한 도덕적 주제인 인간 본성의 문제는 어떻게 다루어야 하는가? 먼저 본성 혹은 본질이라는 것은 무엇이며, 인간 본성의 존재를 인정했을 때 그것은 어떤 의미를 파생시키는가? (7장) 마지막으로 저자는 소위 말하는 "과학적인" 세계관, 즉 인간사를 포함한 모든 세계 현상이 인과관계로 설명이 돼 있을 뿐만이 아니라 이미 결정되어 있다는 입장을 받아들였을 때 과연 인간이 진정으로 자유롭다고 할 수 있는가 하는 어려운 문제를 다룬다. (8장)

저자 르윈스는 위에 제기된 중요한 문제를 다룰 때 마치 자신의 서재에서 독자를 대독하듯 한다. 미리 답을 알려주지 않고 질문을 던져가며 전개해 나가는 이런 대화식 논변에 독자들은 어느 정도 익숙해질 필요가 있다. 한 예로 저자가 미묘한 논변을 여러 페이지에 걸쳐 펼칠 때 독자는 그

흐름을 잃지 않도록 집중력과 인내심을 가지고 저자와 함께해야 한다. 이런 능동적인 자세로 이 책을 접할 때 기대치 않았던 선물, 즉 저자의 "건조한 유머$^{dry\ humor}$"도 음미할 수 있지 않을까 한다. 급하게 읽어내려가기 힘든 책이기에 빠르게 읽는다면 이 책이 주는 독특한 작은 즐거움을 발견하기는 힘들 것이다. 이 책을 단시간에 많은 정보를 채취해내는 식이 아니라 스스로 생각하는 시간을 충분히 가지며 읽어야 하는 또 다른 이유는 이 책을 통해 어떤 주제에 대해 어떻게 "철학적인 사고"를 하는지를 배울 수 있기 때문이다. 저자는 특정 주제에 대해 "철학적으로" 질문을 던지고 "철학적으로" 답변을 하는 좋은 본보기를 이 책에서 보여주고 있다. 마지막으로 이 책에서 다루어지는 문제의 복잡성과 깊이를 생각했을 때 다시 읽을 마음 자세로 이 책을 읽을 것을 권하고 싶다. 그 경우 독자들은 특정 부분만 다시 읽어도 괜찮을 것이다.

김경숙

서문
경이로운 과학의 세계

과학은 경이로운 업적을 이루어냈다. 인간 문화의 기원부터 동물의 길 찾기 체계, 블랙홀의 형성이나 암시장의 운영까지 모든 것을 설명해 왔다. 과학은 인간의 도덕적 판단과 미학적인 감수성에 대해서도 밝혀 내었다. 과학자들은 우주의 근본이 되는 구성 요소와 최초의 시점을 예리한 눈으로 관찰했다. 과학자들은 인간의 가장 은밀하고 사적인 활동뿐만 아니라 집단의 공적인 행위들도 관찰해 왔다. 과학적인 방법은 아득한 과거나 먼 미래의 비가시적이거나 무형인 사건에 대해서도 견해의 일치를 끌어낼 수 있을 만큼 누구나 인정하는 권위를 지니고 있다. 이러한 이유로 과학은 인류가 처한 가장 다급한 문제들에 대해 경고를 해왔으며, 앞으로는 이러한 문제들을 해결하는 데 중심 역할을 담당해야 할 것이다.

이 책은 과학철학 입문서로 과학이 거둔 구체적인 성과는 잠시 접어두고 과학적인 작업이 지닌 보다 포괄적인 중요성에 대해 일련의 질문을 던진다. 이 책은 과학이 무엇인지, 그리고 과학이 우리에게 어떤 의미가 있는지에 대해 관심이 있는 이들을 위해 쓰였다. 이 책을 읽기 위해 과학적 지식이나 철학적인 내용에 익숙할 필요는 없다.

과학은 철학의 모든 분야처럼 고대 그리스 시대 때부터 존재했다. 그리고 철학의 모든 분야처럼 논란의 대상이 되기도 했다. 일례로 1965년 노벨 물리학상 수상자이자 청중을 휘어잡는 카리스마의 소유자인 미국의 물리학자 파인만^{Richard Feynman}은 "새에게 조류학이 도움이 안 되는 것처럼 과학자에게도 과학철학이 도움되지 않는다"라고 말했다고 전해진다.[1]

파인만이 이 말을 한 것이 사실이라면 그가 말실수를 한 것은 아닐까? 새는 이해 능력이 없으므로 당연히 조류학이 도움될 수가 없다. 하지만 만약 이 새가 조류학자처럼 자기 새끼들 사이에 숨어 있는 뻐꾸기 새끼를 구별해 내는 방법을 안다면 그 많은 헛된 노력을 하지 않아도 될 것이다. 물론 파인만이 과학철학이 과학자들에게 너무 버겁다는 뜻으로 그런 말을 한 것은 아닐 테지만, 그가 철학이 과학에 이바지할 수 있다는 증거를 보지 못했던 것은 사실이다.

파인만이 한 말에 대응할 수 있는 좋은 방법은 많이 있는데,

그중 하나가 파인만보다 과학자로서 더 뛰어난 위상을 지녔던 물리학자의 의견을 들어보는 것이다. 1944년 과학철학 전공으로 박사 학위를 받은 로버트 손튼^{Robert Thornton}은 푸에르토리코 대학에서 현대 물리학 교수로 교편을 잡았다. 그는 아인슈타인에게 자신이 가르치는 물리학 수업에 철학을 포함해야 되는가 하고 자문했는데, 아인슈타인은 당연히 그래야 한다는 답변을 다음과 같이 보내왔다: "전문 과학자들까지도 포함해 요즘은 너무 많은 사람이 숲은 한 번도 보지 못한 채 나무만 잔뜩 보고 있는 것처럼 보이네." 그런 뒤 이런 근시안적 사고에 대한 해법을 다음과 같이 제시했다.

> 과학의 역사적·철학적 배경을 알고 있으면 대부분의 과학자가 지닌 문제인 현세대의 편견에서 벗어날 수 있다. 내 생각에는 철학적 통찰력이 가져다주는 이 자유야말로 진정으로 진리를 탐구하는 사람을 단순한 장인 혹은 전문가와 구별해 주는 것 같다.[2]

아인슈타인은 과학철학의 가치가 과학사와 함께 탐구자의 상상력을 마음껏 자극하는 데에 있다고 생각했다.[3]

우리는 이 책에서 세계가 우리에게 던진 가장 심오한 문제들에 대해 야망 있는 과학자들이 어떤 답변을 시도했는지 살펴볼 것이다. 예를 들어, 심리학자, 진화론자, 그리고 신경과학자들은 윤리학의 본질 및 자유의지의 현실에 대해 고민해 왔다. 이와 같은 연구 방향은 철학과 맞닥뜨리지 않을 수 없다. 도덕성이나 인간의 자유의지에 대해 생각이 정립되어 있지 않는 한 과학자들은 진화에 바탕을 둔 이론이 인간의 도덕성에 끼칠 여파에 대해 제대로 된 판단을 내린다거나 신경과학의 발전 앞에 선 인간 자유의지의 운명에 대한 평가를 할 수 없다. 다시 말해 과학자들은 좋건 싫건 수 세기 동안 철학자들이 고민했던 문제들과 맞닥뜨릴 수밖에 없는 것이다.

전통적으로 인문학에 속했던 영역을 과학자가 점유하기 시작했다고 해서 철학자들이 더는 배울 것이 없는 것은 아니다. 오히려 윤리나 자유의지에 대한 근래의 철학적 업적은 진화나 심리, 사회적 행위에 대한 과학적 연구와의 교류를 통해 더욱 뛰어난 연구로 태어났다. 이런 분야에서 철학과 과학은 건설적인 공조를 계속해왔으며 서로에게서 많은 것을 배웠다.

과학철학의 가치가 전적으로 얼마나 과학자들에게 도움이 되는가에 달려있다고 생각해서는 안 된다. 과학철학은 넓은 의미에서 문화적인 중요성도 지니고 있기 때문이다. 과학은 모든 곳에 존재하는 것만 같은데, 정말 과학은 모든 것을 보고 있을까? 그리고 우리가 알아야 하는 모든 것을 과학이 규명해

줄 수 있을까? 아니면 문학작품이나 추상적인 사유 같은 다른 경로를 통해서만 가능한 또 다른 이해 방식이 있을까? 철학적 질문은 과학의 한계에 관한 질문이기도 한데, 과학과 인문학이 어떻게 다른 방식으로 인간의 지식에 이바지하는지를 이해하는 데 도움이 된다.

과학철학은 경제와도 직접 관련된다. 예를 들어, 기후 변화에 대해 정부가 어떻게 대응해야 하는지 알고 싶다면, 먼저 증거는 불확실한데 잠재적인 위험이 도사리고 있는 경우에 어떤 것이 합리적인 사고인지를 알고 있어야 한다. 진정한 과학과 사이비 과학을 구분하는 기준에 대한 질문 하나 해보지 않은 사람이 동종요법 homeopathy, 인체에 질병 증상과 비슷한 증상을 유발시켜 치료하는 방법 이 정부의 보건 예산에 책정되어야 하는지에 대한 판단을 제대로 내릴 수는 없다. 또한, 중립적으로 보이는 과학적 정보에 정치·윤리적 가치가 이미 들어가 있는 건 아닌지에 대한 질문을 던져보지 않은 사람이 민주 사회가 기술과학을 어떻게 이용해야 하는지에 대한 판단을 제대로 할 턱이 없다.

결론적으로 과학철학은 우리 인류에게 있어 중요한 주제 중에서도 현실적으로 가장 중요한 문제를 다루는데, 앞으로 이 책에서는 그런 문제들을 다룰 것이다.

I

과학이란
무엇인가

What We Mean by 'Science'

1

과학적인 방법

How Science Works

과학에 속하는 학문은 많이 있다. 물리학도 과학이고 화학도 과학이다.

반면에 지식을 늘려주고 통찰력을 제공하지만 과학이라고 여겨지지 않

는 학문도 있다. 역사와 문학이 여기에 속한다.

과학은 신화에서, 그리고 그 신화에 대한 비판에서부터 시작해야 한다.

— 칼 포퍼

정통 과학과 사이비과학

과학에 속하는 학문은 많이 있다. 물리학도 과학이고 화학도 과학이다. 반면에 지식을 늘려주고 통찰력을 제공하지만 과학이라고 여겨지지 않는 학문도 있다. 역사와 문학이 여기에 속한다. 이런 분류에 이의를 제기하는 사람들은 거의 없을 것이다. 그런데 특정 학문은 과학인지 아닌지가 불분명한 경우가 있는데, 이런 경우 가끔 정치·문화적으로 큰 논란거리가 된다.

경제학, 지적설계이론 그리고 동종요법의 세 경우를 생각해보자. 이 세 이론이 지닌 유일한 공통점은 이들이 과학인지 아닌지가 논란거리가 된다는 사실이다. 경제학은 과학인가? 한편에서 보면 일반 과학 분야처럼 수학이 바탕이 되어 있고 권위가 있는 학문이다. 그런데 다른 한편으로 경제학은 미래를 예측하는 데에 취약하며, 특히 실제 사람들의 생각과 행동을 너무나 단순화시켜 파악하고는 한다.[4] 경제학은 단순한 상황, 예를 들어 사람들이 모두 합리적이라고 가정했을 경우에 일어날 일에 대한 가설을 세운다. 이런 의미에서 경제학은 과학보다는 영화「반지의 제왕」을 수식화한 것에 더 가깝다. 다시 말해, 현실 세계와 큰 괴리가 있는 허구의 세계를 세련된 수학으로 탐구하는 것이다.

지적설계이론intelligent design theory은 미국의 유명한 두뇌집단인 디스커버리 연구소Discovery Institute와 같은 단체가 옹호하고, 생화학자 마이클 비히Michael Behe와 수학자 겸 철학자 윌리엄 뎀스키William Dembski 같은 이론가들이 발전시켰다. 이 이론은 진화론에 반대되는 입장으로 생물학적 종種이 어떻게 환경에 적응하게 되었는가를 설명한다. 이 이론에 따르면, 생물적 특성 중 어떤 것들은 자연선택에 의한 결과라고 하기에는 너무 복잡하므로 신 혹은 다른 지성적인 존재가 지능적인 설계를 통해 창조했다고 봐야 한다. 추종자들로부터는 일종의 과학으로 자리매김하고 있지만, 많은 평론가들은 이 이론이 논란거리인 종교적인 해석을 교과 과정에 포함하려는 의도에 불과하며, 과학의 잣대로 평가했을 때는 형편없는 이론이라고 말한다.[5]

동종요법의 경우 대규모 임상실험에 의한 입증 사실이

부족함에도 불구하고 어떨 때는 주류 의사들도 이 요법의 가치를 인정한다. 어떤 의사들은 동종요법이 전혀 과학적인 근거가 없으며 효과가 있다면 위약 효과 같은 효과가 있을 뿐이라고 못을 박는다.[6] 어떤 의사들은 의료 개입을 정당화하는 과학적 연구에서 쓰이는 표준 방법이 '일반적인 상황'에서 '일반 환자'에게 어떤 치료가 좋은지에 대해서만 알려줄 수 있다고 말한다. 다시 말해, 이 방법은 의사가 특수한 상황에 처한 개인에게 특성화된 치료를 할 수 없게 만든다는 것이다.[7]

진정한 과학을 알려주는 표지가 무엇인지에 대한 질문은 중요하다. 이런 질문은 우리의 재정 및 사회적인 안녕에 대해 결정적인 조언을 해주는 이들의 권위에 영향을 끼칠 수 있다. 이런 질문은 우리 아이들이 배우는 교과 내용을 바꾸고, 우리가 낸 세금으로 어떤 형태의 연구를 보조할 것인가를 결정하는 문제에도 영향을 줄 뿐만 아니라 건강 유지를 위해 의사에게 자문할 때 그 자문 내용을 바꾸기도 한다.

이런 질문은 근래에 생긴 질문이 아니다. 오늘날 우리가 경제학, 지적설계이론 및 동종요법 같은 것이 지닌 과학적인 위상에 관심이 있는 것처럼 이전의 사상가들은 마르크스주의, 정신분석학 그리고 진화생물학 등이 지닌 과학적인 위상에 대해 고민했다. 우리의 고민은 무엇이 어떤 학문을 과학으로 만들고 어떤 학문은 과학으로 만들지 않는가 하는 것이다. 이 고민을 해결하는 데에는 칼 포퍼^{Karl Popper}가 도움이 될 수 있다.

칼 포퍼 (1902-1994)

과학자들에게 과학의 일반적인 특징에 관해 물어보면 주로 칼 포퍼가 한 선언을 들려줄 것이다. 포퍼는 1902년 오스트리아 빈에서 태어났는데 당시에 빈은 문화적으로 특히 풍요로운 시기였다. 1918년 빈 대학에 입학한 포퍼는 당시에 지배적이었던 지성 운동을 접하게 됐다. 한때 그는 좌파 정치에 연루되어 마르크스주의자가 되었으며, 아인슈타인의 상대성이론 강의를 들었고 심리치료자 아들러^{Alfred Adler}의 병원에서 짧은 기간 사회복지사로 자원봉사를 하기도 했다. 그는 1928년에 철학 박사 학위를 받았으며 1934년에 자신의 첫 책인 『과학적 발견의 논리^{The Logic of Scientific Discovery}』를 냈다.[8] 이 책에 기술된 넓은 의미의 과학적 진보 개념을 포퍼는 죽는 날까지 거의 변치 않고 믿었다.

부모가 유대인이라는 이유로 포퍼는 **1930**년대에 빈을 떠나야만 했다. 그는 뉴질랜드로 건너가 크라이스트처치에 있는 캔터베리 대학에서 교수 자리를 잡았고, 유럽으로 돌아올 때까지 **10**년을 거기서 살았다. **1946**년에 런던정경대에서 제안한 교수직을 수락해 은퇴할 때까지 거기서 교편을 잡았다. **1966**년 처음 런던정경대에서 포퍼를 만났던 과학철학자 도널드 질리스Donald Gillies는 최근 포퍼의 독특한 개성을 다음과 같이 생생하게 그렸다.

> 포퍼 교수가 강의실에 나타나기를 기다리는 것은 지루한 일이 아니었는데, 그 이유는 이 훌륭한 학자가 강의실에 발을 들여놓기 전에 일종의 의식이 항상 거행되었기 때문이다. 포퍼 교수의 연구 조교 두 사람이 교수가 나타나기 전에 먼저 들어와 창문을 활짝 열어젖힌 뒤 칠판에 "금연"이라고 쓰면서 학생들에게 절대로 담배를 피워서는 안 된다고 부탁을 했다. 포퍼는 정말 담배에 대해 일종의 혐오감을 지니고 있었다. 그는 자신에게 심한 담배 알레르기가 있으므로 적은 양이라도 흡입하게 되면 건강을 크게 해칠 수 있다고 했다. 그리고는 조교들로부터 교실에 담배 연기가 없다는 보고를 듣고서야 강의실에 발을 들여놓는 것이었다.[9]

그런데 질리스의 말에 따르면 포퍼가 알레르기 전문의에게 갔을 때 그 전문의는 포퍼에게 담배 알레르기 증세를 전혀 찾을 수가 없다고 말해 주었다고 한다! 여기에 대해 포퍼는 "바로 그래서 의학이 뒤떨어져 있다는 말을 듣는 거야"하고 한마디 했다는 것이다.[10]

포퍼가 가장 크게 명성을 떨친 때는 1960년 후반과 1970년대 초였다. 1965년에 영국 여왕으로부터 기사 작위를 받았고 이즈음에 그의 저서에 대해 여러 저명한 과학자들로부터 놀라움이 섞인 찬사를 들었다. 의학 부문 노벨상 수상자인 피터 메더워Peter Medawar는 포퍼에 대해 "이제까지 활동했던 과학자 중에 포퍼가 가장 걸출한 과학자라는 것이 본인의 생각이다"라고 평가를 했다. 수학자이자 우주학자인 허먼 본디Hermann Bondi는 포퍼에 대해 이렇게 말했다. "과학적인 방법 없는 과학이 시체라면 포퍼 없는 과학적인 방법 역시 시체이다."[11]

포퍼에 대한 질리스의 회고를 더 들어보면 포퍼가 사람들의 존경심만이 아니라 분노도 자아냈다는 것을 알게 된다. 화요일 오후마다 런던정경대에서는 '포퍼 세미나'를 열었는데, 초빙 연사가 나와 자신의 철학적인 견해를 발표하곤 했다. 이런 부류의 학술 세미나에서는 으레 연사가

과학한다, 고로 철학한다

삼사십 분 동안 방해받지 않고 자기 입장을 피력한 뒤에 의장이 청중에게 질문할 수 있게 한다. 그런데 포퍼 세미나에서는 그 진행 방식이 좀 달랐던 모양이다.

> 발표자가 오 분, 십 분을 말하기가 무섭게 포퍼 교수는 말을 끊었다. 자리에서 냉큼 일어나 지금까지 한 말에 대해 논평을 하겠다며 십에서 십오 분 동안 말을 하는 것이었다. 포퍼 교수가 발표 중간에 끼어드는 식은 보통 이렇다. 교수는 먼저 발표자가 그때까지 한 말을 요약한다. 그리고서 발표자가 피력한 의견에 대한 반대 의견을 내놓고는 "내가 발표자의 입장에 치명타를 가했다고 생각하지 않소?"라는 반문으로 반론을 끝내곤 했다. 짐작할 수 있겠지만 그런 반박은 초빙된 발표자들을 아주 난감하게 만들었다.

질리스는 다음과 같은 말을 덧붙였다. "포퍼의 입장에서는 이런 식의 세미나로 '자유로운 비판'의 완벽한 예를 구현했다 할 수 있을지는 몰라도, 발표자의 입장에서는 아주 비＃포퍼적인 학술 행위 위원회에서 개최한 대회에 참석한 것 같았을 수도 있죠."[12]

마르크스주의나 개인심리학의 문제는 뭘까?

과학에 대한 포퍼의 기본 입장은 기저에 있는 두 불편한 사실에서 유래되었다. 그는 지적인 흥분이 고조되었던 시대와 장소에서 성장했다. "오스트리아 제국 멸망 후의 오스트리아는 혁명적인 구호와 사상, 그리고 새롭기도 하고 어떨 때는 과격하게 느껴질 수 있는 이론들이 넘쳐나는 시기"였다고 포퍼는 회상했다.[13] 큰 야망 속에서 탄생한 아인슈타인의 상대성이론, 마르크스의 역사론, 인간 심리에 대한 다양한 심리 분석학적 이해와 같은 출중한 여러 지적 체계들이 대중들에게 널리 알려졌었다. 그러나 포퍼는 자신이 존경하는 상대성이론과 근본적으로 의심이 가는 정신분석학 같은 이론 사이에 큰 차이가 있다는 느낌을 떨칠 수 없었다.

그는 그런 자신의 직관을 이런 질문을 통해 한번 규명해 보기로 했다. "마르크스주의나 개인심리학의 문제가 도대체 뭘까? 이런 이론이 물리학 이론이나 뉴턴 이론, 특히 상대성이론과 어떻게 다른 걸까?"[14]

"아인슈타인이 내놓은 이론은 아직까지 경이적인 실험적 성공을 거두고 있지만, 만약 실험으로 그 오류가 드러난다면 과감히 폐기될 수 있는 이론이다. 그런데 정신분석

이론의 경우 진위에 대한 입장 자체가 너무 불명확하므로 실험으로 반박 자체가 되지 않는다"는 것이 포퍼의 입장이었다. "이런 이론은 과학이라고 불리지만 사실 과학보다는 원시 신화에 더 가깝고 천문학보다는 점성술과 더 비슷하다는 생각이 들었다"고 포퍼는 말했다.[15]

신문에 연재되는 별자리 운세(점성술)의 문제점은 예견한 내용이 현실과 다르다는 것이 아니라 오히려 그 어떤 현실에도 말이 되게끔 예견을 한다는 것이다. 그리고 바로 이런 이유로 별자리 운세는 무의미하다. 내가 이 글을 쓰고 있는 지금 「데일리 메일*」에 나오는 이번 주의 내 운세를 보면 이런 말이 나온다: "지난 몇 주간 좋은 일보다 안 좋은 일이 많았는데 이제 당신의 운이 바뀌려고 합니다. 태양과 조화의 행성인 금성이 이번 주에 당신의 탄생 궁에 들어가니 과거 걱정은 그만하고 미래를 계획하세요. 오랫동안 미뤄놨던 일을 시작해볼 때입니다."[16] "과거 걱정은 그만하고 미래에 대한 계획을 세우라"와 같은 말이 진짜 충고가 될 때가 과연 얼마나 자주 있을까? 그리고 어떤 일을 오랫동안 미루고 있었는데 그걸 이제 행동에 옮길 때라고 하는 말

---

* 역주: 영국의 유력 일간지

은 너무 뻔한 말이 아닌가? 그리고 지난 몇 주간 일어난 안 좋은 일과 좋은 일을 어떻게 양적으로 비교할 수 있단 말인가? 이런 말은 너무 뻔해 반박 자체를 할 수가 없다.

프로이트Sigmund Freud가 "꿈꾸는 내 환자 중 가장 똑똑한 사람"이라고 부른 한 여성 환자가 어느 날 자신의 소망 실현 이론—우리가 소망하는 바가 꿈에서 이루어진다는 이론—에 반대되는 꿈을 꾼 이야기를 했는데, 그 상황을 프로이트는 다음과 같은 말로 회고했다.

어느 날 제가 그 여자 환자에게 꿈에서는 소망한 것이 이루어진다고 설명해 주었습니다. 그 다음 날 그 여자가 간밤에 시어머니와 시골로 내려가 휴가를 같이 보내는 꿈을 꾸었다는 이야기를 하더군요. 저는 그 여자가 시어머니가 사는 근처에서 휴가를 보내는 생각만 해도 소름 끼쳐 하고 또 며칠 전 먼 휴양지에 방을 잡았기 때문에 시어머니와 가까이 있어야 하는 상황을 무사히 피했다는 것도 알고 있었습니다. 그런데 여자는 지난밤에 꾼 꿈의 내용이 자신이 소망하던 바와 반대라는 거죠. 이 사실이 소망하는 것이 꿈에서 이루어진다는 내 이론에 치명적인 반론이 되지 않느냐고요?[17]

시어머니와 휴가를 같이 보내는 꿈은 여자 환자가 바랐던 것이 아니라 끔찍이도 싫어했던 것이었다. 이런 반론이 제기되었음에도 프로이트는 다음과 같은 말로 자신의 이론이 여전히 건재하다고 주장했다. "그 꿈에서는 내가 틀린 것으로 나왔죠. 그 말은 그 환자가 내가 틀리기를 바랐다는 말이 됩니다. 그러니 꿈에 소망하는 바가 이루어진다는 내 이론이 맞는 것이죠."[18] 자신의 이론을 정면 반박하는 내용의 꿈을 그 여자 환자가 꾸었는데도 프로이트는 그 여자가 자신이 틀리기를 내심 바랐는데 꿈에서 그 소원이 이루어졌다는 식으로 둘러댄 것이다. 이런 이야기를 들으면 심리학에 대한 포퍼의 불편한 심기를 충분히 이해할 수 있다. 증거를 자신의 이론에 맞도록 해석해 내는 프로이트의 능력이 정신분석학적 방법의 강점이라고 하기는 힘들어 보인다. 오히려 어떤 증거든지 말이 되게 하는 신축성은 이 이론의 약점이다.

귀납의 문제

포퍼의 우려 중 일부는 과학과 비과학을 구분할 수 있는 "경계 구분의 기준"이 마련되어야 한다는 절실한 필요에서 비롯됐다. 그리고 다른 일부는 철학자들이 말하는 "귀납적 추론"에 대한 깊은 의심에 그 뿌리를 두고 있다. 소위 말하는 "귀납의 문제"를 가장 먼저 제기한 사람으로 보통 18세기 스코틀랜드의 철학자 데이비드 흄 David Hume을 꼽는다. 귀납의 문제를 이해하기 위해서는 먼저 귀납의 반대 개념인 연역적 추론법이 지닌 특성을 알아야 한다.

오소리가 포유류이며 "브록"이라는 이름으로 불리는 동물이 오소리라고 해보자. 이 두 전제가 사실이라면 브록이 포유류라는 참된 결론을 내릴 수 있다. 이런 추론을 두고 우리는 "연역적으로 타당한" 추론이라고 한다. 이런 추론에서는 전제가 참이면 결론은 언제나 참이어야 한다. 위의 예를 들자면, 오소리가 포유류이고 브록이 오소리인데 브록이 포유류가 아닌 경우는 있을 수가 없다. 탄탄한 연역적 추론에서는 참된 결론이 전제에 의해 보장되므로 확실성이 보장된다. 하지만 같은 이유로 연역적 추론은 별로 중요하지 않은 것을 다루게 되고 거기에 대한 새로운 지식을 제공하지는 않는다. 브록이 오소리이고 또 오소리는 모두 포유류라는 사실이 확보된 상황에서 "따라서 브록은 포유류이다"라는 결론은 추론자가 참인 전제에 포함된 자명한 결론을 풀이한 것에 불과하다.

귀납적 추론은 다르다. "베리터"라 불리는 새로운 약품을 개발했는데 그 안전성을 실험해 보고 싶다고 하자. 그 약을 만 명의 실험자들에게 투여한 뒤 몇 달이 지났는데도 그 누구에게도 부작용이 나타나지 않았다고 하자. 사람들에 따라 실험 반응이 다를 수 있으므로 여러 나라 사람 중에서 여자, 남자, 그리고 다른 연령대의 사람을 실험에 참여시켜 실험 참여자의 다양성을 기했다고 해보자. 이때 "실험에 참여한 전원이 부작용을 경험하지 않았으므로 이 약을 써본 적이 없는 콜린도 부작용을 경험하지 않을 것으로 생각하는 것이 맞을까?"라는 질문을 던져보자. 콜린이 괜찮을 거라고 "절대" 확신을 하는 사람은 아무도 없는 반면, 폭넓은 임상 실험 결과에 근거하여 콜린이 "아마도" 괜찮을 것 같다는 사람들이 대부분일 것이다.

이런 종류의 추론은 우리에게 새로운 지식을 제공해 주기 때문에 연역적인 추론보다 훨씬 더 잠재적인 가치가 있다. 한계는 있지만, 규모가 큰 표본 집단을 통해 우리는 나중에 다른 사람들이 보일 반응에 대해 어느 정도 신뢰할 수 있는 예측을 할 수 있다. 의약품 실험에서처럼 새로운 지식을 얻고자 할 때는 제한된 예의 관찰을 통해 이런 식으로 일반화를 하는 것이 합리적이라고 가정을 한다. 그런데 과연 이런 가정이 합리적일까? 흄이 우리에게 던진 도전은 바로 이런 종류의 귀납적 추론을 어떻게 정당화하느냐 하는 문제이다.

귀납적 추론은 "합리적으로 여겨지지만 연역적인 확실성은 없는 일체의 논거 방식"이라고 정의될 수 있다. 위에서 콜린에 대한 우리의 추론은 연역적인 확실성이 없지만 그걸 숨기려고도 하지 않는데, 그 이유는 귀납법이 확실성을 보장하는 논증이 아니기 때문이다. 즉 만 명의 사람들에게 부작용이 없었던 것이 사실이라 하더라도 운 나쁘게 콜린이 그 약물에 부작용을 보일 수 있다는 말이다. 콜린에게 아주 희귀한 유전적 돌연변이가 있어 부작용을 경험하는 상황이 있어도 그 상황이 실험 결과에 모순된다고 할 수는 없는데, 그 이유는 콜린이 부작용을 경험하지 않는다는 확신을 실험에서 기대할 수 없기 때문이다. 그럼에도 불구하고 우리는 수천 명의 사람들을 대상으로 한 실험 결과를 근거로 콜린에게 부작용이 있을 확률이 낮다는 결론이 합리적이라고 생각한다. 어떤 이유에서 이런 결론이 "합리적"이라는 말인가?

더 자세한 과학 연구 결과를 이용해서 우리의 추론을 정당화하려 들 사람도 있을 것이다. 예를 들어 만약 콜린이 만 명의 실험자들과 다른 반응을 보였다면 콜린의 몸이 비정상적이라고 말이다. 여기에 대해 우리는 태아의 수정과 발달이 이미 익히 알고 있는 방식으로 이루어지므로 (확실하지는 않지만) 콜린의 몸이 정상이라고 생각하는 것이 합리적이라고 답변할 수 있다. 인간의 신체가 만들어지는 일반적인 과정에 대해 생리학자와 발생생물학자들이 심혈을 기울인 자세한 연구 내용을 통해 우리는 콜린의 몸의 평소 기능과 유전적 구조 등에 대해 알고 있다.

이런 과학적 배경지식에 대한 호소로 흄이 지적한 문제를 해결할 수는 없다. 이것은 다만 우리가 얼마나 귀납적인 추리에 의존하고 있는지를 보여줄 뿐이다. 과학자들은 인간과 다른 동물 및 다른 다양한 종의 개체를 대상으로 그 태아의 성장 과정에 대해 연구했다. 우리는 콜린이 태아 때 보인 성장 과정이 실험실에서 보았던 과정과 유사했을 것이라고 추론한다. 콜린의 태아 때 성장 과정에 대한 우리의 추론은 일종의 추정에 기반을 두고 있는데, 흄은 왜 이런 추정이 합리적인지 설명이 필요하다고 문제를 제기하는 것이다.

귀납의 문제는 쉽지 않은 딜레마인데 그 이유는 어떤 근거로 한정된 표본에서 더 넓은 일반화를 끌어낼 수 있는지를 규명해야 하기 때문이다. 타당한 연역 논증으로 이 문제를 해결할 수 없는 이유는 이 개별 경우가 이전의 경우와 완전히 다른 기상천외한 경우일 가능성이 언제나 모순 없이 존재하기 때문이다. 반면에 과학적 지식이나 이전의 귀납적 추론의 성공적인 결과에 근거해서 답변하게 되면, 우리가 정당화하고자 하는 일반화에 대한 예만 더 들게 되는 꼴이 된다. 결국 두 경우 모두 일반화의 정당함을 설명하는 데 실패한 셈이 된다.[19]

이제 포퍼로 돌아가서 귀납에 관한 이야기를 더 해보기로 하자. 어려운 크로스워드 퍼즐을 접하게 되면 우리는 무엇이 해법인지는 몰라도 해법이 있을 것으로 생각한다. 포퍼를 제외한 대부분의 철학자는 귀납의 문제를 이런 어려운 퍼즐 문제처럼 생각한다. 다시 말해 흄이 제기한 문제에 대한 해결책을 찾기 위해 끔찍한 고생을 하면서도 해결책이 분명히 있을 거라고 믿는 것이다. 따지고 보면 귀납적 추론 없이는 그 누구도 일상생활을 할 수 없지 않은가? 예를 들어, 방을 나갈 때 벽을 뚫고 지나가는 것보다 문을 열고 나가는 것이 더 나은 방법이라는 것을 우리 모두 확신하고 있다. 우리의 이런 확신은 단단한 물체의 표면에 부딪혔을 때 피부가 부어오르고 멍이 들고 또한 짜증이 났던 과거의 경험에서 추론된 것이다. 재정자문가가 투자로 재미를 보는 것이 미래에도 이어지기는 힘들 것이라고 하면, 우리는 과거에 잘 나가던 자본이 바닥을 쳤던 일을 떠올리고는 자문가의 경고를 새겨듣는다. 대부분의 경우 우리는 과거의 패턴을 미래에 투영하며 이런 추리가 합리적이라고 생각한다.

귀납 문제에 있어 포퍼는 열외자라 할 수 있다. 그는 귀납이 믿을 수 없는 추론 방법이라는 것을 흄이 보여주었다고 생각한다. 포퍼에 따르면 합리적인 사람은 귀납적인 추론을 거부하는 사람이다. 다시 말해 합리적인 사람은 과거로부터 미래를, 제한된 관찰을 통해 일반적인 이론을, 제한된 수의 측정점에서 더 넓은 패턴을 추론해 내는 것을 거부한다. "관찰에 대한 진술로부터 이론을 추론해 내거나 이론에 대한 합리적인 근거를 도출해 내는 것은 불가능하다. 귀납법에 대한 흄의 반박은 분명하고 더는 의심의 여지가 없다."는 것이 포퍼의 확고한 믿음이었다.[20] 포퍼는 과학이 연역적 추리를 통해서만 진보할 수 있다는 것을 보여주고자 했다.

반증주의

포퍼의 과학철학은 부인할 수 없는 논리적 비대칭성에 그 근거를 두고 있다. 위에서 본 것처럼 아무리 많은 사람이 실험에 참가해 베리터에 긍정적인 반응을 보였다 하더라도, 연역적으로 추리하면 모든 사람이 좋은 반응을 보일 거라는 확신은 절대 할 수가 없다. 하지만 단 한 명이라도 베리터에 부정적인 반응을 보인다면 "모든 사람이 베리터에 긍정적으로 반응한다"는 명제가 틀렸다고 연역적으로 확실한 결론을 내릴 수 있다. 만약 포퍼가 제안하는 것처럼 귀납적 추리에 의존하지 않고 과학을 한다면 과학적 일반화가 참되다는 결론은 절대 합리적으로 내릴 수 없는 반면, 특정 일반화가 거짓이라는 결론은 내릴 수 있게 된다. 포퍼의 이런 견해를 바로 "반증주의^{falsification}"라 한다.

과학자들이 식물과 동물의 화석 기록, DNA 염기순서 그리고 행동 및 해부학적 특징들과 같은 다양한 자료에 근거해 "모든 식물과 동물은 공통된 조상에서 유래했다"와 같은 일반화를 끌어낸다고 생각할 수 있다. 포퍼에 따르면 그런 과학의 개념은 잘못된 개념이다. 귀납에 근거를 둔 과학만이 특정한 가설을 선호하는 증거를 조금씩 축적할 수 있는데, 포퍼는 이런 귀납법 자체가 비합리적이라고 생각한다. 그에게 과학은 "추정과 반박"의 과정이다. 즉 과학자는 먼저 세계의 본질에 대해 일반적인 주장을 제기하고, 그 다음에 화석, DNA, 행동 및 해부학적 특성에 관해 자료를 수집해서 그 주장을 반박하는데, 이때 이 자료의 해석에 근거해 생물체의 조상에 대한 이전의 일반적인 주장이 틀렸다는 것을 분명히 밝혀낼 수 있다.

　이것은 포퍼가 "경계 구분의 기준"으로 이용한 반증주의를 이해하는 데 도움이 된다. 포퍼는 "경계 구분의 기준"을 통해 과학과 "사이비 과학" 혹은 "형이상학"이라고 불리는 것 사이의 차이를 지적했다. 진정한 과학은 반증이 될 수 있어야 한다는 것이 포퍼의 생각이다. 반론을 제기했을 때 틀릴 가능성을 지닌 학문만이 진정한 과학이다. 따라서 그는 아인슈타인의 상대성이론이 실험이라는 재판대에 올려질 수 있다는 점에 큰 감명을 받았다. 나중에 더 자세히 보겠지만, 아인슈타인은 상대성이론을 통해 태양이 지구에 도착하는 빛을 휘게 한다는 것을 분명하게 예측했다. 그런데 만약에 빛이 예측대로 휘지 않는다면 그의 이론은 반박될 수밖에 없다. 진정한 과학 이론은 그 이론에 모순되는 사건, 다시 말해 그 이론을 내동댕이칠 수 있는 가능한 증거가 나왔을 때 목이 잘릴 준비를 하고 있어야 한다.

포퍼의 방법은 직관적으로 꽤 설득력이 있다. 포퍼에게 프로이트의 심리 이론은 단순히 사이비 과학에 불과한데, 그 이유는 프로이트가 어떤 행동이 자신의 이론을 반박할 수 있는지 미리 분명하게 기술하는 대신에 어떤 경우에도 빠져나가기 좋은 주장을 제기하고 구렁이 담 넘어가는 듯한 자료 해석을 내놓기 때문이다. 비슷한 식으로 별자리 운세 역시 말도 안 되게 모호한 예견을 내놓기 때문에 반박 자체가 되지 않는 것이 문제이다. 그런데 천문학의 경우는 다르다. 뉴턴의 이론은 혜성의 도착 예정 시간을 분명히 알려주는데, 만약 예측한 시간에 혜성이 도착하지 않는다면 뉴턴의 이론에 문제를 제기할 수 있다.

파인만 역시 **1964**년 강의에서 과학에 대해 아주 비슷한 의견을 피력했는데, 이는 분명 포퍼의 영향을 받은 것으로 보인다.[21]

일반적으로 우리는 다음과 같은 과정을 통해 새로운 법칙을 찾습니다. 첫째, 어림짐작합니다. 웃지 마세요. 농담이 아닙니다. 그리고 나서 만약 이 어림짐작이 맞는다면 어떤 결과가 나올지 계산해 봅니다. 그리고 그 계산된 결과를 자연 현상이나 실험 혹은 경

과학한다, 고로 철학한다

험과 비교해 보죠. 우리의 짐작이 맞는지 보려고 관
찰한 것과 직접 비교를 해보는 것입니다.

계속해서 파인만은 과학적 방법에 대한 반증주의적 접
근에 대해 다음과 같이 짧게 요약한다.

짐작이 실험과 일치하지 않으면 틀린 것이 되죠. 바
로 이 몇 마디 안 되는 말이 과학의 핵심을 지적하고
있습니다. 여러분의 짐작이 아무리 경이로워도, 여
러분이 아무리 똑똑해도, 또 그 짐작을 한 사람이 아
무리 특별하고 이름을 날리는 사람이라도 마찬가지
결론이 나옵니다. 실험과 일치하지 않으면 틀린 겁
니다. 과학은 그 이상도, 그 이하도 아닙니다.

그란사소

2011년 9월 한 연구팀이 스위스 제네바의 유럽입자물
리연구소^{CERN}에서 보낸 뉴트리노(중성미자)라고 불리는 아
원자 입자의 속도를 이탈리아에 있는 그란사소^{Gran Sasso} 시
설에서 측정했더니 빛보다 더 빠르다는 결과가 나왔다.[22]
아인슈타인의 특수상대성이론은 우주에서 낼 수 있는 최

대 속도에 관한 이론인데, 이 이론에 의하면 진공 상태에서 빛보다 빨리 움직이는 물체는 없다. 파인만이 요약한 과학적 방법에 의하면, 아무리 특수상대성이론이 뛰어나고 아인슈타인이 저명하고 소름 끼칠 정도로 뛰어난 지성의 소유자라 하더라도 그란사소 실험의 결과로 이 존경 받아왔던 이론이 폐기될 것으로 예상해야 한다.

그런데 그 예상이 빗나갔다. 신문사들이 이 결과를 놓고 물고 늘어졌던 것에 반해 대부분의 과학자들은 그란사소 실험 자체에 문제가 있었을 것이라며 별로 동요되지 않았기 때문이다. 이들이 실험 자체에 의문을 제기한 것은 부분적으로 아인슈타인의 이론 자체에 대한 자신감 때문이었다. 그런 것보다 근본적인 이유는 기존 이론에 모순되는 실험 결과가 나올 때마다 과학자들이 이론을 폐기하는 것은 아니기 때문이다. 우리가 실험이 제대로 이루어졌는지, 그리고 그 실험 결과가 지닌 진정한 의미가 무엇인지 많은 경우에 확신하지 못하는 것을 고려하면 이것은 쉽게 수긍이 간다. 꼼꼼한 실험을 거친 이론이 틀릴 경우보다 실험 자체에 결함이 있다는 쪽에 내기를 거는 것은 말이 된다. 이런 입장은 과학을 할 때 전혀 문제가 되지 않지만, 귀납법에 의존하지 않고 과학 활동을 하려고 하는 포퍼의 목표에는 상당한 문제점으로 작용한다.

먼저 그란사소 실험은 포퍼의 반증주의의 근간이 되는 비대칭성 논리에 한계가 있다는 것을 보여준다. 물론 어떤 이론이 빛보다 빠른 것은 없다고 주장하는데 실제로 빛보다 빠른 것이 발견되면 이 이론은 분명히 틀린 이론이 된다. 그런데 문제는 차의 속력을 제대로 재려면 측정 기계가 정확해야 하듯 뉴트리노의 속도를 단순히 실험자의 임의대로 관찰할 수는 없다는 것이다. 즉, 우리는 기구가 항시 제대로 작동이 되었으며 해석은 정확하게 되었고 계산이 정확했는지를 의심해 볼 필요가 있다.

정보^{data}란 그 말의 어원이 뜻하는 것처럼* 의심의 여지가 없이 "주어지는 어떤 것"이 아니다. 정보란 수백 개의 기술적인 가정에 따라 나온 결과인데 그 하나하나가 의심의 여지가 있다. 따라서 어떤 이론이 빛보다 빠른 것은 없다라고 주장했는데 빛보다 빠른 것이 실험으로 발견된다면, 연역적인 확실성으로 내릴 수 있는 유일한 결론은 적어도 어느 한 군데에서 오류가 발생했다는 것이다. 연역적인 사고는 그 오류가 구체적으로 무엇인지는 밝혀주지 않기 때문

---

* 　역주 : 라틴어로 data는 "주어진 어떤 것"이라는 뜻

에, 연역 자체로 이론에 오류가 있었는지, 아니면 실험에 쓰인 수많은 가정 중 하나에 오류가 있었는지, 혹은 그 실험 전체가 오류투성이였는지 알 수 없다.

"이론이 실험 결과와 일치하지 않으면 틀린 이론이다"라고 한 파인만의 주장에 대해 생각해보자. 그란사소 실험이 이론과 일치하지 않았는데도 모든 사람은 실험상의 오류를 의심했다. 실험상의 오류를 보여주는 직접적인 증거가 드러나지도 않은 시점에 엘리트 물리학자들이 보인 반응이 흥미롭다. 당시 과학자들은 막강하게 인정을 받는 연구 단체로부터 자신들이 철석같이 믿고 있는 이론에 모순되는 연구 결과를 보고받았다. 영국 왕립학회의 회장이었던 왕실천문학자 마틴 리스^{Martin Rees}의 경우 차분하게 "비범한 주장은 비범한 증거를 요구한다"고 말했다. 노벨상 수상자 스티븐 와인버그^{Steven Weinberg}는 "빛이 그 어떤 다른 입자보다도 빠르다는 것을 보여주는 수많은 다른 증거가 있는 데다 뉴트리노를 제대로 관찰하는 것이 매우 까다롭다는 사실이 여전히 내게는 문제다"라고 말했다.[22] 비슷한 말을 한 과학자들도 포함해 이들 과학자들은 기존의 정립된 이론과 충격적인 실험 결과 중에서 어떤 것에 오류가 있는지 택해야 하는 경우 실험상의 오류에 돈을 걸 것이

과학한다, 고로 철학한다

다. 한 마디로 이들 초^超명사들은 초^超광속도의 존재에 대해 회의적이었다.

그란사소 실험 결과에 대한 리스와 와인버그의 회의적인 입장은 수긍이 가는 입장이고 귀납적 추론에 그 근거를 두고 있는데, 탄탄한 과거의 실험 결과로부터 어떤 합리적 추론도 받아들이지 않는 엄격한 포퍼주의자들에게 귀납적인 추론은 애초에 기댈만한 것이 못 된다. 리스와 와인버그가 그란사소 연구 결과를 의심해도 된다고 생각한 이유는 다른 입자들이 빛보다 느리다는 것을 시사하는 증거가 과거부터 축적되었을 뿐만 아니라 아인슈타인의 이론 자체가 과거에 실험상 아무런 문제가 없었기 때문이었다. 일반적으로 과학자들은 이론과 증거가 일치하지 않는 경우 귀납적인 추론을 통해 어디에서 오류가 일어날 가능성이 가장 큰지를 결정하게 된다. 그러나 포퍼주의자에게는 그런 결정 과정 자체가 비합리적이다.

입증

포퍼에 따르면 과학 이론은 실험을 통해 건재할 수 있어야 한다. 제대로 된 과학 이론은 실험이라는 태형^{笞刑}을 목을 빼고 받아들일 준비가 되어 있어야 한다. 그래서 그 이론이 실험상의 관찰 결과와 괴리를 보이면 반박되는 것이다. 이런 실험 중 하나만을 통과하는 이론이 있는 반면 이런 실험을 몇 차례나 건재하게 통과하는 이론도 있는데, 후자를 포퍼는 높이 "입증된" 이론이라고 부른다.

이런 입증의 예로 자주 거론되는 것이 에딩턴^{Arthur Eddington}의 상대성이론 실험이라고 할 수 있다. 아인슈타인의 이론에 의하면 먼 별에서 오는 빛은 태양의 중력장에 의해 휘게 되어 있다. 이런 현상은 일식 때만 관찰되는데 평소에는 태양이 너무 밝아 문제의 별이 보이지 않기 때문이다. 1919년 에딩턴은 동료들이 브라질 소브랄로 가는 동안 서아프리카 해안에서 떨어져 있는 프린시페섬으로 완전 일식을 보기 위해 갔다. 에딩턴의 측정 결과로 아인슈타인의 이론이 반증되었을까? 아니었다. 에딩턴과 그의 동료들은 다음과 같이 보고했다. "소브랄과 프린시페의 탐험 측정 결과 태양 주위에서 빛이 굴절되고 아인슈타인이 일반상대성이론에서 주장한 대로 태양의 중력장 때문에 굴절 현상이 발생한다는 데 의심의 여지가 없다."[24]

오늘날 흔히 에딩턴의 주장은 아인슈타인의 이론을 지지하는 강한 증거로 여겨진다. 그런데 포퍼가 말하는 "높이 입증된 이론"은 맞을 확률이 높은 이론을 말하는 것이 아니다. 포퍼에게 "입증"이란 어떤 이론의 과거 성공을 말해줄 뿐 미래에 대한 어떤 예측력도 지니지 않는다(만약 미래 예측력이 있다고 한다면 귀납적인 추리를 인정하는 것이 된다). 따라서 높이 입증된 이론이 꼭 미래에 실험을 통과할 가능성이 크다고 생각해서는 안 된다.[25]

포퍼에 따르면 어떤 이론이 무수한 실험을 훌륭하게 통과했다는 확고하고 오랜 전적을 가지고 있다고 해서, 혹은 방금 금시초문처럼 발표되었다고 해서 그 과학적 가설에 대한 우리의 믿음이 달라져서는 안 된다. 포퍼에게 입증이란 어떤 무게도 실어주는 것이 아니므로, 아인슈타인의 이론이 엄격한 실험을 훌륭하게 통과한 이론이라는 이유로 그 란사소의 실험 기구에 오류가 있을 것이라는 리스나 와인버그 같은 과학자들의 주장이 포퍼에게는 설득력이 없다.

이론과 관찰

반증주의자들은 어떤 정보나 관찰 결과가 등장했을 때 과학자들이 일반화된 이론을 폐기해야 한다고 주장할까? 포퍼는 관찰이 "이론 의존적"이라고 말하는데 거기에는 그럴만한 이유가 있다. 이 말은 대체로 관찰 정보에 대한 진술이 중립적으로 보이지만 사실은 과학 이론에 대한 가정을 항상 내포하고 있다는 뜻이다. 예를 들어 뉴트리노가 어떻게 움직이고 그것을 어떻게 관찰하고 또 실험 기구가 어떻게 작동하는지에 대해 엄청난 양의 지식이 가정되지 않고는 "뉴트리노가 빛의 속도를 넘어서는 것을 관찰할 수 있었다"와 같은 주장이 나올 수 없다. 관찰이 이론에 의존한다는 것 자체가 문제인 것은 아니다. 실제로 과학적인 관찰이 이론에 의해 뒷받침되지 않는다면 우주가 실제로 어떻게 돌아가는지를 캐내고자 하는 과학자들의 연구 능력은 제자리걸음을 하게 된다. 그러나 소위 철학자들이 말하는 "관찰의 이론 내재성"이 포퍼에게는 특수한 문제로 이어진다.

한정된 횟수의 관찰로 특정한 이론을 일반화시킬 수 없다는 이유로 포퍼는 귀납법을 포기했다. 그런데 포퍼는 소위 과학자들이 말하는 자료, 다시 말해 현재까지의 관찰을 기술한 것 역시 일반화된 주장에 의존하고 있는 것을 알게 됐다. 사실 포퍼는 뉴트리노가 얼마나 빨리 움직였는가에 관한 특수한 주장뿐 아니라 리트머스지가 파란색으로 변했는지나 가이거 계수기(방사성 검출 장치)가 째깍하고 소리를 냈는지와 같은 일상적인 진술을 포함해 모든 "관찰 진술"에는 이미 이론이 내재하여 있다고 생각한다. 포퍼의 입장에 따르면, 자료에 이미 이론이 내재하여 있으므로 자료 관찰에 대한 기술 역시 가설적이거나 임시적인 성격을 띠게 되어 이론을 반증할 수가 없게 된다.

포퍼의 연역법은 처음 생각했던 것처럼 그리 강력한 이론이 아니다. 언뜻 듣기에 어떤 이론이 맞다는 결론을 쉽게 내릴 수는 없어도 틀린 경우에는 확실히 알려줄 수 있다는 포퍼의 말이 위안을 줄 수 있다. 하지만 어떤 이론이 틀렸다는 것을 보여주려면 그 이론에 대한 반박의 근간이 되었던 관찰에 대한 우리의 믿음이 정당해야 한다. 그런데 만약 관찰 자체가 일반적인 이론에 의존한 추정에 불과하고, 그 일반적인 이론이 귀납법에 근거한 것이 아니라면, 믿음 자체가 생길 수가 없다. 포퍼에 의하면, 과학자들은 사물 전체에 관한 일반적인 진술과 특정한 사건에 관한 구체적인 진술 사이에 논리적인 긴장 관계가 존재한다는 것을 보여줄 수 있다. 하지만 포퍼의 세계에서 과학은 이런 두 가지 진술 중에 어떤 것이 맞을지 확답을 줄 수 없다. 그것은 당연한 말이다. 귀납법을 쓰지 않고는 과학이 이런 답변을 내는 것이 불가능하기 때문이다.

늪 속의 말뚝

포퍼에게 다음의 질문을 해보자. 관찰과 이론이 충돌하는 경우 과학자는 이론과 마찰을 보이는 관찰을 따라 이론을 폐기해야 할까, 아니면 오류로 의심되는 실험에서 나온 관찰이기 때문에 관찰을 폐기해야 할까? 관찰 진술에 대한 포퍼의 입장은 좀 놀랍다.

> 과학은 확고한 기반이 있지 않다. 거대한 과학 이론
> 체계는 말하자면 늪에 지어 올린 건물과 같다. 말뚝
> 위에 올린 건물이 과학이다. 지상에 있던 말뚝을 늪
> 안으로 끌고 들어왔다고 해서 말뚝이 자연적인 "기
> 반"에 닿도록 깊이 끌어내린 것은 아니다. 따라서 그
> 말뚝을 더 깊이 심지 않아도 되는 것이 튼튼한 기반
> 을 찾았기 때문이라고 오해해서는 안 된다. 우리가
> 그러지 않는 이유는 그 말뚝이 적어도 한동안은 그
> 구조를 지탱할 만큼 안정적이기 때문이다.[26]

과학이 "확고한 기반 위에 서 있지 않다"라는 포퍼의 말은 자신들의 오류 가능성을 지적하는 겸손한 과학자들에게는 위로가 될지 모르겠다. 어리숙한 사람이나 실험 자료한 점에 철통 같은 확실성을 주장할 것이기 때문이다. 하지

과학한다, 고로 철학한다

만 포퍼의 말뚝 이론에는 석연찮은 뭔가가 있다. 말뚝을 늪에 던져넣으면 어떤 토대가 생기니까 그 위에 과학이라는 건물을 지을 수 있게 된다. 그런데 문제는 귀납법을 거부하는 건물에 관찰은 그 어떤 무게도 실어주지 않는다는 것이다.

포퍼는 어떤 관찰 진술의 경우, 그러니까 우리가 "받아들이기로 한" 진술의 경우, 이론을 반증하는 근거가 될 수 있다고 생각한다. 이런 진술은 과학계에서 논란의 여지가 없이 받아들여지는 진술인데, 이런 진술을 포퍼는 "기본 진술"이라고 부른다. 그런데 단순히 집단 내의 동의가 과학의 기반이 될 수는 없지 않은가? 중요한 것은 어떤 관찰 진술이 합리적이고 신뢰가 가기 때문에 과학자들이 그것을 받아들이기로 동의해야 한다는 것이다. 그런데 아래의 글에서 알 수 있듯이 관찰의 신뢰도 문제에 대해 포퍼는 어떤 말도 하지 않는다.

> 충분히 실험되었고 그 결과가 만족스러워 우리가 인정하는 기본 진술은 '도그마^{dogma, 독단적인 신념이나 학설}'와 같은 성격을 지닌다. 우리가 이 진술을 다른 논리나 실험으로 정당화할 필요를 느끼지 않는 수준까지는 말이다. 이런 종류의 도그마가 무해한 이유는 필요

한 경우 이런 진술에 대한 실험을 쉽게 할 수 있기 때문이다. 이런 주장이 연역 논증을 무한대로 전개한다는 것을 인정한다. 그러나 이런 식의 '무한 소급' 역시 무해한데, 그 이유는 그것을 통해 우리가 그 어떤 진술도 증명하려고 하지 않기 때문이다.[27]

포퍼에 의하면 실제로 과학자들이 이론에 오류가 있는지 아니면 관찰에 오류가 있는지 파악할 수 있는 이유는 과학계가 관례에 따라 어떤 관찰 진술은 문제가 없는 것으로 바로 받아들이기 때문이다. 만약 어떤 이론이 이런 관찰 진술과 불일치한다면 그 이론은 그만큼 불리해진다. 하지만 이런 집단적인 동의 이면에 온갖 종류의 병리적인 이유가 도사리고 있을 수 있다. 만약 의문을 가진 어떤 사람이 과학이 체계화하고자 하는 측정점들이 과학자들의 집단 환상이나 음모에 의한 결과라고 주장한다면 포퍼는 어떤 답변을 할 수 있을까?

엄격한 연역주의자는 이런 정보가 지닌 실험 통과 경력을 가리키며 "충분한 실험을 거친 만족스러운" 정보라며 정당화할 수 없는데, 그 이유는 여러 실험을 잘 통과했기 때문에 맞는 이론일 거라는 주장은 귀납주의자만 할 수 있기 때문이다. 물론 연역주의자는 이런 관찰 진술들을 실험대에 올려 평가할 수 있지 않느냐고 반박할 수 있다. 그런 의미에서 이런 관찰 진술이 도그마는 아니다. 하지만 문제는 이런 실험 역시 형식은 다를지 몰라도 우리의 관찰을 여전히 추정적인 정보와 견주어 보는 작업을 포함하고 있는 것이다.

포퍼에게 던진 우리의 질문을 다시 던져보자: "이런 추정이 집단적인 조작이 아니라는 근거가 어디에 있는가?" 포퍼는 과학의 목적이 증명이 아니므로 연역 논증이 무한대로 진행되는 것이 문제가 되지 않는다고 했다. 이 말은 곧 관찰에 바탕을 둔 우리의 주장을 증명할 수 없다고 하더라도 합리적인 근거가 있거나 정당화될 수 있다면 괜찮다는 것이나 마찬가지다. 그러나 포퍼는 이미 관찰 진술이 어떤 근거나 신뢰성을 제공하지 않는다고 말한 바 있다. 결국, 귀납법을 포기하게 되면 어떤 이론가도 현실에서 손을 떼는 것이 된다. 이런 의미에서 포퍼의 과학 체계는 늪 속 말뚝 위에 지어진 건물이 아니라 공중누각이다.

포퍼와 대중성

최고의 과학 이론이라 하더라도 진실은 물론이고 진실에 가깝다거나 심지어는 진실에 가까울 가능성이 크다고 생각해서는 안된다는 것이 과학에 대한 포퍼의 입장인데도 불구하고, 수려한 대영제국의 기사들과 영국 왕립학회 회원들이 그의 과학 이론을 지지하기 위해 줄을 섰다는 사실은 좀 놀랍다. 수세대에 걸쳐 대학생들이 비슷한 비판을 해온 것처럼 포퍼의 이론에 대한 의구심은 새로운 일이 아니다. 그런데도 왜 포퍼는 과학자들 사이에서 여전히 엄청난 존경의 대상일까?

물론 부분적인 이유는 포퍼가 과학의 업적에 보여주었던 변함없는 존경에 과학자들이 보답해야 한다고 느끼는 일종의 호혜주의이다. 그리고 아마도 이 과학자들이 접한 포퍼의 이론은 귀납적 추론에 대한 포퍼의 신랄한 비판이 빠진 받아들이기 쉽고 희석화된 포퍼주의였을 것이다. 포퍼에 의하면 과학은 확실성을 다루지 않는다. 그 말은 맞다. 과학자들은 자신들의 이론이 독단적이지 않고, 늘 반박될 준비가 되어 있으며, 오랫동안 존속해온 이론이라도 반대되는 사실로 인해 폐기될 수 있고, 또한 과학적인 이론처럼 과학적인 정보 역시 획득하기 힘들지만 수정 가능하다는 사실을 강조한다. 그러나 "우리가 틀렸는지도 몰라"와 같은 말로 대변되는 온건한 반증주의와 "우리가 맞는지는 절대 알 수 없다"라는 말로 대변되는 포퍼의 반귀납주의에는 엄청난 괴리가 있다. 그 괴리는 단거리 선수 우사인 볼트가 뛰다가 넘어져 1등을 놓칠 수도 있는 가능성을 인정하는 것과 그 선수가 같이 뛰는 선수들을 앞질러 갈 것으로 생각할 근거가 전혀 없다고 주장하는 것 사이의 괴리와 같다.

또한 포퍼는 과학자들이 실험을 설계할 때 단순히 자신들의 이론이 규명하고자 하는 사실을 찾는 데만 급급하지 않아야 한다는 것도 강조한다. 이것 또한 맞는 말이다. 그래서 과학자들은 자신들이 실험을 통해 자연을 탐구한다는 사실을 포퍼가 잘 간파했다면서 그를 칭찬한다. 실험이란 그 결과가 어떻게 나오느냐에 따라 이론에 문제를 제기하거나 증거를 뒷받침하는 식으로 설계되어야 한다. 과학자들은 포퍼의 반증주의를 통해 엄격한 실험의 중요성을 강조한다. 하지만 그런 과학자 중에서 어떤 이론이 수많은 실험을 통과했는데도 불구하고 신뢰할 근거가 전혀 없다는 포퍼의 주장에 동의할 사람은 얼마 되지 않을 것으로 생각한다. 그리고 이론과 증거의 신뢰성이 근본적으로 집단 관례에 의해 결정된다는 그의 주장에 동의할 사람은 더욱 적을 것이라고 생각한다. 포퍼의 과학철학은 과학이 오류 가능성을 지닌 체계이고 그러므로 이론에 대한 엄격한 실험을 찾는다는 온건한 주장과는 거리가 멀다.

다시 생각해보는 포퍼의 경계 구분 이론

포퍼주의에서 포퍼의 철저한 귀납법 거부를 빼놓는 대신 실험 가능성 혹은 반증 가능성을 강조하는 식으로 좀 더 수용하기 쉬운 포퍼주의만 발라놓을 수도 있다. 이런 온건한 반증주의는 경계 구분을 얼마나 잘할 수 있을까? 그리고 진정한 과학 이론은 실험 가능해야 할까?

특정 이론이 실험 가능하려면, 그 이론은 미래에 대한 예측을 해야만 한다. 직관적으로 "과학적"인 이론, 과학이라는 경계선 안쪽에 있다고 여겨지는 이론을 포함해 그 어떤 이론도 그 자체로 예측력이 있지는 않다. 뉴턴의 운동 법칙도 그 자체로 어디서 물체가 관찰될지 알려주지 않는다. 다윈의 자연선택 원리 역시 그 자체로 어떤 종류의 유기체가 살아남을 것인지 알려주지 않는다. 위의 이론들을 통해 예측을 하려면 먼저 여러 가정을 추가해 이론을 보완해야 한다.

뉴턴의 법칙의 경우 물체가 어디에 있고 얼마나 큰지 등의 일련의 자세한 주장이 바탕이 되었을 때 비로소 그 법칙을 바탕으로 같은 물체의 예측 지점을 주장할 수 있다. 자연선택 원리의 경우 유전적 변이 확률, 발달 과정, 동종 구성원 간의 전형적인 상호작용 등에 관한 더 자세한 여러 주장이 바탕이 되었을 때 비로소 한 생물학적 종이 시간을 거치면서 어떻게 변할지에 대한 예측을 할 수 있다. 따라서 지적설계이론이나 점성술에 대해 구체적인 예측을 하지 않는다는 이유로 과학적이지 않다고 말할 수는 없는데, 그 이유는 그 어떤 이론도 그 자체로 고립된 상태에서 어떤 예측을 하지는 않기 때문이다.

그뿐만 아니라 이런 이론들도 뉴턴의 법칙이나 다윈의 자연선택 원리처럼 여러 가정을 추가해 보완하면 구체적인 예측력을 지니게 된다. 그렇게 되면 점성술이나 지적설계이론 역시 반증 가능한 학문이라는 위상을 지니게 될 것이다. 사실 점성술사들은 언제든지 원한다면 꽤 구체적인 예언을 내놓을 수 있다. 예를 들어 게자리에 태어난 내가 다음 주 화요일에 골치 아픈 사고를 당할 것이라는 예언을 할 수 있다. 지적설계론자 역시 비슷한 방식으로 인간의 신체가 어질고 자비로운 신의 작품이기 때문에 대체로 잘 설계되었을 것이라는 예측을 할 수 있다.

그런데 만약 다음 주 화요일 날 내가 사고 없이 무사히 하루를 보낸다면 점성술사는 뭐라고 할 것인가? 또한, 남성 비뇨기의 경우 요도가 전립선 안을 통과하게 되어 있어 전립선이 비대해지고 요도가 협착해지면 굉장한 통증을 유발하기 때문에 인체 설계가 애초에 잘못 되었다는 지적을 지적설계론자에게 한다면 그들은 뭐라고 할 것인가? 어떤 이론이 과학적인지를 포퍼식 기준으로 판단하려면 그 이론이 내놓은 예측이 틀렸을 때 이론가들이 어떻게 그것을 수습하는지를 지켜봐야 한다. 그러나 불행하게도 어떤 수습책이 "과학적"이고 어떤 것이 "비과학적"인가를 분명하게 알려주는 방법은 아직 없는 듯하다.

이론가들이 자신들의 이론이 제시한 예측과 실험 결과가 모순되는 것처럼 보이는 즉시 그 이론을 폐기하면 그 이론이 과학적이라고 말하는 것은 좀 그렇다. 이론가가 자신의 이론이 실험 결과로 치명타를 입은 것처럼 보이지만 실험 설계 자체에 오류가 있다고 자기 생각을 피력하는 것은 충분히 있을 수 있는 일이기 때문이다. 빛보다 뉴트리노가 빠르다는 결과를 낸 그란사소 실험에 대해 엘리트 과학자들이 바로 이런 반응을 보였다. 그런데 만약 입자물리학자들이 반박을 피하고자 예측이 틀린 이유를 이론 자체의 문제가 아니라 외부적인 요인들로 돌린다고 해보자. 그렇다면 점성술사나 지적설계론자 역시 비슷한 방식으로 내가 무사고 화요일을 보낸다거나 비대해진 전립선이 요도 협착을 일으키는 경우에, 인생이 별자리에 영향을 받는다거나 유기체가 지닌 특성이 의도적인 설계에 의한 것이라고 주장하는 자신들의 이론 자체가 아니라 외부 요인에 그 원인을 돌릴 수 있다. 이들 역시 예측이 잘못된 원인을 계산 착오나 숨어 있는 가정 혹은 이론 자체에 대한 오해에 돌릴 수 있지 않을까? 지적설계론자가 비뇨기 해부학 이면에 있는 신의 특별한 의도를 가늠하지 못할 것이라고 주장하는 것과 물리학자들이 그란사소의 실험 장치가 아직 확실히 밝혀지지는 않았지만 잘못 작동했다고 주장하는 것 사이에 도대체 어떤 차이가 있을까? 이 두 부류의 이론가 모두 비슷한 술책을 써서 자신들의 이론이 반박되는 것을 막으려고 하는 것은 아닐까?

이 질문에 대해 가장 먼저 떠오르는 답변은 창피함을 모르고 이론의 폐기를 고집스럽게 미루면서 그 이론을 보조하는 여러 가정을 이리저리 수정하려고 하는 것이 비과학적인 태도라고 하는 것이다. 이런 식의 입장은 역사적 예시를 통해 다듬어지고 보완되었는데, 포퍼의 예찬자이자 런던정경대 동료였던 임레 러커토시[Imre Lakatos]도 이 이론을 옹호했다.

천문학자들은 뉴턴의 법칙을 써서 천왕성의 궤도를 예측했다. 그런데 천왕성이 그 예측과 다른 경로로 회전하는 것으로 밝혀졌다. 그런데도 천문학자들은 뉴턴의 이론을 버리지 않고 알려지지 않은 행성이 천왕성의 경로를 바꾸어 놓는 것 같다는 의견을 내놓았다. 이런 제안이 실험이라는 재판을 어떻게든 피해 보려는 노골적이고 필사적인 태도로 보일 수도 있지만, 실제로 천왕성의 궤도를 방해할 수 있는 바로 그 자리에서 해왕성이라는 신행성이 나중에 발견되었다. 그리고 그란사소 실험의 경우 실험 자체의 오류 가능성을 제기한 입자물리학자들이 옳았던 것으로 드러났다. 빠른 시계와 잘못된 연결장치가 복합 작용하여 뉴트리노의 움직이는 속도를 잘못 계산한 것이었다.[28]

해왕성과 그란사소의 예는 문제가 있는 증거가 있다 하더라도 탄탄한 이론을 바로 폐기하지 않은 것이 옳았다는 것을 말해준다. 그런데 이런 일화들을 바탕으로 과학의 위상에 대해 분명하고 틀림없는 규칙을 만들어 내기는 쉽지 않다. 과학자들이 실험에서 이론에 반대되는 결과를 접했을 때, 나중에라도 이 이론을 확증해 주는 자료가 곧 나타나 뛰어난 이론을 확립할 수도 있으므로 이론을 고집하는 것이 현명한 것인가? 아니면 자신들의 입장을 지지하는 증거의 결여가 분명한데도 그냥 고집을 피우는 것일까?

예를 들어 다윈의 경우, 후세대 사람들은 그가 자신의 이론이 맞을 거라는 선견지명을 지니고 있었다고 말하기가 쉽다. 다양한 종류의 식물과 동물이 모두 몇 종류에 불

과학한다, 고로 철학한다

과한 공통 선조에서 서서히 진화해 나갔다는 다윈의 주장은 과거의 어느 시점에 오늘날 우리가 보는 독특한 유형의 생물들 사이에 해부학적·생리학적 차이를 연결시켜주는 어떤 종이 존재했을 거라는 결론으로 이어진다. 그러나 다윈은 그런 중간자 종을 보여주지 못했다. 거기에 대해 다윈은 자기가 그런 유형의 종을 보여줄 수 없다는 사실이 자신의 이론이 지닌 허점을 드러내는 것이 아니라 그러한 유형의 화석이 극히 드물게 보존된다는 사실을 보여준다고 답변했다.[29] 훗날 다윈의 말이 맞는 것으로 드러났다. 그가 그 말을 한 이후로 실제로 많은 "단절고리missing link"가 발견되었는데 그 고리 하나하나가 다윈의 공통 조상 이론을 뒷받침하고 있었다. 그러나 여전히 우리의 문제는 과학이라는 알곡을 비과학이라는 쭉정이에서 가려내고 싶은데 이런 기준을 어떻게 만들어낼 수 있는가 하는 것이다.

탐구하는 마음 자세

미래를 예측하는 실용적인 경계 구분 기준을 찾고 싶다면 포퍼의 이론은 거의 도움이 되지 않는다. "과학적 방법"

의 중요성에 대해 많이 읽었음에도 여전히 우리는 그 방법이 정확히 어떤 것인지 알지 못한다. 통계적 추론을 통한 기본적인 수학적 기구는 과학자들의 공구함에서 거의 항상 발견된다. 관찰 기술이나 개별 과학의 특성화된 분석 같은 여러 과학적인 "방법"이 있다. 특정 약품의 효과를 알아보기 위해 무작위로 제어된 임상실험을 하기도 하고, 엑스선 결정학을 써서 분자의 구조를 알아보기도 한다. 그러나 성공적인 과학 분야의 연구가 공통으로 지닌 것이 무엇인지 알아내려고 하면 문제에 부닥치게 된다.

노벨상 수상자 해리 크로토^{Harry Kroto}는 몇 년 전 「가디언」 신문에 "과학적인 방법은 내가 흔히 말하는 '탐구적인 마음 자세'에 근간을 두고 있다"라고 썼는데, 이 말은 우리가 과학적 방법에 대한 대략적인 정의에 만족해야 할지도 모른다는 것을 암시한다.[30] 과학자는 호기심 어린 마음으로 자연에 다가가며 자연에 대해 진솔한 질문을 던진다. 그는 가정을 내놓고 흔히 잘 설계된 실험을 통해 그 가정이 맞는지에 대한 판단을 내릴 증거를 찾는다. 그러나 이것은 과학이 왜 존경할만한 활동인지 알수 있게 할지는 몰라도 과학이 다른 학문과 어떻게 차별되는지는 알려주지 않는다. 역사학자들도 정직한 탐구

정신으로 역사 기록을 본격적으로 파헤치기 전에 과감한 가정을 내놓을 수 있다. 다른 인문학 분야도 마찬가지이다.

크로토는 좀 느슨한 개념인 "탐구하는 마음 자세"를 언급하면서 이런 훌륭한 태도가 "이성의 적인 '믿음'을 완강히 거부하면서 인간의 깊은 사고를 요구하는 모든 학문 분야에서 발견된다"고 말했다. 이런 마음가짐은 의심, 질문, 관찰, 실험, 그리고 무엇보다 어린 아이들이 지닌 호기심이 혼재해 있는 상태이다.[31] 물론 일반적인 의미에서 보았을 때 과학이 비판적 탐구를 독점하지 않는다는 점을 강조한 크로토의 생각은 맞다. 하지만 그는 "믿음"의 가치에 대한 의심을 지니고 있었던 터라 집요한 도그마가 지니는 긍정적인 역할을 간과했다. 앞에서 이야기했듯이, 제대로 된 과학자들은 모순된 실험 결과가 나오자마자 이론을 폐기 처분하지 않는다. 오히려 그들은 알려지지 않은 장치의 결함이나 의심스러운 관찰, 혹은 드러난 "증거"의 내용을 오해하게 만든 잘못된 전통 전반에 그 오류의 원인을 돌린다. 이런 식의 전략은 비록 눈 감고 아웅하는 식으로 보일 수 있고 세월이 흐른 뒤에야 천재의 선견지명으로 여겨질 수도 있지만 자주 도움이 되는 전략이다.

중요한 과학적 성과를 이루는데 맹목적 확신이 어떤 이바지를 했는가 하는 것이 폴 페이어아벤트[Paul Feyerabend]의 악명 높은 책 『방법에의 도전[Against Method]』의 중심 주제이다.

> 뉴턴의 중력 이론은 처음 발표되었을 때부터 그 이론을 반박할 만큼 심각한 내용을 지닌 이론에 둘러싸여 있었다. 뉴턴의 세계관에 대해 "이론과 관찰 사이에 수많은 차이점이 발견된다"라고 말할 수 있다. 보어의 원자 모델은 확고하고 틀림없는 반대 증거에도 불구하고 세상에 알려졌으며 존속이 되었다. 상대성이론 역시 1906년 카우프만의 분명한 실험 결과에도 불구하고 존속이 되었다…[32]

아이작 뉴턴, 닐스 보어 그리고 알버트 아인슈타인의 경우처럼 발표된지 얼마 안 되어 문제점들이 드러났지만 폐기되지 않았고 이제는 과학적 탐구의 승리로 여겨지는 여러 이론에 대해 페이어아벤트가 너무 성급한 지적을 한 것은 아닐까? 왜냐하면, 예를 들어 뉴턴의 경우 왜 태양계가 규칙성을 지닌 체계인지를 규명하지 못했으며, 왜 행성과 혜성의 상호 중력 인력에 의해 태양계가 카오스에 빨려 들어가지 않았는지도 규명해 내지 못했다. 보어는 전자가 핵을 중심으로 궤도 운동을 하는 원자 구조가 태양계의 구조와 비슷하다는 가설을 내놓았다. 하지만 그의 초기 모델은, 특히 픽커링-파울러 자외선 시리즈^{Pickering-Fowler ultraviolet series}와 같이 에너지를 방출할 때의 수소의 움직임에 관한 정보를 설명해낼 수 없었는데, 이 정보는 보어의 모델이 소개되기 전에 이미 알려졌었고 경쟁 이론에 의해 설명이 되었다. 1906년 실시된 카우프만의 실험의 경우, 전자가 항상 똑같은 모양의 구^球인지 아니면 (아인슈타인의 이론에서 상정된 것처럼) 모양이 바뀌는 구형인지를 규명하고자 했는데, 실험 결과가 당시 아인슈타인의 전자 이론과 모순된다고 많은 사람은 생각했다.

페이어아벤트의 선동적인 언어 이면에는 합리적인 주장이 숨어 있다. 뉴턴의 이론이 "반박"되었을 수 있다는 그의 말은 그것이 틀린 이론으로 증명될 수 있었다는 것을 말한다. 보어의 이론에 반하는 "확실한" 증거가 있다는 그의 말은 이 이론 역시 처음 발표되었을 당시 틀린 이론이라고 여기는 사람들이 있었다는 것을 말한다. 이런 말을 하지 않아도 뉴턴의 이론이나 페이어아벤트가 예로 드는 다른 이론들이 처음 세상에 발표되었을 때 증거 면에서 적대적인 환경이었다는 것은 쉽게 알 수 있다. 그러나 보어가 문제의 픽커링-파울러 시리즈를 설명할 수 있는 원자 모델을 개발하는 데는 시간이 필요했다. 과학자들이 자신들의 이론상 허점을 지적하는 것처럼 보이는 수많은 문제(나중에 잘못된 것으로 밝혀질 문제지만)에 맞닥뜨렸을 때 자신들의 입장을 철저히 고수하지 않았다면, 성숙한 이론뿐만 아니라 미래 세대에게 선지자적인 과학 업적이라는 것을 보여주는 제대로 해석된 증거 자료를 발전시킬 수 없을 것이라는 페이어아벤트의 말은 확실히 맞는 지적이다. 과학적인 자세를 지니고 있다는 말은 어떤 경우에는 증거 자료에 개방적이고 창의적이고 또 예민해야 한다는 것을 의미한다. 그러나 어떤 경우에 과학자들은 경주마처럼 눈가리개를 하고 있을 때 가장 큰 발전을 이룬다.

2

그것도 과학인가?

Is THAT Science?

과학과 사이비 과학을 구분하는 기준으로 포퍼의 반증주의를 쓸 수
없다면, 포퍼처럼 모든 탐구 분야가 똑같이 인정을 받을 수는 없다는
생각을 떨칠 수 없을 때에 과연 어떻게 해야 할까? 경제학이나 지적설
계이론 혹은 동종요법같이 종종 사이비 과학이라고 비난을 받는 학문
의 위상에 대해 우리는 어떤 평가를 할 수 있을까? 아니면 뭐든지 과학
이 될 수도 있다는 것을 시인할 때가 온 걸까?

질문에 대한 답은 당신이 어떤 질문을 하느냐에 달려있다.
— 토마스 쿤

다양한 종류의 지식

1장의 결론이 독자들의 마음을 불편하게 했는지도 모르겠다. 과학과 사이비 과학을 구분하는 기준으로 포퍼의 반증주의를 쓸 수 없다면, 포퍼처럼 모든 탐구 분야가 똑같이 인정을 받을 수는 없다는 생각을 떨칠 수 없을 때에 과연 어떻게 해야 할까? 경제학이나 지적설계이론, 혹은 동종요법 같이 종종 사이비 과학이라고 비난을 받는 학문의 위상에 대해 우리는 어떤 평가를 할 수 있을까? 아니면 뭐든지 과학이 될 수도 있다는 것을 시인할 때가 온 걸까?

다행히 포퍼주의 철학을 포기해도 논란이 되는 연구 분야에 대해 비판적인 평가를 할 수 있는 방법은 여전히 많이 있다. 경제학이나 지적설계이론, 혹은 동종요법 같은 이론의 문제가 무엇인지 정확히 알고 싶다면, 이 학문이 "과학적"인지에 대한 일반적인 질문을 하지 말고 과학에서 이상화^{idealization}의 역할이나 증거, 혹은 심지어는 위약^{placebo}의 역할 등에 대해 구체적인 질문을 해볼 필요가 있다.

"이것이 과학인가 아닌가?"와 같은 일반적인 질문은 별로 의미가 없다. 예를 들어 역사를 과학이라고 해야 하는가? 역사를 과학으로 여기는 사람은 거의 없을 것이다. 하지만 역사학자도 자연과학자처럼 비판적인 탐구를 하는데, 이 비판적인 탐구에는 종종 논란이 되는 이론이 발전되어 제대로 해석된 증거의 뒷받침을 받을 기회를 주는 건설적인 독단주의도 포함한다. 역사학자들은 자신들의 가정을 시험해 보기 위해 다양한 출처에서 자료를 수집한다. 이들이 실험하는 경우는 매우 드물지만, 그것은 고전 과학도 마찬가지이다. 예를 들어 천문학자들의 주된 임무는 실험실에서의 통제된 연구보다는 관찰이다.

역사학자들이 보통 일반적인 법칙을 정립하는 것보다는 특수하고 우연적인 사건들에 대한 자세한 이해를 목표로 한다는 사실을 들먹이며 역사학이 과학이 아니라는 판단이 바르다고 할 사람도 있을 것이다. 그런데 이것은 진화생물학자들의 경우에도 마찬가지인데, 이들은 특정 생물학적 종이 지닌 특수한 성질을 설명해내고 공통 선조에서 갈라져 나온 양식을 규명하려는 나름의 역사적인 목표를 지니고 있다.

과학한다, 고로 철학한다

보통 역사학에는 수학적 분석이 들어가 있지 않지만 경제-인구 역사학처럼 어떤 종류의 역사학은 자세한 양적·통계적 자료를 다룬다. 역사학은 인간의 행동과 결정을 다루는데 이것은 심리학과 인류학의 경우도 마찬가지이다. 다시 말해, 과학 활동이 너무 광범위한 분야에서 이루어지기 때문에 역사학이 과학으로 분류되어야 하는가 하는 질문은 대체로 기호의 문제이다. 보통은 역사학을 과학이라고 부르지 않지만, 그렇게 부른다고 해서 이상한 일은 아닌 것 같다. 독일어로 과학Wissenschaft이라는 말은 지식을 가져다주는 체계화된 접근 방식을 가리키는데, 이 말이 영어를 쓰는 사람에게는 직관적으로 과학과 인문학에 속하는 모든 학문을 가리킨다. 이렇게 볼 때 어떤 경우에는 경계 구분의 문제가 그리 중요하지 않은 것 같다. 하지만 어떤 경우에는 아주 중요한 문제이다.

경제학과 그 이상

1895년 알프레드 노벨Alfred Nobel은 유언장에 자신의 이름을 딴 상을 물리학, 화학, 생리학, 문학 그리고 평화의 다섯 개 분야에 큰 공헌을 한 이에게 수여하라는 말을 남겼다.

경제학 분야 노벨상에 대해 생각해보자. 이 상은 **1968**년 스웨덴 은행이 "알프레드 노벨을 추모하기 위해" 기금을 대서 "경제 과학"에서의 공헌에 대한 상을 뒤늦게 만든 것이다.[33] 그러나 "크리스천 사이언스^{Christian Science}"의 경우처럼 어떤 학문을 단순히 과학이라고 부른다고 해서 그것이 과학이 되는 것은 아니다. 경제학은 진정한 과학인가? 아니면 물리학이나 화학, 혹은 생리학이 지닌 과학이라는 광채가 과학이라고 하기 힘든 학문에도 퍼지기를 바라는 스웨덴 은행이 베푼 큰 아량의 수혜자인가?

경제학에 대한 다양한 접근과 더불어 과학 활동의 다양성으로 인해 이 질문에 대해 답변을 하는 것은 쉽지 않다. 어떤 경제학자들은 실험적인 엄격함과 호기심을 지니고 실험 심리학과 가까이 공조하며 연구를 한다. 예를 들어, 실제 사람들이 어떻게 결정을 하는지를 알아내기 위해 사람들을 실험실 안으로 불러들이는 경제학자들이 있다. 2002년 노벨 경제학상 수상자인 카너먼^{Daniel Kahneman}은 이런 유형의 실험적인 작업을 인정받아 상을 받은 경우이다. 카너먼은 자신의 연구—연구의 상당 부분은 아모스 트버스키^{Amos Tversky}와의 공동 작업으로 이루어졌다—에서 사람들이 불확실한 일에 관해 판단을 내릴 때 어떤 생각을 하는지, 그리고

과학한다, 고로 철학한다

특히 어떤 경험에 근거한 원칙을 쓰는지를 보여주고자 했다.[34] 몇몇 학자의 경우 문화에 따라 경제적 결정이 어떻게 달라지는지를 연구하기도 했다.[35] 여느 연구처럼 이런 연구에 대해서도 과학이라는 주장을 할 수 있다.

경제학자 센Amartya Sen은 1998년에 노벨 경제학상을 받았는데, 그의 연구 역시 구체적인 실제 상황에 초점을 맞추고 있다. 센의 가장 유명한 책은 기근의 원인에 관한 것이다.[36] 총체적인 식량의 감소가 기근을 가져온다고 생각하기 쉬운데, 센은 경험적 사실에 대한 철저한 분석을 바탕으로 그것이 기근의 원인을 제대로 설명하지 않는다고 생각한다. 많은 경우 기근은 식량의 감소가 없어도 일어난다. 따라서 기근의 문제를 다룰 때 해야 할 질문은 식량이 있는데도 왜 어떤 사람들은 그걸 구할 수 없는가 하는 것이다. 사람들이 자원을 축적하기 위해 갖은 방법으로 권력을 쥐기 때문이라고 생각한 센은 현실적으로 기아 발생을 줄일 방법을 여러 가지 제시한다. 카너먼의 연구도 마찬가지지만, 이런 그의 연구가 진짜 과학 활동이 아니라고 말하기는 힘들어 보인다.

경험에 토대를 둔 이런 경제학적 탐구 방법들과 대조적으로, 신고전주의 경제학의 경우 완벽한 합리성을 지닌 개인들이 시장을 이용할 때 그 시장의 동향이 어떨지를 연구하는 식으로 이론적인 분석에 그 초점이 맞추어져 있다. 쉽게 말해서, 이런 연구는 상상 속의 인간을 다루고 있다. 여기에 대해 이런 부류의 경제학은 공상 과학으로 분류돼야 한다는 반응이 나을 수 있다. 혹은 다른 반응으로, 이런 유형의 경제학이 실제로 세상이 어떤지를 보여주기보다는 사람들이 합리적인 사고를 한다고 가정했을 때 펼쳐지는 세상에 대해 알려 준다고 생각할 수 있다. 이 두 입장의 차이는 신고전주의 경제학과 전형적인 경제학 연구 활동 사이의 커다란 괴리이기도 하다. 하지만 나는 두 반응 모두 성급한 반응이라고 생각한다.

단순화와 이상화라는 방법론을 쓰는 학문은 경제학뿐만이 아니다.[37] 단순 물리학의 경우 대포알이 중력의 인력과 화약의 점화로 발생한 힘에만 영향을 받는다고 가정한 뒤 대포알의 속도를 계산해낸다. 물론 실제 대포알의 경우 이렇게 단순하지 않고 바람 저항과 같은 다른 요인에 영향을 받는다. 하지만 그렇다고 해서 탄도에 대한 단순 분석이 무의미한 것은 아니다. 먼저, 이런 단순 분석을 통해 우리는 대포알의 기본 궤도에 대해 알 수 있는데, 실제로는 너무 복잡해서 계산에 넣기가 힘든 다른 요인이 이

궤도를 방해한다. 둘째, 실제로 대포알이 얼마나 멀리 날아가는지를 측정하고 이 결과를 중력과 최초 가속력의 영향만을 받았을 때의 대포알이 날아간 거리 분석 결과와 비교할 수 있는데, 그렇게 되면 실제 대포알이 단순 계산 때문에 예측된 거리를 날아가지 못하도록 하는 다른 요인들의 특성에 대해 알 수 있다. 이런 식으로 이상화 방법은 비현실적이지만 오히려 복잡한 실제 상황을 이해하는 데 도움이 된다.

물리학만이 이런 이상화 방법을 쓰는 것은 아니다. 생물학 연구의 상당수가 이상화된 진화 요인이 이상화된 생물체에 끼치는 영향을 세련된 수학으로 연구한 것이다. 진화 유전학자들은 단순화된 이론 모델을 자주 만드는데, 여기에는 생물체의 개체가 무한하다거나, 유전자 간의 상호교류가 아주 단순하게 일어난다거나, 모든 생물체가 동시에 번식한다거나, 혹은 자연선택이 끼치는 영향이 없다는 가정 등이 포함된다. 물론 이 모든 가정은 실제 야생 식물이나 동물 개체에서 보이는 것과는 다르다. 그러나 이 경우에도 실체 개체의 행위와 단순화된 분석 결과를 비교함으로써 자연선택이 없었을 때 개체가 어떤 행위를 보일지 알 수 있고, 실제로 자연선택이 있었

는지 알 수 있으며, 또한 있었다면 그동안 얼마나 큰 영향을 끼쳤는지 알 수 있다.[38]

그렇다면 경제학자들도 자신들의 이상화 방법론을 비슷한 식으로 옹호할 수 있지 않을까? 다른 많은 과학자가 그러는 것처럼 이들도 더 복잡한 자료를 추가하기 전에 예비 작업으로 단순화된 여러 인간 행위의 기본 성향을 연구한다고 주장할 수 있지 않은가?[39] 그럴 수도 있겠지만 이런 종류의 이상화는 언젠가 실제 실험을 통해 입증되어야 한다. 그 이유를 알기 위해서 물리학에서 이루어지는 단순화 작업에 대해 다시 생각해보자.

바람 저항이 없고 중력의 영향만 받는 단순화된 환경에서 대포알이 어떻게 날아가는지를 알아보기 위해 아무 가정이나 만들어낼 수는 없다. 원칙 없이 마구 만들어낸 가정의 경우, 실제 세계에서 어떤 요인 때문에 대포알이 단순화된 실험 모델에서처럼 멀리 날아가지 못하는지 이해하는 데 도움이 되지 않는다. 오히려 실험자가 임의대로 대포알의 단순화된 궤도를 재기 때문에 실제로 날아가는 대포알을 쟀을 때 어떨 때는 단순화된 모델이 예측한 것만큼 날아갔다가 어떨 때는 그 반만큼, 어떨 때는 두 배나 멀리 날아가는 결과가 나올 수 있다.

과학한다, 고로 철학한다

그렇게 되면 단순화된 모델에 없었던 어떤 실제 요인이 이런 차이를 빚어냈는지에 대해 완전히 잘못된 주장이 여러 가지 나오게 된다. 대포알의 궤도에 대한 가정에는 그것이 바람에 의해 방해를 받지 않았을 때의 현실이 반영되어야 한다. 다시 말해, 단순화를 도입할 때조차도 이런 단순화가 실험에 의해 통제가 되어야 한다. 이런 이유로 물리학자들이 어떤 물체의 행위를 실험실이라는 통제된 상황에서 연구할 때는 연구를 복잡하게 할 수 있게 하는 요인을 최소화한다.[40] 이상화 자체가 문제는 아니다. 하지만 경제학자들이 그것을 실제 인간의 사고와 행동에 대해 연구를 하지 않으려는 변명으로 이용할 때는 문제가 된다.

사람들이 신고전주의 경제학이 2008년 금융충격을 예상하지 못한 것에 대해서 비판했을 때, 이들의 진짜 불만은 경제학이 과학처럼 예측을 못 했기 때문이 아니라 경제학이 진짜 과학이 아님에도 불구하고 진짜 과학인 양 예측하려고 했다는 사실이었다. 이미 본 바와 같이 물리학자들은 자주 물체의 기본적인 성향에 대한 주장을 한다. 이들은 상황이 극도로 단순화된 실험실이라는 살균된 조건에서 일어날 것을 예측하는 데 탁월하다. 그러므로 실험실 바깥의 우여곡절의 세계에서 살아남을 수 있는 제대로 된 구조를 짓고 싶을 때 우리는 물리학자가 아니라 공학자를 찾아간다. 물리학자들은 튼튼한 다리를 만드는 사람들이 아니다. 경제학자들이 정부에 실질적인 조언을 할 수 있으려면, 경제학은 기초 과학보다는 공학 같은 학문이 되어야 한다.[41]

증거와 지적 설계

진화 생물학 교과서에는 자세한 수학적 원리가 바탕이 된 방대한 체계가 등장하는데, 이것은 다양한 진화 원인의 영향 아래서 개체군이 어떻게 변할 것인지를 설명한다. 그리고 유전 변형이 일어나는 과정과 종 내 개체들이 다른 개체들 및 환경과 상호교류하는 방식에 대한 풍부한 실험적 자료가 이 체계를 보완 설명하고 있다.[42] 이런 다양한 정보를 바탕으로 "종 분화", 즉 신생 종이 출현할 수 있는 조건과 함께 종이 처한 환경에 적응하게 되는 과정을 자세히 기술한다. 이런 책에서는 자연선택이 야생에서 어떻게 일어나는지에 대한 연구뿐만 아니라 다른 진화 과정이 지닌 상대적인 중요성에 대한 논쟁들도 접할 수 있는데 이는 꼼꼼한 실험에 근거한 것이다.[43]

과학한다, 고로 철학한다

윌리엄 뎀스키와 마이클 비히가 지지하는 지적설계이론은 과학 이론을 자처하는데, 이 이론은 최소한 몇 가지 경우에 생물체가 어떻게 적응했는지를 지적 설계 관점에서 설명한다.[44] 예를 들어 마이클 비히는 편모(요동 모터처럼 생물체에 붙어 빙글빙글 도는 채찍 모양의 가는 실로, 어떤 종류의 박테리아는 이 편모로 인해 액체 배지에서 잘 돌아다닌다)가 자연선택 때문에 출현했다고 보기에는 너무 복잡한 구조를 지니고 있다고 주장한다. 즉 그것이 지성을 가진 존재에 의해 설계되었다는 것이 비히의 주장이다. 지적설계론자들은 편모 같은 데서 드러나는 유기체의 적응이 특히 기독교의 신과 같은 특정 신에 의해 설계되었다는 말을 피해 왔다. 이들은 보통 이 지적인 존재의 본성에 대해 더 깊이 이야기하는 것을 피하는 대신 우주를 돌보는 어떤 지적인 존재가 있다는 증거가 있다고 주장한다.[45]

지적설계이론은 어떻게 자연선택론을 반박하는가?[46] 『다윈의 블랙박스』라는 자신의 책에서 비히는 박테리아 편모가 많은 다른 특징과 더불어 그가 말하는 "환원 불가능한 복잡성"이라는 특성을 보이고 있다고 주장한다.[47] 그에 따르면, 편모의 일부가 제거되거나 변형되면 편모의 운동 자체에 부분 장애가 생기는 것이 아니라 박테리아의 생존과 번식에 무용한 신체 기관이 된다. 편모의 전반적인 운동이 너무나 정교하게 짜여 있으므로 일부분이라도 장애가 생기면 제대로 된 생물학적 기능을 하는데 엄청난 타격을 입기 때문이다.

비히에 의하면, 자연선택론자들은 처음에 단순했던 특징들이 자연선택 과정을 거쳐 복잡한 특징으로 바뀐다고 여긴다. 그런데 일부가 제거되거나 변형되었을 때 전반적인 기능을 하지 못하는 생물 기관이 존재한다면, 다시 말해 "환원 불가능하게 복잡한" 기관을 실제로 발견하게 된다면, 그런 기관이 점진적인 발전 때문에 생긴 기관이 아니라는 것을 인정해야 한다는 것이 비히의 주장이다. 즉, 비히는 환원 불가능하게 복잡한 기관의 존재가 자연선택론으로는 설명이 불가능하다는 진단을 내리게 된다.

비히에게 제일 먼저 하고 싶은 말은 편모가 환원 불가능하게 복잡하지 않다는 것이다. 과학자들은 일부만 남은 편모가 회전 운동은 하지 않지만, 단백질 독소를 다른 세포에 전달해준다는 면에서 여전히 유용하다고 주장한다.[48] 그리고 나중에 다른 연구 결과가 나와 편모가 환원 불가능하게 복잡하다는 결론이 나온다 하더라도, 환원 불가능한 복잡성이 자연선택론과 양립할 수 없다는 비히의 입장은 틀렸다. 그는 오랜 시간 점진적인 자연선택 과정을 통해 등장한 생물체의 기관이 처음에는 엉성할 수 있다는 가능성을 고려해야 한다. 그런 기관의 경우 일부가 제거되거나 변형되는 일이 자주 있어도 전반적인 기능에는 거의 지장을 받지 않을 수 있다. 자연선택을 통해 전반적인 효율성을 위해 불필요하거나 중복되는 부분들이 점진적으로 제거되어 나가다가 더 제거되거나 변형될 경우 기능 자체가 안되는 시점에 이르면 마침내 "환원 불가능하게 복잡한" 기관이 나타나는데, 이때 점진적인 과정을 통한 이 기관의 출현을 자연선택 이론은 충분히 설명해낼 수 있다. 물론, 비히 입장에서는 편모가 실제로 이렇게 출현했다는 증거가 없다고 비판을 할 수 있다. 단순한 시작에서 점진적으로 세련되어진다는 가정이 전적으로 추측에 불과하다고 말이다. 그 말이 맞을 수도 있지만, 문제는 그의 지적설계이론이 편모의 존재를 자연선택론이 어떤 방식으로든 설명할 수 없다는 주장에 근간을 두고 있다는 사실인데, 그런 무리한 반대 주장은 사실 허구 상황을 통해 대략 설명하는 것으로 아주 쉽게 반박이 된다.

좀 양보해서 자연선택으로 설명되지 않는 생물학적 기관이 있다는 비히의 주장이 바르다고 해보자. 그렇다 하더라도 비히는 그것을 규명해내지 못하고 다만 우리가 이해하지 못하는 어떤 것이 존재한다는 것만 보여줄 뿐

이다. 그렇다면 지적설계이론이 편모의 존재를 설명해
준다는 입장을 우리는 어떻게 받아들여야 할까? 지적 설
계자가 존재한다는 사실이 어떻게 편모의 특성을 설명
해줄 수 있는지 명확하지 않은 만큼 이 질문에 대한 대답
도 명확하게 하기는 힘들다. 내가 독자 여러분에게 "화
성에 지능적인 설계자들이 산다"라고 말했다고 해보자.
이 경우 내가 독자 여러분에게 이 설계자들이 얼마나 지
능이 뛰어난지, 몸집은 얼마나 큰지, 얼마나 게으른 존재
인지, 얼마나 협조적인 존재인지, 어떤 경제적 급선무를
지녔는지, 또 어떤 자원을 이들이 손에 넣을 수 있는지
등에 대한 정보를 주기 전까지는 이 존재가 어떤 것을 설
계할지 전혀 알 수 없을 것이다.

같은 이치로 지적설계이론이 박테리아의 편모에 대해
만족스러운 설명을 할 수 있으려면 그 지적 설계자가 지녀
야 할 기구와 능력, 설계의 개요, 계획을 시행하고 개선하
는 방식, 그리고 쓸 수 있는 자재물에 대해 상세히 설명을
해주어야 한다.[49] 유기체가 어떤 과정을 통해 등장하는지
진화론자들이 자세히 설명을 해주는 것과 대조적으로 지
적설계론자들은 그 어떤 설명도 해주지 않는다.

그뿐만 아니라 생물학자들은 진화 과정에 대해 추정만

하고 일을 끝내는 것이 아니라, 유전 변형률과 자연선택론의 강점 등에 대한 여러 가정을 세운 뒤 추정한 내용을 직접 실험해본다. 이와 달리 지적설계론자들은 자신들이 말하는 설계자가 어떤 존재인지 구체적으로 설명을 해주지 않을 뿐만 아니라 자신들의 가정을 실험대에 올리지도 않는다. 바로 이런 차이로 인해 유기체 세계의 변화에 대한 진화론적 설명이 강력한 증거에 의해 뒷받침되는 반면, 지적설계이론은 그 빈약한 증거 자료로 인해 헛웃음을 자아낼 뿐이다.[50]

어떤 면에서 지적설계이론은 진화 생물학에 상반되는 이론이다. 예를 들어, 지적설계론자와 진화생물학자는 편모와 같은 기관이 형성된 과정에 대해 의견을 달리한다. 하지만 지적설계이론이 "위협적인" 경쟁이론이 되려면, 다시 말해 강력한 증거 자료를 갖춘 이론이 되려면, 진화 생물학처럼 종분화와 생물체의 적응에 대해 철저한 실험에서 나온 자료가 바탕이 된 강력한 이론을 갖추고 있어야 한다. 지적설계론자들이 과학자라면 자신들이 주장하는 설계 과정을 정확하고 상세하게 설명하는 교과서를 세상에 내놓아야 한다. "어떤 경우에 설계 과정이 외부 요인에 의해 위협받고 또 언제 외부 요인을 극복하는가?" "이 이론에서 제시하는 지능적인 설계자의 본성은 무엇이며 그 설계자는 어떤 방식으로 설계하는가?" "상충하는 설계명세서를 접했을 때 설계자는 보통 어떻게 하는가?" 우리는 이런 모든 질문에 대한 답변을 설계론자들이 해주기를 기대한다. 물론 우리의 기대는 채워지지 않는다. 대신에 설계론자들은 우리 손에 생물체 세계의 목록, 그것도 엄청나게 긴 목록을 쥐여주면서, 생물체 세계가 자연선택론으로 설명되기에는 너무 복잡하다는 말만 할 뿐이다. 이런 태도를 지닌 이론을 진지하게 받아들이기는 힘들다.

지난 장에서 그런 것처럼 이 문제에 대해서도 페이어아벤트의 입장에 동의하는 것은 어떨까? 페이어아벤트에 의하면 반대 증거를 접할 수 있을 때까지는 과학 이론을 일단 발전시켜야 하지만 지적설계이론의 경우 지각 가능한 증거에 의해 뒷받침되지 않으므로 폐기해야 한다. 지난 장에서 나는 어떤 이론이 확실한 자료의 뒷받침을 받는 이론으로 남을지 처음부터 알 수는 없다고 말했다. 따라서 위대한 이론이 될 운명을 타고난 이론을 태어나자마자 뒷받침하는 증거가 없다는 이유로 숨통을 쥔다면 방법론적으로 큰 사고를 내는 행위가 될 것이다. 과학은 오류 가능성이 있다. 따라서 미래의 어느 시점에 어떻게 지능을 지닌 외계인들이 특정 식물 및 동물 종들의 특징에 관여하게 되었는지와 같은 것에 대한 꽤 자세한 내용의 가정을 포함한 이론을 학자들이 내놓을 수도 있다는 가능성을 배제해서는 안 된다.

이런 지능적인 존재들의 행위를 미래의 이론가들이 관찰할 수 있게 되면 그 관찰로 인해 설계론이 바로 설득력이 있을 가능성이 있다. 또한, 어느 날 이런 지능적인 설계자들이 나타나 다양한 생물학적 종을 만드는데 들어간 DNA에 대한 지적 재산권을 요구하거나 아니면 이 설계자들이 지구에 보낸 사절단—아마도 작은 지능 로봇 같은 존재—이 지구의 생명체가 바뀐 환경에 적응할 수 있도록 했다는 사실을 알게 될 가능성도 생각해 볼 수 없는 것은 아니다.

동종요법과 위약의 특성

동종요법의 약은 대체로 여러 번 물에 희석한 소량의 식물이나 미네랄을 많이 흔들어 섞어준 뒤 설탕약에 넣기 전에 다시 한 번 희석해 만들어진다. 이 요법의 주된 성분은 "독이 독을 치료한다"라는 가정 아래 선택된다. 즉 동종

물질을 높은 함량으로 투입하면 독이 되지만 아주 적은 함량 투여하면 병을 고친다는 식의 생각이라 하겠다.

동종요법은 널리 이용되고 있다. '영국 동종요법회'에 따르면 전 세계 이십억이 넘는 사람들이 동종요법을 쓰고 있다.[51] 이런 보편성에도 불구하고 많은 학자가 동종요법 약의 효과에 대해 미심쩍어하는데, 왜 미심쩍어 하는지 쉽게 이해할 수 있다. 천연두의 경우 천연두의 고름집에 있는 전염 물질을 건강한 사람의 피부를 긁어낸 자리에 주입하여 병의 발생을 막는데, 이 과정을 예방 접종이라고 부른다. 이런 예에서 보듯이 "독으로 독을 다스린다"는 원칙이 말이 안 되는 것이 아니다. 그러나 동종요법 치료의 경우 치료 효과가 있다는 물질이 희석되고 또 희석되어 흔적도 남아있지 않은 경우가 자주 있다. 즉 동종요법 치료는 장황한 사전설명 뒤에 쥐여주는 설탕약과 다를 바가 없을 때가 많다. 그러면 동종요법은 제대로 된 과학에 근간을 두고 있는가? 아니면 과학을 위장한 사이비 치료인가?

우리는 자주 모든 종류의 의료 치료를 평가하는 "황금 잣대"가 위약 효과 통제와 무작위 추출에 의한 임상실험이라고 생각한다. 예를 들어 신종 약품의 효능을 제대로 평가하려면 많은 실험자를 모아 무작위로 두 집단으로 나뉘서 실험해야 한다고 우리는 생각한다. 한 집단에는 신약을 투여하고 다른 한 집단에는 위약을 투여한다. 의사가 처방한 약을 먹는 행위 그 자체가—비록 그 약의 성분이 설탕이라 하더라도—사람들 기분을 낫게 해주는 효과가 있으므로, 이런 방법을 쓰면 위약이 주는 효과 외에 신종 약품이 주는 효과에 대해 평가를 할 수 있다.

많은 이론가가 위약 효과 통제 임상실험을 고집할 필요가 없다고 생각해 왔다.[52] 사실 약이 효능이 있는지 알 수 있는 방법은 아주 많다. 신약이 위약보다 더 나은지를 묻는 것보다 문제의 병을 치료하는 데 신약이 표준 치료법보다 나은지를 물어볼 수도 있다. 이렇게 했을 때 표준 치료법의 효능에는 위약 효과가 포함되어 있으므로 신약이 위약이 가져다주는 효과를 넘어서는 치료 효과가 있는지도 알 수 있다. 또한 이 방법을 택하면 신약 치료가 기존의 치료법보다 더 나은 치료인지도 알 수 있다. 후자에 대한 지식은 의사들이 환자에게 쓸 약을 결정하는 데 특히 도움이 된다. 또한, 지병이 있는 상태에서 신약 임상 실험에 참석하는 사람들 같은 경우, 실험 기간 동안 기존의 투약 방식을 바꿀 필요가 없이 계속해서 표준 치료법을 받을 수 있다.

표준 치료와 비교하는 신약 임상 실험은 위약 효과 통제 임상 실험보다 더 비용이 많이 들 수 있는데, 그 이유는 통계적으로 유효한 반응을 얻기 위해서는 더 많은 수의 실험 참가자가 요구되기 때문이다. 또한, 표준 치료보다 나은 신약을 개발하는 것보다 위약의 효과를 넘어서는 신약을 개발하기가 훨씬 쉽다. 이런 이유로 표준 치료가 아니라 위약과 비교해 신약을 실험하는 것이 보편적인 현상이 됐다고 학자들은 지적한다.[53]

동종요법은 보조 및 대안 요법이라는 폭넓은 분야의 작은 예에 불과하다. 이런 분야에 들어가는 다른 요법으로 침술, 방향요법, 약초학 등이 있다. 보조 및 대안 요법 지지자들은 종종 위약 대비 임상의학 실험이 너무 공격적인 면이 있다고 말한다. 개인적인 경험담을 듣고 마사지 요법이 목 통증 완화에 도움이 된다고 믿는다고 해보자. 어떻게 위약 통제 임상 실험을 통해 그런 주장의 진위를 확인할 수 있다는 말인가? 신종 약물의 경우 그 실험에 맞게 위약을 짓는데, 위약은 유효 성분이 없을지라도 이것을 모르는 환자에게는 진짜 약처럼 보이게 제조한다. 색소가 들어간 설탕약을 쓰는 것이 바로 이런 이유에서이다. 그런데 "위약 마사지"라는 것은 어떤 것을 말하는가? "진짜" 마사지이지만

과학한다, 고로 철학한다

마사지가 주는 "유효 성분"이 빠진 마사지를 만들어 내야 할 것이다. 그런데 마사지를 하지 않으면서 진짜 마사지를 받는 것으로 착각하게 하는 어떤 것을 만들어 내기는 쉽지 않다. 바로 이런 혼란스러움 때문에 위약 통제 마사지 요법 임상 실험을 하게 되면, "위약 마사지"가 종종 "누르는 느낌이 없는 마사지"로 이해되거나 혹은 손을 전혀 쓰지 않고 음악만을 쓰는 실험으로 전락하고 만다.[54]

일반적인 보조 및 대안 요법이 지닌 문제 말고 동종요법이 지닌 특수한 문제에 대해 생각해보자. 동종요법 약품을 위약 통제 임상 실험대에 올리는 것은 별 문제가 없을 것으로 생각하기 쉽다. 단순히 환자에게 동종요법의 유효 물질로 여겨지는 물질과 함께 설탕약을 투여하면 된다고 생각하기 때문이다. 동종요법의 효과의 진위를 평가하기 위해 통제 임상 실험을 하는 것에 대해 영국 동종요법회는 약간 다른 문제를 지적하고 있다. 표준 의학의 경우 우울증 치료제로 프로작Prozac을, 그리고 콜레스테롤 치료제로 리피토Lipitor 같은 약을 권하는 것이 의례적이다. 다시 말해 특정한 병에 대해서는 특정한 치료를 평가해야 한다는 가정이 이미 이러한 임상 실험 내에 포함되어 있다는 것이 그들의 주장이다.

그런데 만약 의사가 특정한 종류의 병에 대해 특정한 종류의 약을 처방하는 것이 아니라, 병원에 온 환자의 전반적인 상태를 진단하고 싶으면 어떻게 되는가? 그 의사가 환자의 증상과 살아온 인생, 그리고 사는 방식이 복잡하게 상호연결되어 있고 또 운동과 식이요법이 환자에게 전체적으로 상승효과와 함께 유기적으로 도움이 된다고 확신하기 때문에, 환자에게 맞춤 약과 함께 무슨 운동을 하고 무엇을 먹어야 하는지 등에 대해 조언을 한다고 해보자. 이 경우 운이 좋아 똑같은 질병 징후와 상황을 경험하는 환자들이 많이 있지 않는 한, 이러한 주장의 진위를 확인할 수 있는 임상 실험을 계획하는 것은 어렵다.

환자 개인의 특유 체질에 관련된 이런 문제에 대해서는 이 장 후반에 가서 더 자세히 다루겠다. 현재까지 동종요법 치료에 대한 위약 통제 임상 실험이 많이 시행되었는데, 이들은 보통 특정 유형의 질병에 특정 유형의 동종요법이 지니는 효과를 평가하는 것이 의미가 있다는 가정에 따라 이루어졌다.[55] 영국 동종요법회는 "그런 임상 실험이 동종요법 '약'의 효력을 숫자로 표현할 수 있지만 '실제 세상'에서 시행되는 동종요법과 별 관련이 없는 결과를

도출해낼 수도 있다"는 우려의 말을 내놓았다.[56]

이러한 임상 실험이 무엇을 밝혀냈을까? 언뜻 보기에 그 결과는 복합적이다. 실험 참가자 중에서는 동종요법 치료가 위약으로 설명이 안 되는 효과를 보였다고 말한 사람도 있었고, 동종요법 치료가 표준 치료와 비슷한 효과가 있었다고 말하는 사람들이 있었는가 하면 동종요법이 위약보다도 효과가 없다고 결론지은 사람들도 있었다. 여기서 중요한 것은 이런 다양한 답변이 나오는 연구 풍토에서는 연구마다 질적인 차이가 있을 수 있다는 사실이다.

이런 임상 실험과 평가에 대해 2013년 호주 정부가 조사했는데 다음과 같은 놀랄만한 결과가 나왔다.

> 인간이 걸릴 수 있는 그 어떤 종류의 병에 대해서도 동종요법이 지니는 효과를 대규모로 진행한 양질의 연구는 드물다. 현재까지 알려진 증거는 설득력이 없으며 현재까지 알려진 질병 중 그 어느 하나에도 동종요법이 효과적인 치료법이라는 것은 입증되지 않았다.[57]

그 보고서가 일관되게 지적하는 것은, 엄청난 규모로 아주 세심하게 진행된 연구에서도 동종 요법이 위약을 넘어선 효과를 보인 사례는 없었다는 것이다. 효과를 보고하는 연구의 경우에도 보통 그 효과의 정도가 너무 미미해 진짜 효과가 있다고 말하기에는 뭣하다거나 어떤 연구 착오에 의한 것이었다.

이런 결론이 의미하는 바가 동종요법이 현대 의학에 발을 붙여서는 안 된다는 것일까? 그것은 조금 성급한 결론인 것 같다. 근래에 동종요법과 관련해 가장 많이 제기되는 질문은 엄격한 방법론을 지향하는 이런 종류의 연구가 의학적인 결정을 내리는 데 얼마큼의 영향을 주어야 하는가 하는 것이다. 증거에 기초한 의학의 선구자들의 경우 오히려 동종요법 치료사들 편에 있다고 해야 할지도 모르겠다. 이제 의학적인 결정을 엄격한 증거에 기초해야 한다고 주장하는 사람들이 실제로 무엇을 지향하는지 살펴보자.

증거에 기초한 의학은 천편일률적인 "요리책" 의학이 아니다. 증거 의학은 확실한 외부 증거를 개별 임상 전문 지식 및 환자의 선택과 융화시키고자 하는 상향식 접근을 쓴다. 요리법을 보고 요리를 하듯 개별 환자에게 똑같은 처방을 내리는 식이 되어서는 안 된다. 외부 의학 증거가 병에 대한 정보를 제공할

수는 있지만, 그것이 개별 임상 전문 지식을 대체할
수는 없다. 왜냐하면, 이 개별 임상 전문 지식을 토대
로 외부 증거가 문제의 환자에게 적용되어야 하는
지, 또 만약 적용된다면 의학적인 결정에 어떻게 통
합되어야 하는지를 결정하기 때문이다.[58]

동종요법에 관한 논쟁에서 가장 재미있는 부분은 동종요
법이 얼마나 증거에 기초했느냐 하는 것이 아니라 이 증거를
의사들이 환자 개개인을 돌보는 문제를 결정할 때 얼마나 고
려해야 하는가 하는 문제이다. 영국 동종요법회에서는 다음
과 같이 말한다: "동종요법에서 치료 방법은 보통 개인에 따
라 달라진다. 동종요법에서는 환자의 증후뿐만이 아니라 삶
의 방식, 정서, 성격, 식습관, 병력과 같이 환자에게 고유한
사항들을 고려해서 처방을 내린다."[59] 동종요법가들은 주류
의학에서도 거부하는 "요리책" 의학을 집어 던지고 환자들
의 개인적인 필요에 집중해서 의학적인 판단을 내린다.

하지만 동종요법이 어떻게 환자를 여러 일반 증상을 드
러내는 몸이 아니라 한 개인으로 여기고 그 개인이 필요로
하는 것에 주목하는 "전체론holistic"적인 의학의 역할을 할
수 있나 하고 의아해할 사람이 있을 것이다. 환자의 특수
한 상황 전체를 고려했을 때 확실한 증거에 바탕을 둔 치

료가 최상의 방법이 아닌 경우가 물론 분명히 있다. 예를 들어 선수 생활을 곧 마감할 일류 운동선수가 올림픽 경기에 마지막으로 도전하고 싶은 욕구가 너무나 커서 불구가 될 수 있는 위험이 있음에도 불구하고 수술 대신 진통제를 택하는 경우이다. 이 경우 책임감 있는 의사라도 환자 개인에게 무엇이 더 중요한지를 이해하고 환자에게 진통제를 처방할 수 있다. 환자 개인의 특수성에 맞춘 의학적 결정이 중요하다는 것은 알지만 그렇다고 과연 동종요법 치료를 처방하는 의학적 결정을 내릴 수 있을까?

동종요법을 쓴 뒤 꽤 많은 사람이 호전되었다고 말을 하며, 드러난 증거 역시 그 말을 반박하지 않는 것도 사실이다. 실제로 사람들은 위약을 먹고 난 뒤 상태가 호전되었다고 느낀다. 이런 호전 현상을 목격한 뒤 전형적인 환자 치료에 대한 통제 임상 실험에 근거한 추상적인 방법보다, 환자 개인의 고유성을 고려해 의사로서 내리는 개인적인 판단이 더 효과적이라고 생각하는 의사도 있을 것이다. 하지만 문제는 만약 상기된 호주 연구의 주장, 즉 "알려진 인간의 질병 중 그 어느 하나에도 동종요법이 효과적인 치료법이라는 것이 입증되지 않았다"는 주장이 사실인 경우 누가 도대체 동종요법 치료를 권할 수 있는지다.

과학한다, 고로 철학한다

이 질문에 대해 답변을 하려면 위약 효과 자체에 대해 제대로 알 필요가 있다.[60] 새로운 치료의 임상 실험을 주로 위약에 대비해서 하므로 위약 자체의 효과를 무시하기 쉽다. 하지만 위약 효과는 가볍지도 않을뿐더러 일정하게 정해져 있지도 않다. 설탕약은 어떤 사람들에게는 상태가 호전되었다고 느끼게 할 수 있다. 일반적으로 위약 효과의 강도는 그 효력에 비례한다. 따라서 생리식염수를 맞는 경우 알약을 삼키는 것보다 더 침투력이 강하며, 알약의 경우 큰 알약이 작은 알약보다, 또 정제보다 캡슐에 든 것이 더 효력이 뛰어나다.[61] 의사와의 상담 및 대화 자체 역시 나쁜 건강 상태를 호전시키는 효과가 있는 듯이 보이며 이 과정이 더 세세하고 공식적으로 진행될수록 효과는 더 뛰어나다.

위에 지적한 것에 대해 그래도 "위약일 뿐이다"라고 넘길 수 있지만, 전문가와 상담을 시도하고 진지하게 의견을 나누는 것이 결과적으로 개인의 독특한 증후에 대해 치밀하게 준비를 하는 결과를 가져와 건강이 크게 호전될 수도 있다. 동종요법가와 오랜 시간 상담을 받는 것이 보통 의사와 오 분 남짓 이야기하는 것보다 환자에게 더 큰 도움이 될 수 있다. 특히 그 환자가 표준 의료에 대해 신뢰하지 못하는 경우에는 더욱 그러하다. 여기서 우리가 기억해야 할 사실은 위약placebo 효과의 반대인 "노시보nocebo"효과의 경우 환자 자신이 약이 들지 않을 거라는 부정적인 기대를 하므로 의학 치료의 결과가 좋지 않게 나온다는 것이다. 이런 경우 설탕약도 환자의 상황을 악화시킬 수 있다.[62]

물론 동종요법가가 심각한 병을 앓고 있는 환자에게 그 병을 분명히 호전시키는 것으로 알려진 약을 먹지 않아도 된다고 한다거나 표준 의학 의사들로부터 진단을 받지 않아도 된다고 하는 것은 완전히 무책임한 행동이다. 이런 행위는 환자들에게 큰 해를 끼치거나 심지어 죽음에 이르게 할 수 있다.

하지만 앓고 있는 병이 가볍거나 심하지 않은 우울증의 경우는 어떤가? 이 경우 표준 의학이 지닌 긍정적인 효과 대부분을 위약 효과로 완전히 설명할 수 있다는 사실이 여러 엄격한 임상 실험 결과 밝혀졌다(심각한 형태의 우울증의 경우에는 이것이 사실이 아니다).[63] 그렇다면 지금 여기 심하지 않은 우울증 증세를 보여주는 환자가 있다고 해보자. 그리고 이 환자가 과거 표준 의학 치료를 받는 과정에서 끔찍한 경험을 해서 대체 요법에 대해 상당히 기대하고 있다고 해보자. 이 환자에게는 항우울제의 일반적 효능이 제대로 발휘되지 않을 수 있는데 그 이유는 강한 노시보 효과로 인해 항우울제의 위약 효과가 상당 부분 없어지기 때문이다. 이런 상황에서 동종요법을 쓰는 경우 동종요법이 부작용이나 해가 되는 노시보 효과도 없이 호전적인 위약 효과가 있을 수 있다.

그뿐만 아니라 시간을 들여서 환자가 표준 의학에 지닌 공포를 알아낸 동종요법가는 실제로 이 환자를 치료한 것이 된다. 이처럼 위약 효과나 노시보 효과를 잘 이해하면 개인 고유의 기대감과 문제를 지닌 특수 환자들의 경우 표준 의학보다 동종요법이 더 도움될 수 있다는 결론이 나온다. 동종요법에 대해 부정적인 평가를 한 호주 연구가 있다 하더라도 특수한 상황에서는 신중하고 책임감 있게 동종요법을 쓸 수 있다는 말이다.

이제 토론의 주제를 동종요법의 맞고 틀림이 아니라 위약 처방의 윤리성 문제로 옮겨서, 구체적으로 위약 처방이 기만적인 면이 있는지에 대해 살펴보자. 이런 질문에 대한 답변은 분명하지가 않아 그 자세한 평가는 다음 기회로 미룰 필요가 있지만, 현재로서는 사람들이 위약을 먹고 있다는 것을 알고 있음에도 불구하고 여전히 위약이 효과를 발휘한다는 최근 연구 결과를 기억해두면 되겠다.[64] 위약을 위약이라고 밝혔는데도 불구하고 여전히 환자들이 그 효과를 본다. 일반적으로 환자들은 자신들의 상태를 호전시키기 위해 의사들이 쓰는 치료 과정에 대해 일일이 알고 싶어하지 않는다. 하물며 의사가 환자에게 위약을 주면서 "이 약이 어떤 식으로 효과를 발휘하는지는 우리 의사들도 잘 모르지만, 아무튼 환자분 같은 증상을 앓으시는 분들이 과거에 이 약을 먹고 호전이 되었습니다"라고 맞는 말을 하는데 환자가 불안해할 이유는 없다. 전 세계의 의사는 바로 이런 식으로 환자들에게 위약을 써오고 있다.[65]

경제학과 지적설계론처럼 동종요법의 경우에도 그 위상에 대한 의문을 과학과 비과학을 구분하는 척도 중 한 척도로만 답변하려고 하는 것은 바람직하지 않다. 다양한 분야의 장점을 제대로 평가하려면 다양한 척도가 필요하다. 이 다양한 척도를 살펴보았으니 이제 우리는 뭐든지 과학이라고 할 수 있는 것은 아닌가 하는 두려움을 가질 필요는 없다고 할 수 있겠다.

과학한다, 고로 철학한다

3

'패러다임'이라는 패러다임

The 'Paradigm' Paradigm

포퍼는 과학적 이성주의와 과학적 진보의 주창자이다. 이와 달리 쿤은 사람들이 고이 간직하고 싶은 개념인 과학의 진보라는 개념을 위협하는 생각을 가지고 있다. 이 두 사상가는 과학의 성과 및 과학 내에서의 변화에 대해 확연히 대조되는 관점을 가진 위대한 맞수로 자주 여겨진다.

과학은 개별적인 발견과 발명의 축적으로 진보하는 것이
아닐지도 모른다.

― 토마스 쿤

포퍼 대^對 쿤

처음으로 과학철학을 공부하는 학생들은 보통 칼 포퍼의 관점을 접했다가 곧 그의 의견을 토막내버린다. 1장에서 우리도 그렇게 했다. 그리고 나서 학생들은 토마스 쿤^{Thomas Kuhn}이 철학적으로 기술한 과학을 접하게 된다. 이 두 사상가는 과학의 성과 및 과학 내에서의 변화에 대해 확연히 대조되는 관점을 가진 위대한 맞수로 자주 여겨진다. 포퍼는 과학적 이성주의와 과학적 진보의 주창자이다. 과학자들이 자신의 집단적인 자아를 아주 효과적으로 그리고 부드럽게 자극해주는 과학자를 발견한 기쁨에 포퍼의 관점을 열성적으로 받아들인 것에 대해서는 이미 앞에서 이야기했다.

이와 달리 쿤은 사람들이 고이 간직하고 싶은 개념인 과학의 진보라는 개념을 위협하는 생각을 가지고 있다. 대체로 쿤은 과학적 사고의 변화가 이성적이라는 생각에 반대하고, 나아가 과학 자체가 진보한다는 생각에도 반대한 것으로 알려져 있다. 가끔 기존의 과학적 지혜를 집단행동 또는 "집단 심리" 같은 비이성적인 것으로 깎아내렸다는 비난을 듣기도 한다. 그에 대한 이런 해석을 고려할 때 그가 과학계 내 많은 이들로부터 의심의 눈초리를 받는 존재였다는 것이 그리 놀라울 일이 아닐 것이다.

그런데 포퍼와 쿤을 대조하려고 하는 시도는 두 사람의 연구를 상당히 왜곡하는 결과를 가져온다. 토론 전에 미리 분명히 해둘 사실이 있는데, 쿤이 과학이 진보한다고 생각했을 뿐만 아니라 과학 이론의 변화가 이성적이라고 여겼다는 사실이다. 사실 쿤의 저작을 제대로 이해하면 그의 관점이 피상적으로 접했을 때보다 훨씬 낯익고 설득력이 있다는 것을 알게 될 것이다. 오히려 1장에서 보았듯이 과학적 사고의 궁극적인 토대가 집단 관례에 있다고 여기는 포퍼의 이론이 더 비이성적이고 집단 심리에 바탕을 두었다는 비판을 받기가 쉽다.

토마스 쿤

토마스 쿤은 1940년에 물리학 전공으로 하버드 대학에 입학했다. 1945년에 그는 여전히 하버드에서 물리학

과학한다, 고로 철학한다

전공으로 박사 과정을 시작했는데, 학위 논문 분야인 양자 물리학과 자력보다 더 많은 주제에 관심이 있었다. 그는 물리학 박사 과정을 시작하면서 동시에 철학에 입문했다. 하버드 대의 교내 신문인 크림슨^{the Crimson}의 편집자로 일했으며, 문학 동아리인 시그넷 학회^{Signet Society}의 학회장이었다.[66] 1940년대부터 1956년까지 쿤은 하버드에서 강의하며 인문학부 학생들이 과학을 쉽게 접할 수 있도록 도와주었다. 바로 이것이 그가 과학사에 입문하는 계기가 되었는데, 그도 그럴 것이 그의 교수법이 아리스토텔레스까지 거슬러 내려가는 역사적 연구 사례 중심이었기 때문이었다. 1956년에 쿤은 캘리포니아주 버클리 대학에서 철학과 교수 자리를 얻었는데, 이때 그의 전공은 과학철학이 아니라 과학사였다. 이 학교에서 쿤은 비트겐슈타인^{Ludwig Wittgenstein}과 페이어아벤트와 같은 철학자들의 철학 저서와 씨름을 하게 된다.

쿤의 가장 잘 알려진 저작은 『과학 혁명의 구조』(이하 『구조』로 지칭)로, 짧지만 아주 재미있고 중요한 책이다. 이 책이 처음 집필된 것은 1962년으로 「국제 통일 과학 백과 사전^{International Encyclopedia of Unified Science}」이라 불리는 연재물에 실렸다. 여기에 『구조』를 처음 실은 것은 아이러니인데,

그 이유는 쿤의 입장은 과학이 하나의 통일된 체계라는 의견에 정반대되는 것으로 여겨지기 때문이다. 쿤은 1964년에 버클리대를 떠나 프린스턴대로, 1983년에는 매사추세츠공대로 자리를 옮겼다. 나중에 쓰인 그의 저서 대부분은 『구조』에 소개된 개념들을 명료화하고 수정하고 응용하는 내용이다. 예를 들어 1996년 그는 과학 지식의 성장을 진화적 개념으로 조명한 책을 썼는데, 이는 그가 이미 『구조』에서 먼저 옹호했던 개념이었다.

과학 혁명의 구조

『구조』의 중심 주제는 과학적 변화가 순환적이라는 것이다. 과학사는 긴 "정상 과학$^{normal\ science}$" 기간 중간중간에 격렬한 개념적 "혁명^{revolution}"이 일어나는 역사의 반복인데, 여기서 정상 과학 기간이란 좋은 연구의 기준에 대해 과학계가 대체로 의견이 일치를 하는 기간을 말한다. 이런 혁명의 예로 쿤은 과학계가 16세기 코페르니쿠스의 저작이 발표된 후에는 태양 중심설을, 그리고 20세기 초에는 아인슈타인의 시간과 공간에 대한 상대성이론을 받아들인 사실을 지적한다.

쿤에 의하면 혁명이 일어나기 전에 "이상 현상anomaly", 즉 아무리 과학자들이 기존의 설명 체계에 끼워 맞추려고 해도 기존의 과학적 방법으로는 설명되지 않는 문제 현상들이 먼저 나타난다. 혁명 후 과학자들은 이 위기를 초래했던 이상 현상을 설명할 수 있는 새로운 방법을 받아들인다. 이런 현상이 일어나려면 과학계의 구성원들이 전부 교체되어야 한다는 것을 쿤은 암시한다. 즉, 때로는 기존 수구세력이 은퇴하거나 말 그대로 죽어야만 비로소 새로운 방법이 받아들여진다는 말이다.[67] 새로운 "정상 과학"의 시기가 시작되고 시간이 지나면 다시 이상 현상의 적재와 함께 과학계는 위기에 처하고 또 다른 혁명을 맞이한다. 좀 거친 감이 있지만 바로 이것이 쿤이 생각하는 과학이다. 이런 과학에 대해 좀 자세히 살펴보기로 하자.

쿤이 말하는 "전前패러다임pre-paradigm" 단계는 과학의 정당한 토대에 대한 이론적인 논쟁과 함께 과학자들 사이에 일어나는 심각한 불일치가 그 특징이다. 무엇이 정당한 과학적 교육인지, 또한 이전 과학자들의 업적 중 어떤 것이 의미 있는 것인지에 대해 과학자들 사이에 의견이 분분하다. 따지고 보면 내가 받은 철학 교육도 이와 비슷한 양상이었고 앞으로도 그럴 것 같다. 전 세계 대학 철학과가 여러 가지 의미 있는 활동을 하지만, 철학자들은 철학이라는 학문의 목표가 역사상 훌륭한 철학 저서들을 연구하는 것인지, 혹은 여러 문제 개념이 지닌 의미를 밝혀내는 것인지, 우주의 본질에 대한 근본적인 사실을 드러내는 것인지, 과학적 탐구의 의미에 대해 체계적인 비판을 제시하는 것인지, 아니면 이 모든 것과 완전히 다른 어떤 것인지 확신을 하지 못하고 있다.

또한, 어떤 것이 바람직한 철학적 업적이냐에 대한 문제에서도 큰 불일치를 보인다. 비트겐슈타인을 예로 들면, 어떤 철학자들에게는 그가 철학이라는 학문에 치명타를 입힌 반反철학자일지 몰라도, 다른 철학자들에게 있어 그는 서양 철학이 안고 있는 문제의 정곡을 찌른 전무 유일한 철학자이다. 비슷한 식으로, 자크 데리다Jacques Derrida를 철학의 신기원을 이룬 학자로 보는 철학자들이 있는 반면 그를 사이비 철학자로 평하는 철학자들도 있다.

쿤에 의하면 과학 분야가 처음으로 세상에 등장했을 때 오늘날 철학 분야가 그런 것처럼 전패러다임 기간에 드러나는 특징을 보였다. 오늘날 상당수, 아니 모든 과학 분야가 철학의 이론적인 가지로 출발한 사실로 볼 때 이것은 우연이 아닌 듯하다. 쿤에 의하면 결과적으로 모든 연구 활동은 "패러다임^{paradigm}"에 의해 지배되는 "정상 과학"의 시대로 정착하게 된다.

"패러다임"이라는 말이 최근 경영인들에 의해 너무 자주 사용되는데 이들이 의미하는 바를 무조건 수용하는 것은 위험하다. 대신에 쿤이 의도했던 바를 정확히 알아야 한다. 『구조』 출간 7년 후에 발표된 중요한 저서 『후기^{Postscript}』에서 쿤은 "패러다임"이라는 단어를 최대 22개의 다른 의미로 썼다고 말한 바 있다.[68] 나는 쿤 자신의 말— 그리고 내 동료였던 피터 립톤$^{Peter\ Lipton}$의 말이기도 하다— 을 따라 패러다임을 "본보기^{exemplar}", 즉 중요한 과학적 업적을 보여준다고 과학자들이 동의하는 예시로 여기는 것이 아주 중요하다고 생각한다.[69]

패러다임을 본보기로 이해했을 때 그것은 사고방식이나 세계관, 혹은 교육 방식과는 다른 뜻을 지니게 된다. 본보기란 과학적 문제 해법의 한 예이다. 그것은 과학계의 대부분이 존경하고 모범으로 삼는 어떤 업적을 가리킨다. 예를 들어 완두 유전에 대한 멘델$^{Gregor\ Mendel}$의 연구도 결국 20세기 유전학자들에 의해 그런 위상을 가지게 됐다. 아이작 뉴턴의 1687년 저작 『프린키피아』는 수 세기 동안 과학의 본보기로 여겨졌다. 다윈의 『종의 기원』도 그 구성이 빅토리아 시대에서 과학적 가설을 세우고 옹호하던 방식을 본보기로 했던 것으로 생각된다. 빅토리아 시대 과학자들은 또 그들 나름대로 뉴턴의 뛰어난 과학적 연구 방식을 그 본보기로 삼으려고 노력했다.[70]

쿤의 "정상 과학"은 과학자들이 일상적으로 하는 연구 활동을 가리킨다. 다시 말해 해당 분야의 과학자들은 해야 할 일만 착실히 하면 되는데, 그 이유는 과거의 과학적 업적 중 어떤 것이 모범 과학인지에 대해 이미 동의를 한 상태이기 때문이다. 이 말이 그렇다고 과학계의 사람들 모두가 천편일률적으로 일한다는 뜻은 아닌데, 바로 이런 점 때문에 쿤은 과학은 규칙이 아니라 본보기에 의해 주도된다는 사실을 강조한다.

과학이 규칙이 아니라 본보기에 의해 주도된다는 말의 뜻을 가장 쉽게 이해할 수 있는 방법은 과학과는 사뭇 다른 활동에 대해 한번 진지하게 생각해 보는 것이다. 전문 셰프들이 있다고 하자. 이들은 셰프 페란 아드리아[Ferran Adria]가 카탈로니아에 소재한 자신의 식당에서 대접한 요리가 2000년대 고급 요리의 "본보기"라고 동의는 하지만 왜 그 요리가 특출한가에는 동의를 하지 못할 수 있다. 요리사라면 아드리아 셰프처럼 요리를 해야 한다는 데는 동의하지만 "아드리아 셰프처럼 해야 한다"는 것이 구체적으로 무슨 뜻인지에 대해서는 상당히 의견이 분분할 수 있다. 이들이 생각하는 요리법은 통일되어 있지 않다. 이런 접근 방식은 뛰어난 요리법이 지닌 점들을 분명하게 체계화하려는 규칙 지향 방식과 대조적이다. 영국의 아마추어 요리사들은 델리아 스미스Delia Smith의 요리법을 그대로 따라 하려고 하는데, 이들은 똑같은 요리법뿐만 아니라 똑같은 요리 기구까지 쓴다. 과학자들이 한마음으로 뉴턴의 업적에 경의를 표할 수는 있지만 『프린키피아』에 드러난 뉴턴처럼 연구를 해야 한다는 것이 무슨 뜻인지 어떻게 알 수 있는가 하는 문제가 등장한다. 과학자들이 본보기를 따라 과학 활동을 하지만, 그렇다고 세계를 탐구하는 방법을 상세히 기술한 "설명서"가 있어 무조건 그것을 따라 연구 활동을 하는 것은 아니다.

이제 쿤의 "정상 과학" 개념에 관해 두번째 중요한 점을 이야기해 볼 때다. 과학자들이 2001년에 완전한 인간 게놈 염기서열, 그러니까 인간을 대표하는 것으로 여겨지는 게놈의 염기서열 분석법이 최초로 완성되었다고 발표했을 때 그것은 과학사의 획을 긋는 업적으로 여겨졌다.[71]

그 이후로 우리는 인간 게놈의 다양함에 대한 상세 정보뿐만 아니라 개, 쌀, 비둘기를 포함한 여러 다른 생물학적 종의 완전한 게놈 염기서열에 대한 정보도 획득하게 됐다.[72] 제대로 된 기구를 갖추고 교육만 받는다면 게놈 염기 서열 분석은 이제 더는 복잡한 일이 아니다. 그렇다면 처음에 나온 인간 게놈 염기서열 분석법을 "본보기"로, 그 후에 나온 비슷한 작업들을 "정상" 게놈 과학의 예로 봐도 괜찮을 것 같다. 그런데 그런 관점은 정상 과학을 "같은 일의 반복", 그러니까 뛰어난 위상을 지닌 한 과학자가 설명력이 있다고 한 방법을 기계적으로 적용하는 것에 불과하다고 여길 수 있는데, 이것은 쿤을 잘못 이해한 것이다.

정상 과학이 대부분 과학자가 평소에 하는 일이라고 쿤이 말한다고 해서 그가 정상 과학이 비창의적이거나, 정해진 순서를 따라 일을 할 뿐이라거나, 혹은 따분하고 하찮은 작업이라고 여긴다는 뜻은 아니다. 오히려 쿤에 의하면, 우리가 직면한 새로운 문제와 이미 해법을 알고 있는 문제 사이에서 근본적으로 유사한 점을 발견하는 것이야말로 과학적 창의성과 큰 관련이 있다. 갈릴레오는 공이 내리막 경사면을 굴러 내려갔다가 오르막 경사면을 올라갈 때 그 경사면이 얼마나 가파른가에 관계없이 처음 경사

면을 출발했을 때와 거의 비슷한 높이까지 굴러 올라가는 것을 발견했다. 그리고 후에는 진자의 추가 흔들리는 동작과 구르는 공이 원래 출발했을 때의 높이로 돌아가는 현상이 유사하다는 것을 알게 됐다.

실제 진자는 질량을 가진 실 끝에 무거운 추가 달려 있는데, 진자가 움직일 때 그 무거운 추가 달린 막대나 실 역시 흔들리게 된다. 훗날 네덜란드의 자연주의 철학자 크리스티안 호이겐스Christiaan Huygens는 진자의 전체 움직임을 자세히 알려면 진자 자체를 마치 일련의 진자들이 실이나 막대기 선을 따라 연결된 것으로 이해해도 된다고 생각했다. 다시 말해서, 실제로는 하나인 진자를 더 단순한 갈릴레오식 진자의 집합으로 보아도 된다는 말이다. 쿤에 따르면 갈릴레오는 호이겐스에게 "본보기"였으며 호이겐스 자신은 "정상 과학"을 한 것이 된다.[73] 여기서 이런 호이겐스의 정상 과학 활동이 창의성과 통찰력을 갖춘 중요한 연구였다는 것이 쿤의 생각이다. 다시 말해 정상 과학 활동은 우리가 이미 이해하고 있는 어떤 것을 우리가 아직 이해하지 못한 어떤 것에 적용하는 것을 말한다.

정상 과학 시기가 어느 정도 지나면 과학은 쿤이 말하는 "위기crisis"의 국면으로 접어든다. 위기 국면에서는 기존의 본보기 과학을 아무리 창의적으로 적용해도 설명이 되지 않는 문제 현상들이 누적되기 시작한다. 과학자들은 자신의 과학 지식에 의문을 가지기 시작한다. 기존의 과학 활동 방식으로 이 골칫거리 현상을 속 시원히 설명할 수 없다는 생각이 들면서, 편하게 기존의 본보기를 좇아 과학 활동을 하는 것을 접고 진정한 과학적 방법은 어떤 것인지, 그리고 본보기 과학이 제대로 해석이 되었는지에 대해 고민하기 시작한다. 쉽게 말해 과학보다 철학을 하는 시간이 많아지는 것이다. 그러다가 결국 새로운 이론이 등장하는데, 이런 이론은 보통 기득권 과학계에서 별로 사랑받지 못하는 젊은 과학자가 제기한다. 이전의 이론이 규명할 수 없었던 이상 현상을 이 새 이론이 규명하게 되면 옛 이론은 왕좌에서 물러나고 새 이론이 새로운 왕으로 등극한다. 혁명이 일어난 것이다.

과학 혁명의 일반적인 유형에 관해 기술할 때 쿤이 생각하고 있는 실제 과학 사건은 과연 어떤 것일까? 아이작 뉴턴은 우주가 무한한 용기 같은 일종의 실체로서 그 용기 안에서 여러 자연 현상이 벌어진다고 생각했다. 그와 동시대인인 라이프니츠Gottfried Leibniz는 이와 다른 우주관을 가지고 있었다. 탁자나 의자 같은 물체가 존재하고, 그 물체 간

과학한다, 고로 철학한다

의 공간적인 관계를 설명할 수는 있지만—예를 들어 탁자에서 왼쪽으로 1m 떨어진 곳에 의자가 있다고 말하는 것—그렇다고 해서 공간 자체가 이 물체들을 포함하는 어떤 실체일 필요는 없다고 생각했다.

19세기 후반에 점점 더 많은 과학자가 빛의 파동설을 받아들이면서, 우주를 실체로 보는 뉴턴의 이론이 주목을 받는 듯했다. 음파는 공기 분자를 진동시키면서 운동을 하므로 진공 상태에서는 소리가 전달되지 않는다. 파도는 물 분자의 위아래 운동으로 이동한다. 빛이 한 곳에서 다른 곳으로 이동할 때는 어떤 매질이 진동하는가? 빛은 진공 상태에서 이동할 수 있으므로 공기가 될 수는 없었다. 결국, 이들 물리학자는 우주 내에 중량이 없는 실체를 상정해 그 진동을 통해 빛이 이동한다고 생각했는데, 이 매질을 그들은 "발광 에테르luminiferous aether"라고 불렀다.[74]

문제는 지구가 매질로 이동하는 발광 에테르를 발견하고자 수많은 실험이 시행되었지만, 모두 실패했거나 아니면 에테르의 존재를 뒷받침하는 결론을 내놓지 못했다는 것이다.[75] 이제 에테르는 이상 현상이 되어 버렸다. 지배적인 이론들이 에테르 설을 지지했지만 정작 에테르는 입증되지 않았다. 1905년 아인슈타인의 『특수상대성이론』이 출판되자 물리학자들은 재빨리 에테르의 존재를 상정할 필요가 없는, 그러니까 우주를 물리적 현상을 담는 무한한 크기의 용기로 여기는 뉴턴의 우주관이 필요 없는 그의 우주론을 지지했다. 여기서 아인슈타인이 한 일이 쿤의 입장에서 보면 바로 혁명에 해당하는 것이다.

공약 불가능성

과학 혁명에 대한 쿤의 묘사는 독자들에게 개종하는 것 같은 이미지를 불러일으킨다. 아마 이런 이유로 쿤이 과학 혁명에 수반되는 엄청난 이론적 변화를 비이성적이라고 여긴다는 말을 자주 듣는 듯하다. 다시 말해 과학자들이 옛날 관점을 버리고 새로운 관점을 받아들이려면 믿음의 도약이 필요하다는 말이다. 이런 쿤의 인상은 그의 가장 악명 높은 주장 중 하나이기도 한 "다른 패러다임에 속한 이론은 공약 불가능하다"는 말에서 더욱 짙게 드러난다. 쿤 자신은 과학 이론이 비이성적이라는 것을 철저히 부인하는데, 그 이유를 알려면 그가 말하는 "공약 불가능성incommensurability"의 의미에 대해 알 필요가 있다.

과학한다, 고로 철학한다

어떤 것을 보고 과학 이론이 탄탄하다고 우리는 생각할까? 그리고 한 이론이 다른 이론보다 낫다는 결정은 어떻게 내릴 수 있을까? 위에서 보았듯이, 쿤은 정상 과학이 본보기 과학 활동을 따른다고 본다. 과학계가 특정 연구—예를 들어, 뉴턴의 『프린키피아』나 다윈의 『종의 기원』, 그리고 멘델의 유전법칙 연구 같은 것—를 본보기로 지지하게 되면 그것은 양질의 연구를 결정하는 기준으로 지정되기도 한다. 본보기가 이런 식으로 기준이 되고 또한 과학 혁명을 겪으면서 새로운 본보기가 등장한다는 쿤의 말이 맞다면, 우수한 과학적 연구의 기준 역시 혁명 후에 바뀐다는 말이 된다. 쿤이 혁명 때마다 등장하는 이론들이 서로 공약 불가능하다고 할 때 그것은 다음을 의미한다. 이들 이론이 공약 가능하게 하려면 이들의 강점을 평가할 수 있는 공통된 기준이 있어야 하는데 그런 기준은 없다. 왜냐하면, 이 기준의 토대가 본보기인데 이 본보기 자체가 항상성恒常性이 없기 때문이다.

본보기에 따라 다른 과학적인 기준이 생기지만, 여러 과학 혁명을 겪고도 변하지 않는 일반적인 평가 기준이 있다는 것도 쿤은 강조한다. 예를 들어 어느 시대의 과학자든지 현상을 정확하게 예견하게 해주고, 간단하며, 확립된 과학 지식의 관점에서 보았을 때 타당성이 있으면서도 일관성이 있는 이론을 선호한다. 이 일반적인 평가 기준 중 하나에 대해 이야기해보자. 어떤 이론이 간단하다는 것은 무슨 말인가? 그 이론이 연구에 활용하기 좋다는 말인가? 아니면 새로운 이론적 실재를 거의 상정하지 않아도 된다는 말인가? 아니면 이론적 실재 간의 관계를 세련된 등식으로 모델화할 수 있다는 말인가?

그뿐만 아니라, 혁명에 영향을 받지 않는 이 일반적인 평가 기준들은 상충할 때가 많다. 예를 들어, 두 이론 중 하나를 선택해야 한다고 생각해보자. 하나는 수학적인 세련성을 지녔지만, 기존 지식 체계에서 보았을 때 거의 타당성이 없는 것처럼 보인다. 다른 이론은 기존 지식 체계와 잘 맞지만, 엉망진창의 등식으로만 기술이 된다. 이 경우 과연 어떤 이론이 더 나은 이론인가? 단순성이 타당성보다 나은가, 아니면 그 반대인가? 과학계가 특정한 본보기들을 따르기로 하면, 그때 비로소 본보기들을 바탕으로 각 기준이 지닌 의미를 해석하고 또 상호 경쟁 관계에 있는 기준 사이의 균형을 맞추는 방법을 알 수 있다는 것이 쿤의 입장이다. 이 말은 어떤 이론이 처음 발표되었을 때, 예를 들어 20세기 초에 양자 이론이 처음 발표되었을 그 당시에는 그 이론의 위상을 중립적으로 평가할 방법이 없다는 말인 것 같다. 당시 과학자들이 봉착한 문제 중의 하나는 양자 이론이 지닌 뛰어난 예측력 때문에 그 예측하는 바가 지닌 의미가 무엇인지, 그리고 물리학 내의 다른 분야와 어떻게 연관이 되는지를 알아내지 못해도 되는지에 대한 것이었다. 이런 요인들은 과학 전통에 따라서 그 중요도가 다르게 평가된다.

이런 것들이 쿤이 공약 불가능성에 대해 이야기할 때 강조하는 주제이지만, 다른 한편으로 그는 그 중요성을 너무 부각하지 않으려고 한다. 과학자들 사이에 의견이 일치하지 않으면, 한 이론이 다른 이론보다 낫다는 것을 논리로 설득할 수 없다는 것이 쿤의 입장이다. 그러니까 단순성이 무엇을 의미하는지, 그리고 단순성과 타당성을 어떻게 비교할 수 있는지와 같은 질문들에 대해 답변을 해줄 수 있는 연역적 방법이 없다는 말이다. 하지만 쿤은 이런 사실 때문에 과학 이론이 비이성적이라거나 맹목적인 믿음에 가깝다고 생각해서는 안 된다고 얘기한다. 실제로 과학자들의 이런 결정은 어떤 공식의 기계적인 적용이 아니라 일종의 노련한 판단에서 나온 것이다. 이런 종류의 노련한 판단은 이성적이며 합리적일 뿐만 아니라 결국에는 반대자들을 설득할 힘을 지닌다.

내 아이들 두 명의 키를 각기 다른 자로 잰다고 생각해 보라. 그 결과 한 아이는 키가 120센티미터로 나오고 다른 아이의 키는 3피트 2인치로 나온다고 하자. 누구의 키가 더 큰가? 한 아이의 키는 미터법으로, 다른 아이의 키는 인치법으로 쟀지만, 그 두 결과를 하나의 기준으로 통일하면 두 아이의 키를 비교하는 것이 큰 문제가 되지는 않는다. 같은 원리로, 만약 우리가 한 패러다임에서 나온 연구 결과를 다른 패러다임의 언어로 번역할 수 있다면 두 연구 결과를 조금씩 비교하는 것이 가능해진다. 뉴턴의 연구를 아인슈타인의 언어로 해석할 수 있다면 아인슈타인의 체계가 뉴턴의 체계보다 뛰어나다는 결론을 문제없이 내릴 수 있게 된다.

쿤은 특히 후기 저서에서 공약 불가능성의 개념을 번역의 한계 관점으로 설명한다.[76] 그는 프랑스어 형용사 "doux"의 예를 들어가며 이 문제를 설명한다. 그에 따르면 "doux"를 "완벽한" 영어로 번역하는 데 한계가 있다.[77] 프랑스인이 베개가 "doux" 하다고 할 때 영어 사용자는 베개가 "soft"(푹신하다)하다고 하고, 프랑스인이 버터가 "doux" 하다라고 하면 영어 사용자는 "unsalted"(무염) 버터를 떠올릴 것이다. 또한, 프랑스인이 포도주를 보고

과학한다, 고로 철학한다

"doux"라고 하면 영어 사용자는 포도주가 "sweet"(달다)라고 하고, 프랑스인이 아이의 행동을 보고 "doux"라고 하면 영어 사용자는 "gentle"(예의바르다)이라고 할 것이다. 그뿐만 아니라 프랑스인에게 "doux"라는 말은 영어의 "bank"라는 말이 분명한 두 가지 의미(하나는 은행, 다른 하나는 강둑)를 지니고 있는 것처럼 애매한 뜻을 지니고 있지 않기 때문에, 그 어떤 영어 단어로 번역하더라도 원래 프랑스어의 포괄적인 의미를 담지 못하게 된다.

"doux"와 같은 말이 영어로 완벽하게 번역이 안 된다는 사실을 인정해야 한다. 프랑스어 "doux"가 가진 포괄적인 의미를 영어가 한 단어로 살려낼 수는 없기 때문이다. 같은 식으로 "질량"이나 "유전자" 같은 주요 과학 용어의 뜻도 뉴턴의 이론에서 아인슈타인의 이론으로 넘어가면서, 혹은 왓슨[James Watson]과 크릭[Francis Crick] 및 다른 이들의 DNA 이중나선 구조에 전혀 알지 못했던 20세기 초 멘델 이론 지지자들의 연구로부터 오늘날의 분자 생물학으로 넘어가면서 달라진다. 쿤에 의하면, 무염 버터에 대한 프랑스인의 생각을 영어로 완벽하게 표현할 수 없는 것처럼 뉴턴의 이론의 내용을 아인슈타인의 언어로 완벽하게 재현해낼 수 없다.

여기서 쿤은 다시 한 번 두 언어 간에 완벽한 번역이 불가능하기 때문에 두 패러다임이 공약 불가능하다는 것을 강조하는 한편, 이것을 너무 부각하지 않으려고 노력한다. 그것은 프랑스어가 영어로 완벽하게 번역이 안 되어도 프랑스인과 영국인이 의사소통하는 데는 문제가 없으며 또한 프랑스 문서를 적절한 영어로 번역하는 것 또한 가능하기 때문이다. 더욱 더 중요한 사실은 완벽한 번역이 없다고 해서 프랑스어 구사자와 영어 구사자가 서로에 대해 동의를 하지 못한다거나 그리고 그 불일치점에 대해 쌍방이 만족스럽게 해결할 수 없는 것이 아니라는 것이다. 식당에서 웨이터가 버터를 가져다주겠다고 할 때 옆에 있는 내 프랑스 친구 필립이 그 버터가 "doux"할 것이라고 말했다고 하더라도, 버터가 소금이 들어있을지 아닐지는 맛을 보면 알 수 있을 것이다. 이와 같은 식으로 다른 패러다임 아래에서 연구하는 두 과학자가 자신의 연구를 상대방의 언어로 완벽하게 호환해 줄 수는 없지만, 그렇다고 해서 이 두 사람이 의사소통을 할 수 없다거나 나아가서 둘 중 어떤 패러다임이 나은지 수긍이 가게 결정할 수 있는 실험 절차를 고안할 수 없다는 말은 아니다.[78]

과학한다, 고로 철학한다

다른 세계

쿤이 과학자들이 스스로의 이론 활동으로 생긴 거품 방울에 갇혀 다른 이론 거품 방울에 갇혀 있는 과학자를 이해하거나 설득할 수 없고 대화를 할 수 없다는 말을 하려는 것은 아니다. 그의 이론을 자세히 들여다보면 대체로 냉철한 편이다. 그런데 『구조』의 10장에 있는 유명한 내용은 약간 신비감이 느껴지는데, 이 대목에서 쿤은 한 패러다임에서 다른 패러다임으로의 혁명적인 변화가 엄청나게 심오한 파급효과를 가져온다고 서술하고 있다.

일찍이 고대 과학서를 연구하면서 쿤은 다른 패러다임에서 연구한다는 것은 그 학자에게 우주 자체가 바뀌는 것이라는 결론에 이르렀다. 과학사 강의를 처음 맡았을 때 강의를 준비하면서 쿤은 기원전 4세기에 쓰인 아리스토텔레스의 『물리학』을 읽었는데, 그는 이 책을 통해 "아리스토텔레스가 역학에 대해 얼마나 알고 있었을까? 나중에 갈릴레오나 뉴턴이 그의 업적을 얼마나 많이 물려받았을까?"와 같은 순진한 질문에 대한 답변을 찾으려 했다. 책을 읽어나가며 쿤에게 먼저 든 생각은 아리스토텔레스가 가공할만한 명성에도 불구하고 현대 과학에 대해서는 문외한이라는 것이었는데, 이것은 사실 크게 놀라운 사실은 아니었다. 더 큰 문제는 아리스토텔레스의 책이 이해불능의 졸작이라는 것이었다. 하지만 시간을 두고 아리스토텔레스의 주장을 곱씹어보자 마치 무지에서 깨어나듯 그의 관점이 바뀌었다.[79]

> 어느 날 나는 아리스토텔레스의 『물리학』 책을 펼쳐 놓고 네 가지 색깔 연필을 손에 쥔 채 책상에 앉아 있었다. 고개를 들고 내 방 창문 너머로 멍하니 시선을 돌려 보았다. 지금도 그 모습이 그대로 기억난다. 바로 그때 내 머릿속에 있던 지식의 파편들이 새로운 방식으로 제 자리를 찾아가기 시작했다. 입이 딱 벌어지며 아리스토텔레스가 진정 뛰어난 물리학자라는 생각이 들었다. 그는 전혀 기대치 못했던 방식으로 뛰어난 물리학자였던 것이다.

쿤은 이런 개인적인 게슈탈트 전환gestalt-shift 체험을 한참 후에 『구조』에서 체계적으로 설명했는데, "혁명 후에 과학자들은 다른 세계에서 과학 활동을 한다"는 말이 이때 나온 것이다.[80]

주로 바로 이런 말 때문에 쿤은 "상대주의자"라고 불린다. 한 이론이 다른 이론을 대체할 때 세계에 대한 과학적

과학한다, 고로 철학한다

인 생각만이 달라진다고 하는 것이 아니라 세계 자체, 그러니까 과학의 연구 대상 자체가 혁명과 함께 바뀐다는 것이 그의 주장인 듯하다. 이런 관점에서 보면 경쟁 이론들은 같은 우주에 대해 다른 해석의 기능을 배제한 채 저마다의 해석을 제공할 뿐이다. 그것은 우주의 본질 자체가 그것을 기술하고 있는 이론에 의존한다는 말이 된다. 쿤이 이런 말을 하는 의도는 무엇인가?

쿤이 실제로 그렇게 급진적인 주장을 하는지는 사실 알기 쉽지 않다. 그의 말이 온건한 주장과 강경한 주장 사이를 왔다 갔다 하기 때문이다.

> 그런데 갈릴레오가 아리스토텔레스와, 그리고 라부아지에Antoine Lavoisier가 프리스틀리Joseph Priestley와 어떻게 다른지 정말 기술할 필요가 있을까? 진짜 이들이 같은 종류의 물체를 "바라보면서" 정작 다른 것을 "본다"는 말인가? 그보다는 이들이 다른 세계에서 연구했다고 하는 것이 더 정당한 표현이 아닐까?[81]

여기서 쿤은 다른 이론을 주창하는 두 과학자가 말 그대로 사물을 다르게 보는지, 아니면 이들이 똑같은 방식으로 보지만 이들이 보고 있는 대상의 의미에 대해 완전히 다른 결론을 내리는지에 관해 물어보고 있다. 쿤의 생각에는 전자가 맞다. 즉 과학자가 믿고 있는 이론에 따라 사물을 보는 방식 자체가 달라진다는 것이다. 이런 그의 입장은 상당 부분 시각 심리학에 기초한 것이다. 망막에 착상되는 이미지를 뒤집게 하는 특수 보안경을 끼었다고 상상해 보라. 처음에는 모든 것이 거꾸로 보일 것이다. 방향 감각이 없어지고 행동은 서툴게 될 것이다. 하지만 시간이 지나면서 보안경이 초래하는 이상 효과를 상쇄할 수 있게 되어 결국에는 보안경을 끼기 전과 똑같이 사물을 볼 수 있게 될 것이다. 이런 상황에 익숙하게 되었을 때 보안경을 벗으면 오히려 반대로 사물이 거꾸로 보인다.

우리의 시각 경험이 유연하다는, 그러니까 우리가 사물을 바라보는 방식이 인생을 살아가면서 바뀔 수 있다고 여기는 쿤의 생각은 틀린 말이 아니다. 더 구체적으로 말해 이 시각은 우리의 믿음에 의해 바뀔 수 있다. 예를 들어, 몇 사람이 보통으로 패를 돌려 카드놀이를 하는데, 하트의 퀸 카드를 (원래 빨간색에서) 검은색으로 그리고 스페이드의 4번 카드를 (원래 검정색에서) 빨간색으로 바꿔놓았다고 해 보자. 이 경우 카드놀이를 하는 사람들이 그 카드를 슬쩍 봐서는 이상한 점을 눈치채지 못할 뿐 아니라 오히려 이 틀린 카드를 맞는 카드, 즉 빨간색 하트의 퀸 카드나 검은색 스페이드의 4번 카드라고 생각할 것이다. 이것은 사물이 어떨 것이라는 우리의 기대—이 경우에는 카드놀이에 대해 우리가 익히 알고 있는 것—에 따라 사물이 우리에게 다르게 보일 수 있다는 점을 시사해 준다.

전문 기술 교육이 사물을 다르게 보이게 하기도 한다. 철학자 이언 해킹Ian Hacking이 강조한 것처럼, 보통 사람들은 엑스레이 촬영 사진에서 군데군데 뼈같이 보이는 진한 부분만 보지만, 경험이 풍부한 의사들은 같은 사진을 보고 진단까지 내리게 된다. 보통 사람들은 흐릿해서 아무것도 보지 못하는데 의사는 종양을 찾아내는 것이다.[82] 이론과 교육에 대한 과학자의 믿음이 현미경 슬라이드나 망원경을 들여다보고 내리는 결론에 영향을 끼칠 뿐만 아니라 이 기구들을 써서 탐구하는 세상을 바라보는 안목 자체에도 영향을 준다는 것이 쿤이 하고 싶은 말이다. 하지만 사물이 다르게 보인다는 의미에서 두 과학자가 "사물을 다르게 본다"라는 온건한 입장에서 이들 과학자가 "다른 세계에서 과학 활동을 한다"라는 훨씬 급진적인 의견으로 넘어가는 데는 상당한 사고의 도약이 필요하다.

다른 과학자들이 "다른 세계"에서 작업을 한다는 쿤의 주장은 다른 이론을 받아들이면서 세계가 달라 보인다는 그의 기본적인 확신을 좀 더 생동감 있지만 덜 논란이 되도록 개성 있게 표현한 것이 아닌가 하는 생각을 할 수도 있다. 하지만 과학 혁명 후 세계가 바뀐다는 쿤의 주장이 단지 화법에 불과한 것은 아니다. 이 생각을 이해하려면 19세기 독일 철학자 칸트의 세계관이 쿤에게 어떤 영향을 끼쳤는지 이해해야 한다.

쿤의 칸트주의

사람들은 대체로 사물의 색깔에 동의한다. 우리 대부분은 잘 익은 토마토가 빨간색이고 잔디는 푸르다고 생각한다. 사물을 급하게 보거나 특수 조명 아래에서 보는 경우처럼 어떨 때는 틀리게 보지만, 더 자세히 보거나 자연광 아래로 사물을 가져와 봄으로써 착오를 바로 정정할 수 있다. 그런데도 색깔이 사물 자체에 속한 성질이 아니라고 주장하는 철학자와 과학자들이(물론 전부는 아니고) 많이 있다.[83] 이들은 색깔이 인간의 시각적 지각이 만들어낸 인공물이라고 주장한다. 다시 말해, 색깔이 사물에 속한 것처럼 우리 눈에 "보일"뿐이지, 사실 색깔은 우리의 시각 기관이 외부에서 들어온 정보를 처리한 결과물에 불과하다는 것이다. 이 관점에 의하면 색깔은 사물에 속한 고유 성질이 아니다. 하지만 인간이라면 모두 비슷한 지각 체계를 지니고 있으므로 사물의 "진짜" 색깔을 평가하는 잣대가 그런대로 문제없이 쓰일 수 있다.

이 관점에 의하면 색깔의 본질은 우리의 경험과 독립해서 존재하는 것이 아니다. 아주 거칠게 말하자면, 칸트는 시간과 공간도 비슷한 방식으로 이해했다. 칸트에 의하면 시간과 공간도 우리가 경험과 독립되어 존재하는 어떤 속성이 아니다. 이러한 획기적인 사고 전환이 기하학에서 제기된 까다로운 문제를 해결하는 데 실마리가 될 것이라고 칸트는 생각했다. 19세기 말까지도 유클리드 기하학이 공간의 본질을 정확하게 기술할 수 있다고 널리 알려졌었다. 그런데 문제는 유클리드 기하학은 바깥 세상에 나가지 않고 집 안 책상에 앉아서도 할 수 있다는 것이다. 예를 들어, 삼각형의 합이 180°라는 것을 증명하기 위해 실험을 할 필요는 없다. 문제는 과학이 외부 세계와의 교류가 거의 없는데도 공간의 본질에 대해 제대로 설명을 할 수 있는지다. 공간의 본질이 무엇인지를 알아보기 위한 실험이 왜 필요하지 않다는 말인가? 여기에 대해 칸트는 1781년 그의 저서『순수 이성 비판』에서 공간의 속성을 공간 자체 속에 존재하는 어떤 것으로 볼 게 아니라 우리의 독특한 경험 방식에 의한 결과물로 간주할 때 이 수수께끼를 풀 수 있다고 말한다.

쿤은 일종의 칸트주의를 받아들인다. 쿤에 의하면, 우리의 경험과 독립되어 존재하는 세계는 없고, 이미 상기된 바와 같이, 세계에 대한 우리의 경험 자체가 우리가 지닌 과학 이론에 영향을 받는다.

> 산소의 발견으로 라부아지에는 자연을 새롭게 보게
> 되었다. 자연에 대한 판에 박힌 가설이 사라지면서
> 자연을 "달리 보게 됐는데," 경제적 원리에 의해 우
> 리는 라부아지에가 산소 발견 이후 다른 세계에서
> 작업했다고 말할 수 있다.[84]

인간이 색깔을 보는 방식과 완전히 독립되어 "진짜" 색깔이 바깥 세계에 존재한다는 것을 많은 철학자가 부인한 것과 마찬가지로 쿤은 과학자가 인간으로서 세계를 바라보는 성향과 완전히 독립된 "진짜" 세계를 상정할 필요가 없다고 생각한다. 물론 대부분의 사람이 색깔을 비

과학한다, 고로 철학한다

숫한 방식으로 보기 때문에 어떤 사람이 잔디가 보라색이라고 말하면 틀렸다고 지적할 수 있다. 하지만 여기서 맞고 틀리고의 기준은 인간의 시각이다. 생물학적 종마다 시각 구조가 다르면 시각적 구별과 표면을 구분하는 능력 역시 달라질 것이다. 대부분 사람은 눈에 세 가지 종류의 원추 세포를 지니고 있는데(색맹자 중 일부는 두 종류만 가지고 있다), 금붕어와 비둘기는 각각 네 가지 종류와 다섯 가지 종류를 가지고 있다.[85] 그렇다면 우리가 꽃의 "진짜" 색깔에 대해 논할 때 무엇이 "진짜"인지 알기란 어렵다. 그 꽃을 보고 있는 생물학적 종의 시각 구조에 독립해서 존재하는 색깔을 "진짜" 색깔이라고 간주했을 때는 말이다.

위에서 쿤은 과학자들이 혁명 전과 후에 세계를 다르게 본다고 했다. 그는 이것이 과학자들의 지각 체계가 바뀌는 것과 유사하다고 생각한다. 쿤에 의하면, 같은 패러다임 아래에서 일하는 과학자들의 경우 누가 맞고 누가 틀리는지를 판단하는 것은 문제가 되지 않는다. 그에게 문제가 되는 것은 과학적인 이론 일체에서부터 독립되어 사물이 특정한 방식으로 존재한다는 생각이다. 색깔이라는 속성에 대한 기준이 그것을 보는 생물학적 종에 상대적이듯, 세계에 대한 관점에 대한 기준 역시 그 관점이 속한 패러다임에 상대적이라는 것이 쿤의 입장이다. 패러다임의 전환과 함께 과학자들의 세계도 변한다는 쿤의 말은 이를 두고 한 말이다.

진화 과정

쿤의 칸트주의로 과학의 진보에 관한 그의 입장도 설명할 수 있다. 일반적으로 과학은 우주에 대해 점점 더 자세한 정보를 주며 진보한다고 생각하기 쉽다. 하지만 쿤은 사물의 본질에 대한 과학자들의 관점과 독립되어 존재하는 우주란 없다고 생각한다. 이런 의미에서 우주는 언젠가는 과학에 의해 정복될 어떤 고정된 연구 대상이 아니다. 오히려 쿤이 생각하는 우주는 움직이는 표적과 같다. 패러다임이 변하면 같이 변하는 그런 우주 말이다.

우주에 대한 고정된 사실 자체를 부정하는 쿤에게는 우주에 대해 고정된 사실을 시간이 갈수록 많이 밝혀내는 작업 역시 과학적 진보가 아니다. 그렇다면 쿤이 말하는 과학적 진보는 도대체 어떤 것인가? "혁명을 통한 진보"라는 제목이 달린 『구조』의 마지막 장에서 그는 다윈의 예를 들어 자신의 관점을 설명한다. 고정된 진실에 근접하는 것이 진보가 아니라고 생각하는 쿤은 다윈의 진화를 비유로 들었을 때 자신이 의미하는 진보 개념이 좀 더 쉽게 이해될 거라고 말한다. 다윈 역시 진화가 점진적이라고 생각했지만 진화 과정이 미리 구체적으로 정해진 목표를 가지고 시작되는 것이 아니라고 여겼다고 쿤은 주장한다.[86]

"한 생물학적 종이 초원 환경에서 자연선택을 통해 진화했을 때 그 종착지는 어디인가?"라는 질문을 던져보자. 이런 식의 노골적인 질문에는 답변을 제대로 할 수가 없다. 자연선택의 과정으로 생물이 점진적으로 진보한다손 치더라도, 그 환경에서의 진보가 무엇이냐 하는 것은 우리가 말하는 대상이 몸집이 큰 초식 포유류인지, 기생 곤충인지, 혹은 맹금류인지에 따라 달라지기 때문이다. 그뿐만 아니라 초원이라는 환경 자체도 고정되어 있지 않다. 초식동물이 풀을 뜯어 먹으면서 숨을 쉬고 배설물을 분비하고 또 죽고 사체가 썩으면서 환경 자체도 변한다.[87] 결국 위의 질문은 좋은 질문이 아닌데, 그 이유는 한편으로는 어떤 생물체인지 구체적으로 모르는 상태이기 때문에, 그리고 다른 한편으로 어떤 생물체와 관계없이 환경 자체가 움직이는 과녁과 같으므로 진화라는 게임에서 어떤 것을 한 발짝 전진하는 것으로 봐야 할지 알 수가 없기 때문이다.

칸트주의의 영향을 받은 쿤에게는, 과학자가 세계를 탐구할 때 그 세계 역시 움직이는 과녁과 같은 것이기에 특정 과학 이론이 진보했는가 하는 질문은 문제의 이론이 세계를 어떻게 해석하느냐에 따라 그 답이 달라진다. 그렇지만 이전 생물체에서 약간 진보한 변형 생물체가 자연선택에 유리한 것처럼, 현재 다루고 있는 문제에 대해 선배 과학자보다 더 나은 해결책을 제시하는 이론이 과학계에서 선호된다고 생각하는 것은 무방하다고 쿤은 말한다. 다시 한 번, 세계에 대한 우리의 관점과 독립된 구조를 지닌 세계가 존재하고 거기에 대해 정확한 기술을 하는 것이 과학이라는 개념을 쿤은 거부한다. 이제 왜 쿤이 자신의 저작을 회고하며 "일종의 포스트다윈주의적 칸트주의"라고 불렀는지 이해가 될 것이다.[88]

쿤에 대한 평가

이 장에서 우리는 쿤이 생각하는 과학의 과정을 이해하고 또 그의 입장에서 그 문제를 생각해 보고자 했다. 쿤의 세계관은 얼마나 타당성이 있을까?

쿤에게 있어 정상 과학과 혁명 과학은 아주 다른 과학이다. 정상 과학은 그가 말하는 "퍼즐 맞추기"와 비슷한데, 그 이유는 과학자가 해당 본보기를 창의적으로 적용하면 문제를 해결할 수 있겠다는 자신감을 가지고 문제와 씨름하기 때문이다. 그러다가 혁명이 일어나면 이전 본보기가 왕좌에서 물러나고 새로운 본보기가 왕좌에 등극한다. 쿤에 의하면 혁명이 일어나면, 아니 혁명이 반드시 일어나야만 세상이 바뀐다. 정상 과학 기간에 의미 있고 창의성이 뛰어난 혁신적인 과학 활동이 있을 수는 있지만, 세계를 바꿀 만큼 급진적이지는 않다.

혁명 과학과 정상 과학이 이런 식으로 질적으로 다르다면, 우리가 현재 다루고 있는 연구가 정상 과학 중 예외적으로 통찰력이 뛰어난 과학 연구인지, 아니면 혁명 "전복기"에 있는 연구인지를 알 수 있어야 하지 않을까? 우주 자체에 대한 이론인 경우 그 구분이 충분히 직관적으로 가능하다. 예를 들어 지구의 위상이 태양계의 중심에서 추락했을 때와 뉴턴을 폐위하고 아인슈타인을 등극시켰을 때 혁명이 일어났다고 우리는 말할 수 있다. 하지만 생물학처럼 물리학과 동떨어진 과학 분야가 많이 있는데, 이 경우에 쿤의 이론을 적용하려고 하면 애매한 점에 많이 봉착하게 된다.

그 어떤 과학적 기준으로도 다윈의 『종의 기원』은 본보기 과학 활동이다.[89] 책이 나온지 150년이라는 시간이 지났는데도 오늘날 생물학자들은 여전히 그 책을 정규 도서로 읽는데, 이런 경우는 아주 드물다. 생물학자들은 과학적 문제에 대해 옥신각신할 때 자주 다윈을 자기 팀으로 끌어들이려고 한다. 다윈의 저작은 분명 중요하지만 쿤이 그 책을 혁명적이라고 부를지는 분명하지 않다. 만약 다윈의 저작을 혁명적이 아니라고 간주하게 되면, 정상 과학과 혁명 과학이라는 쿤의 구분이 과연 생물학에도 적용되는가 하는 더욱 근본적인 문제가 생긴다.

1859년 다윈의 책이 출판되고 나서 얼마 안 돼 박물학자들은 재빨리 그 책이 옹호한 "생물 변이론transformism"으로 자신들의 태도를 바꾸었다. 즉, 이들은 세계에서 관찰되는 여러 생물학적 종이 몇 개 안 되는 공통된 조상에서 유래했고 이들이 기나긴 시간을 거치면서 점진적으로 변화해 갔다는 이론에 금방 설득이 되었다. 그렇다면 생물체의 세계에 대한 이해 방식을 완전히 바꾸어 놓았다는 점에서 다윈의 저서가 혁명적인 성격을 띤다고 말할 수 있지 않을까? 그런데 다양한 생물학적 종이 계통적으로 연관되어 있을 가능성을 처음 제기한 사람은 다윈이 아니다. 더

과학한다, 고로 철학한다

군다나 처음으로 그 증거를 제시한 사람도 다윈이 아니다. 18세기와 19세기에 각각 프랑스 박물학자 뷔퐁^{Georges-Louis Leclerc, Comte de Buffon}과 생틸레르^{Geoffroy Saint-Hilaire}가 같은 이론을 공식적으로 제기했었다.[90] 변이론은 과학계에 익히 알려졌던 이론이었을 뿐만 아니라 무명의 작가가 『종의 기원』이 발표되기 15년 전인 1844년에 이미 『자연사적인 창조의 흔적^{Vestiges of the Natural History of Creation}』이라는 제목으로 책을 내서 일반 대중에게 널리 알려졌었다.[91]

다윈의 저서는 나오자마자 과학계에 파문을 일으켰는데, 그는 변이론을 뒷받침하는 다양한 종류의 증거를 총집결시켜 변이론의 우월성을 피력했다. 다윈은 과학계의 엘리트 군단이 변이론을 설득력 있는 이론으로 받아들이도록 엄청난 공을 들였다. 그렇다면 다윈이 과학적 사고에 의미심장한 변화를 가져온 것은 사실이지만, 다윈의 저서가 쿤이 말한 의미에서 꼭 혁명적인 것은 아니다. 『종의 기원』이 처음 나왔을 때 그 책을 읽은 박물학자들에게 변이론은 그리 생경한 이론이 아니었다.

변이론은 새 이론이 아니었지만, 자연선택은 새 이론이었다. 다윈은 자연선택론으로 식물과 동물이 보여주는 탁월한 적응을 참신하게 설명해냈다. 다윈의 이론 중 바로

이 부분이 식물과 동물이 공통 조상에서 유래한 변형 자손이라는 포괄적인 변이론의 내용과 달랐다. 생물학적 종이 경쟁을 통해 환경에 적응한다는 이런 가설 덕분에 『종의 기원』이 쿤의 의미에서 혁명적인 저서라는 말을 들을 자격이 있을까?

그렇다고 답하게 되면 여러 가지 문제가 생긴다. 먼저, 자연선택이 새로운 이론이긴 하지만, 당시 독자들이 이미 알고 있는 여러 기존 이론을 창의적으로 엮어 정립한 이론이라는 사실이다. 다윈은 자연선택이 인공선택(품종개량)과 유사한 이론이라고 했는데, 문제는 인공선택이라는 개념이 우수한 소와 양을 교배해내는데 성공한 로버트 베이크웰[Robert Bakewell]과 같은 동시대의 동물 교배자들에게는 이미 알려진 개념이었다는 것이다.

다윈에 의하면 동물 교배자들이 동물 농장에서 할 수 있는 것은 뭐든지 자연이 야생에서 할 수 있다. 야생 동물들의 인구가 늘어나 영양원이 고갈되어 가장 우수한 개체만이 살아남게 되는 것이 자연선택이라고 다윈은 주장했다. 이런 이론 역시 1798년에 출판된 토마스 맬서스[Thomas Malthus]의 저서 『인구론[Essay on the Principle of Population]』을 읽은 사람이라면 익히 알고 있는 이론이었다. 그렇다면 다윈이 기존의 확립된 연구를 창의적으로 집대성했는지, 아니면 그가 기존의 패러다임을 깨는 통찰력을 지니고 있었는지 분간하기란 쉽지 않게 된다. 그뿐만 아니라 자연선택이 적응을 위한 변화의 주요 원인이었다는 다윈의 주장이 동시대인 중 상당수에게는 설득력이 없었다.[92]

자연선택론이 왜 잘 먹히지 않았는지는 어렵지 않게 짐작할 수 있다. 예를 들어, 『종의 기원』에 대해 상당히 부정적인 평가를 한 헨리 플레밍 젠킨^{Henry Fleeming Jenkin}의 경우, 왜 변이와 살아남기 위한 경쟁의 반복이 생물체가 점점 더 정교하게 적응하게 되는 결과를 가져오는지 확신이 가지 않는다고 말했다.[93] 예를 들어, 늑대가 후세대로 갈수록 빨리 달리게 되는 이유가 다윈이 확신한 자연선택의 원칙 때문이라고 굳이 생각할 필요는 없지 않은가? 이로운 변이가 드물게 일어난다고 가정해보자. 늑대 무리 중 몇 마리는 다른 늑대보다 더 빨리 달리는 능력을 타고났을 수 있다. 이 빠른 늑대들은 그 결과 새끼도 더 많이 낳게 된다. 하지만 이런 이로운 변이 늑대는 드물게 나타나기 때문에 이들이 짝짓기하게 되는 늑대는 보통 속도로 달리는 늑대일 것이다. 그리고 그 새끼들도 부모 중 빠른 늑대보다 보통 늑대의 속도에 더 가깝게 달리게 될 것이다. 그리고 이 새끼들 역시 보통 늑대와 짝을 이룰 확률이 높다. 젠킨에 의하면 이런 식으로 보통의 개체와의 짝짓기가 반복되면 시간이 지나면서 빠른 속도가 주는 애초의 유용함이 사라지게 된다.

젠킨이 제기한 문제에 대한 다윈의 답변은 오늘날 과학자들이 내놓는 답변과 상당히 차이가 있다. 약간의 이점을 지닌 변이 개체가 사실 상당히 흔하다는 것이 다윈의 생각이었다. 예를 들어, 빠른 늑대가 지속해서 늑대 인구에 등장한다고 그는 생각했다. 그는 또 늑대의 생존 경쟁이 너무나 치열해서 보통 속도의 늑대들이 짝짓기도 하기 전에 죽을 것이라고 했다. 마지막으로 그는 빨리 달리는 새끼를 낳을 경향성이 유전되기 때문에 빨리 달리는 특성이 자연선택되면 점점 더 빨리 달리는 늑대의 숫자가 늘어나게 되는 결과가 나온다고 주장했다.

젠킨이 제기한 문제에 대한 다윈의 답변은 오늘날 우리가 알고 있는 자연선택론과 상당한 거리가 있다.[94] 오늘날 과학계는 반복된 짝짓기로 이로운 변이가 사라질 것이라는 젠킨의 생각이 틀리다는 것에 동의한다. 하지만 다윈과 달리 오늘날 과학계에서는 형질 유전의 본질상—당연히 다윈에게 알려지지 않았던 사실이지만— 빠른 늑대가 보통 속도의 늑대와 짝짓기를 할 때도 이로운 변이가 보존된다고 여긴다. 이 사실을 입증하려면 어려운 수학적 장치가 동원되는데, 다윈은 이런 복잡한 수학을 접한 적이 없었다. 1920년대 케임브리지 대학 소속의 통계학자 겸 유전학자인 피셔[R. A. Fisher] 같은 사람들이 진화론을 수학화하면서 비로소 자연선택론이 생물학자들 사이에서 진화의 강력한 요인으로 널리 받아들여지기 시작했다.[95]

오늘날 우리는 다윈의 책을 보고 자연선택론에 대한 주장을 설득력 있게 펼쳤다는 평가를 하지만, 사실 다윈의 한참 후세대인 피셔 같은 학자들의 공헌이 없었더라면 현시대의 생물학자들은 다윈의 이론을 유용한 설명 수단으로 쓰지 못했을 것이다. 결론적으로,『종의 기원』같은 책을 혁명작으로 간주해야 하는지가 불분명하므로 생물학사는 쿤의 방식으로 이해하는데 어려움이 따른다. 상기했듯이, 원래 전공이 물리학인 쿤의 이론을 다른 과학 분야에 적용하려면 어려움이 따른다. 구체적으로, 그의 거창한 패러다임 전환 이론은 생물학 내에서 이론의 변화를 설명하는 데 부적합하다고 생각된다.

본보기의 다양성

생물학을 쿤의 방식으로 조명했을 때 생기는 마지막 문제가 있는데, 이것은 본보기에 대한 쿤의 관점에 더 큰 타격을 가할 수 있다. 혁명이 일어나면 예전 본보기들이 폐기되고 새 본보기들이 그것들을 대체한다고 쿤은 주장한다. 그런데 꼭 그럴 필요가 있을까? 결국 본보기란 본받을 만한 구체적인 업적이다. 어떤 것이 훌륭하게 여겨지는 그 사실 자체가 왜 그것이 훌륭하게 여겨지고 또 어떻게 그것을 본받을 수 있는지에 대한 질문을 낳는다고 쿤 자신이 강조한 바 있다. 그렇다면 우리는 다른 한편에서 왜 예전 본보기가 혁명 후 완전히 폐기되어야 하는지에 대한 의문을 제기할 수 있다. 오히려 그 본보기들이 과학사에서 물러나는 만큼 계속 재해석이 되어야 하는 게 아닐까?

자연선택이 어떻게 이루어지는가에 대한 다윈의 자세한 설명이 오늘날 생물학자가 쓰는 체계와 다르다고 앞에서 지적한 바 있다. 일례로 다윈의 이론에는 수학이 빠져 있으며, 또한 젠킨이 지적한 문제를 최소화하고자 피 말리는 경쟁이라는 개념을 크게 강조했다. 다윈은 물론 유전자라는 말을 쓴 것은 아니지만, 변이뿐만이 아니라 어떤 쪽으로 변이를 일으키는 능력 역시 유전이 된다고 주장했다.

형질 유전이라는 배경 지식을 지닌 현대 생물학자들에게는 피셔가 그의 주목할만한 저서『자연선택의 유전학적 이론^{Genetical Theory of Natural Selection}』에서 보여준 진화 과정의 수학적 논의가 바로 진화 생물학을 어떻게 연구하는지에 대한 제일 본보기가 된다. 이 말이『종의 기원』이 제일 본보기가 아니라는 말은 아니다.『종의 기원』역시 비록 오늘날과는 다른 유형이긴 하지만 일종의 자연선택론에 그 핵심을 두고 생물학적 종이 시간을 거쳐 어떻게 진화를 하는지 강력한 증거를 토대로 설명하는 방법을 제시해줄 수 있다.

다윈과 그의 빅토리아 시대 사람들에게는 뉴턴의『프린키피아』가 본보기 과학이었다. 그 이유는 다윈이 뉴턴의 질량이나 우주 개념과 유사한 것을 생물학에서 찾고 싶어서가 아니라 뉴턴의 연구가 새로운 가설을 설득력 있게 설명하는 방법을 제시했기 때문이었다. 오늘날 우리는 뉴턴의 이론이 우주를 정확하게 설명한다고 생각하지 않는다. 그런 면에서 그의 연구는 폐기되었다고 할 수 있지만, 여전히 그것은 다윈에게 그랬던 것처럼 성실한 과학 활동의 본보기가 될 수 있다. 한때 가장 중요한 업적으로 여겨졌던 본보기를 빛이 바랬다고 폐기할 필요는 없다. 만약 본보기가 광대한 과학사 전반에 걸쳐 진정으로 보존

되고 재해석되어야 한다면 완전한 패러다임 전환은 생각하기 힘든 듯하다.

쿤의 저작은 여러 면에서 감탄을 자아내게 한다. 특히 본보기들이 기계적으로 규칙을 적용하는 것이 아니라 과학을 주도해 나가는 것이라고 할 때 더욱 그러하다. 그러나 그렇다고 해서 오늘날 가장 악명 높게 여겨지는 그의 생각을 보존해야 할 필요는 없다. 혁명적 패러다임 전환이라는 패러다임 자체를 폐기해야할 때가 온 것이다.

과학한다, 고로 철학한다

4

그런데 이게 진실일까?

But Is It True?

과학의 힘으로 인류는 인간을 달에 보내고, 핵무기를 개발했으며, 산아 제한이 가능하게 되었을 뿐만 아니라 개인 컴퓨터와 인터넷도 탄생시켰다. 하지만 예리한 비평가들은 이러한 과학의 업적을 통해 과학이 정말 우주를 있는 그대로 보여주었는가에 대해 의문을 제기한다. 과학은 우리에게 사물의 원래 모습을 진실하게 드러내는가?

실재론이 맞다는 것은 과학의 성공을 기적으로 여기지 않는 유일한 철학이 실재론이라는 데서 반증된다.

— 힐러리 퍼트넘

있는 그대로의 자연

인류가 중대한 업적을 이루는 데 과학은 결정적인 역할을 많이 했다. 과학의 힘으로 인류는 인간을 달에 보내고, 핵무기를 개발했으며, 산아 제한을 가능하게 만들었을 뿐만 아니라 개인 컴퓨터와 인터넷도 탄생시킬 수 있었다. 하지만 예리한 비평가들은 이러한 과학의 업적이 우리에게 정말 우주를 있는 그대로 보여주었는가에 대한 의문을 제기한다. 과학은 우리에게 사물의 원래 모습을 진실하게 드러내는가? 아니면 그 실용적인 가치만을 중요시하여 우리에게 중요하긴 하지만 실제 세계의 모습과는 상당히 다른 것을 보여주는가?

과학과 진실이라는 주제에 관해 토론을 시작하기 전에 몇 가지 알아야 할 사항이 있다. "과학적 실재론scientific realism"은 과학이 진실을 추구한다고 여긴다. 과학적 실재론자들은 각 과학 분야가 그 연구 대상인 세계에 대해 시간이 갈수록 더 정확한 지식을 제공한다고 생각한다. 과학적 실재론자들은 우리가 알아야 할 모든 것을 과학이 가르쳐 준다는 식의 욕심을 부리지 않고 인문학을 통해 많은 것을 배울 수 있다는 점도 인정한다. 뿐만 아니라, 과학적 실재론자들은 과학이 세계에 대한 "완벽하게" 정확한 그림을 그려낼 수 있다고 믿지 않는 만큼 과학의 수명이 다했다는 허튼 생각도 하지 않는다. 오히려 과학이 세계에 대해 점점 더 정확한 그림을 내놓기 때문에 세계에 대한 더 세련된 그림이 나올 때마다 기존의 그림을 수정하고 발전시킬 여지가 아주 많이 있게 된다. 이런 주장을 펼치는 과학적 실재론을 자세히 살펴볼 필요가 있다. 과학적 실재론은 언뜻 보기에 틀린 건 아니지만 그렇다고 맞는 것 같지도 않기 때문이다.

조금만 생각해보면 과학의 성공에 대해 분별 있고 존중하는 반응을 보인 이론이 과학적 실재론만이 아니라는 것을 알 수 있다. 과학 이론을 망치나 컴퓨터 같이 정말 유용하지만 한낱 도구에 불과한 것으로 볼 수도 있지 않을까? 망치에 대해 '진실한가'라든가 '세계를 정확하게 기술하는가'와 같은 질문을 던지는 것이 말도 안 되는 것처럼 과학에 대해서도 비슷하게 생각할 수 있지 않을까? 과학에 대해서도 "해당 과학 이론이 목적에 부합하는가?"라는 질문을 던지는 것만으로도 충분하지 않을까? 아니면 일부 성공회 인사들이 성경에 나오는 이야기를 다루는 식으로 우리도 과학 이론을 다루는 것은 어떤가? 이들은 성경에 나오는 이야기가 생각거리를 제공하는 허구나 혹은 철저한 거짓말이라고 생각하지만, 그것이 세상을 살아가는 데 도움이 되기 때문에 믿는 게 좋다고 생각한다.[96]

단도직입적으로 말하자면, 나는 이 장에서 과학적 실재론이 맞는다는 결론을 낼 것이다. 그런데 이 결론에 이르는 길이 직로가 아닌 관계로 약간의 이정표가 필요하다. 과학적 실재론을 정당화하려면 세 가지 작업이 선행되어야 한다. 먼저 과학적 실재론의 가장 강력한 반론 중의 하나인 "미결정성underdetermination" 이론이 제기하는 도전을 막아낼 수 있어야 한다. 간단히 말해, 이 이론은 우주의 저변 구조에 대한 여러 이론 중 어떤 것이 낫다고 판단을 할 수 있을 만큼 설득력 있는 과학적 증거가 없다고 주장한다. 그렇기 때문에 최고의 과학 이론이라 할지라도 그것이 진리인지는 물론이고 진리에 가까운지에 대해서도 과학적 증거로 정당화할 수 없다는 것이다.

두 번째, 과학적 실재론을 지지하는 주장에 대해서 살펴보아야 한다. 지금까지 이 이론을 지지하는 거의 유일한 논쟁으로 알려진 것은 소위 말하는 "기적은 없다" 논증No Miracles Argument이다. 만약 과학이 진실이 아니라면, 그러니까 예를 들어 물질의 구성 요소에 대해 실제와 크게 어긋나게 설명했다면, 과학 이론에 따라 행동했을 때 항상 예상과 틀린 결과가 나와야 하는데 그렇지 않다는 게 이 논증의 주된 주장이다. 다시 말해, 과학 이론이 진리라는 가장 설득력 있는 주장은 과학의 기여로 이뤄낸 눈에 띄는 업적에 그 근거를 두고 있다.

마지막으로 세 번째, "비관적 귀납Pessimistic Induction"으로 알려진 논증을 정면 반박할 수 있어야 한다. 이 논증은 오늘날 틀리다고 여겨지는 이론들이 과거에는 놀랄만큼 실용적인 성공을 거두었다는 역사적 기록에 의존한다. 예를 들어 아인슈타인의 상대성이론 관점에서 봤을 때 뉴턴의 우주관이 틀리다고 우리는 생각한다. 하지만 인간을 달에 보낼 수 있었던 것은 이 뉴턴의 이론을 성공적으로 적용했기 때문이다. 진리가 아닌 오류가 지속해서 성공을 거둔다면 "기적은 없다" 논증에 문제가 생기게 된다. 과거의 이론들이 실제적인 성공에도 불구하고 틀린 이론으로 계속해서 판명된다면, 철석같이 믿고 있는 현대 이론들도 언젠 가는 틀린 것으로 여겨질 것이다.

다시 말해 과학적 실재론자들은 "미결정성"에 대한 고 려가 별 시사하는 바가 없으며 "기적은 없다" 논증이 맞는 대신에 "비관적 귀납" 논증이 틀리다는 것을 입증해야 하 는 입장에 놓여 있다.

미결정성

과학적 실재론에 대한 가장 심각한 도전 중의 하나는 전 문 철학 용어로 "자료에 의한 이론 미결정성underdeter-mination of theory by data"이라고 하는 입장이다.[97] 어려운 말을 줄줄이 꿰어 놓은 것 같지만 사실 그 의미는 간단하다. 두 경쟁 이론이 자 료에 의해 미결정된다는 말은 단순히 둘 중 어떤 이론이 맞 는지 결정할 수 있는 충분한 증거가 없다는 것을 뜻한다.

미결정성 문제는 과학에만 국한된 것이 아니다. 크리스 토퍼 클라크Christopher Clark는 제1차 세계대전의 원인을 훌륭 하게 설명한 책 『몽유병자The Sleepwalker』에서 한 사건에 대한 두 역사적 설명 중 어떤 것이 더 맞느냐를 판단하는 것이 얼마나 힘든가를 보여준다.

사라예보에서의 암살 음모를 구체적으로 재구성하기란 쉽지 않다. 암살자들이 벨그라드에 남긴 자신의 흔적을 없애려고 온갖 노력을 다했기 때문이다. 생존한 가담자 중 많은 이들이 자신들의 연루에 대해 침묵했으며 다른 사람들은 자신의 가담을 축소하거나 숨겼는데, 이것은 서로 모순되는 혼란스러운 증언을 내놓게 되는 결과를 가져왔다. 음모 자체에 대한 서류가 하나도 남지 않았다. 말 그대로 가담한 사람들 모두가 기밀주의 환경에 익숙한 사람들이었다.[98]

하지만 클라크가 곧바로 지적하듯이 이런 문제가 역사적인 재구성을 하는데 치명적이지는 않다. 일기나 편지가 발견되고 기록 보관소가 문을 열거나 알려진 출처들을 읽고 조심스럽게 상호 비교하는 과정에서 새로운 증거가 알려질 수 있기 때문이다.

과학의 경우도 마찬가지다. 빈약한 추측으로 출발한 가설이 새로운 자료가 나오면서 더 설득력이 있는 가설이 될 수도 있다. 현대 인류학의 창시자 중 한 사람인 프란츠 보아스Franz Boas는 1909년 강의에서 1871년에 쓰인 다윈의 저작 『인간의 유래The Descent of Man』가 인간의 유래에 대해 한 주장들 상당수가 빈약한 자료에 근거한다고 말했다. 그런

과학한다, 고로 철학한다

데 나중에 시간을 들여 열심히 연구한 결과 이 인류학자는 새로운 고고학적 그리고 해부학적 정보를 찾게 되었고 다윈의 주장이 훨씬 더 탄탄한 자료에 바탕을 두고 있다고 태도를 바꾸었다. [99]

> 다윈이 저작했을 당시 여기에 인용한 다양한 문제점들에 관련된 증거들은 단편적이었다. 그런데 그의 이론을 지지하거나 틀렸음을 입증하는 증거를 끊임없이 찾으려고 노력하는 과정에서 문제를 훨씬 더 잘 이해하게 되었다.…. 그동안 모아온 증거가 인간과 구^舊세계의 고등 유인원 사이의 가까운 관계를 꽤 확실히 입증한다.

오늘날 우리는 추가 발견된 화석뿐만 아니라 DNA 분석을 통한 새로운 유형의 증거, 다양한 연대 추정 기술 등도 갖추고 있는데, 이것의 도움으로 우리는 인류의 조상에 대한 가설 중 어떤 것이 나은지 훨씬 쉽게 판단할 수 있다. 문제를 완전히 해결하려면 아직 시간이 더 많이 필요하지만, 1871년에 비하면 훨씬 상황이 나아진 것은 사실이다.

과학적 실재론자들에게 시간이 지나 이론을 뒷받침하는 증거가 많이 나오면 특정 문제가 언젠가는 해결된다는 입장은 전혀 문제가 되지 않는다. 따지고 보면, 실험하거나 이전에 없었던 자료를 애써 수집하거나 경쟁 이론들을 접함으로써 과학이 진보하는 것 외에 다른 방법이 있을 것이라고는 생각하기 힘들다.

또한, 과학적 실재론자는 어떤 과학적 문제들의 경우 분명한 대답이 있을 수 없다는 사실을 받아들일 수 있다. 예를 들어 스테고사우루스 등에 있는 골판^{骨板}의 색깔과 같은 것을 알려주는 자료를 전혀 발견하지 못할 수 있다. 또한, 근본 물리학 내 가장 모호한 분야는 언제나 짐작에 의존할 수밖에 없을 수도 있다. 미결정론이 과학적 실재론을 전반적으로 위협할 수 있으려면 최고의 과학 이론에 대해 불가지론이 때때로 제일 나은 방법이 아니라 항상 제일 나은 방법이라는 사실을 보여주어야 한다.

과학적 실재론을 제대로 반박하는 논증을 펼치려면 미결정성의 문제를 특히 설득력 있게 기술해야 한다. 예를 들어 최고의 과학 이론을 지지하는 증거가 아무리 많이 있어도, 같은 증거를 가지고 세계에 대해 완전히 다른 주장을 하는 또 다른 이론이 있을 수 있다는 가능성을 제시할 수 있어야 한다. 이 경우 일반적으로 인정되는 이론을 충분히 계속 쓸 수 있지만—적용이 용이하다거나 가르치기

가 쉽다거나 우리가 관심사에 대한 예측을 도와준다는 것
이 그 이유가 되어—그 이론이 진실은 물론이고 진실에 가
깝다고 말할 근거는 없게 된다. 만약 미결정론자의 이런
주장이 맞는다면 심지어 최고의 과학 이론에 대해서도 우
리가 취할 수 있는 가장 좋은 방법은 불가지론이 되고 만
다. 우주에 대한 다른 설명을 접했을 때 그 어떤 증거로도
그중 어떤 설명이 낫다고 판단할 수 없으므로 과학적 실재
론의 입장이 타격을 받게 된다.

뒤엠부터 데카르트까지

미결정성 문제의 역사적 뿌리는 프랑스 과학자이자 과
학철학자였던 피에르 뒤엠Pierre Duhem의 이론, 구체적으로 그
의 1906년 저작 『물리 이론의 목적과 구조The Aim and Structure of
Physical Theory』로 자주 거슬러 올라간다.[100] 뒤엠의 관점이 미결
정 논증과 관련된 것으로 보통 여겨지는 것은 사실이지만,
과학적 방법에 대한 그의 고찰을 강한 미결정론에 흔히 수
반되는 회의주의와 같은 부류로 취급해서는 안 된다.

물리학의 가설 오류 여부를 연역법으로 판단할 수 있다
고 생각하는 것은 근거 없는 믿음이라는 것이 뒤엠의 주된

주장이었다. 세계에 대한 어떤 이론의 내용이 실험 결과와 일치하지 않는 경우, 이론 자체가 틀릴 수도 있지만, 실험 기구가 잘못되었을 수도 있고 또 그 기구의 사용을 뒷받침하는 이론이 틀렸을 수도 있다고 그는 말한다.

이 책의 1장에서 다루었던 그란사소 문제가 바로 이 문제이다. 2011년 그란사소에서 뉴트리노가 빛의 속도를 능가한다는 관찰 결과가 나왔는데, 이런 결과 때문에 곧바로 과학자들이 빛보다 빠른 것은 없다는 아인슈타인의 원칙을 폐기하지는 않았다. 과학자 중에는 아인슈타인의 원칙을 의심하는 사람들도 있었겠지만, 그란사소의 이상 결과는 과학자들 사이에서 실험 기구가 제대로 조작이 되었으며 뉴트리노의 속도를 재는 데 쓴 원칙이 맞았는지에 대한 의문도 불러일으켰다. 뒤엠은 여러 비슷한 경우를 통해 다음과 같은 일반적인 충고를 한다.

> 물리학자는 고립된 가설이 아니라 전체 가설 군을 실험을 통해 테스트할 수밖에 없다. 그렇기에 실험 결과가 예측에 어긋나는 경우 물리학자는 가설 군 중에 한 가설이 틀리고 수정되어야 한다는 것을 알지만, 정확히 어떤 가설이 수정되어야 하는지는 알아내야 하는 상황에 부닥친다.[101]

뒤엠이 말하고 싶은 것은 실험 결과만으로는 우리가 테스트하고자 하는 가설을 받아들여야 하는지 아닌지를 알 수 없다는 것이다. 영문 모르는 자료 한 점으로 인해 어딘가에 오류가 생긴 것은 알지만 정확한 오류 지점을 알기 위해서는 추가로 여러 사항을 고려해야 한다. 뒤엠의 결론은 좋은 과학자라면 어떤 가설을 받아들이고 거부할지를 결정하기 위해서 실험 외에 다른 것들을 고려해야 한다는 것이다. 이상 실험 결과가 잘못된 기구나 연산 오류, 혹은 틀린 기본 이론 때문에 빚어졌는지를 결정하려면 실험자가 훈련을 통해 길러진 좋은 판단력을 갖추고 있어야 한다. 그는 과학자가 자료 분석 결과에 상관없이 어떤 이론이나 선호해도 괜찮다는 결론을 내지 않았다. 또한, 성공적인 과학 가설이 있으면 언제나 확보된 증거에 의해 똑같은 정도로 지지를 받는 완전히 다른 경쟁 이론이 존재한다는 것도 그의 결론이 아니었다. 하지만 미결정론자가 과학적 실재론을 위협할 수 있으려면 이런 결론을 옹호해야 할 처지에 놓여 있다.

뒤엠보다 좀 더 위협적인 유형의 미결정론이 바르다고 설득할 수 있지 않을까? 화학자라면 모두 물은 기본적으로 수소 분자 두 개와 산소 분자 한 개로 되어 있다고 말할 것이다. 하지만 과학자들이 이것에 대한 동의를 하는 데는 꽤 오랜 시간이 걸렸다. 1860년 이전에는 물이 H_2O 가 아니라 HO라고 생각했고, 1780년 이전의 화학자들은 물이 화합물이 아니라 원소라고 생각했다. 후세대 사람들이 생각할 때는 화학자들이 어떻게 이런 케케묵은 실수를 할 수 있나 하는 생각이 들 수 있다. 하지만 이런 태도는 실제로 물의 구조에 대한 토론이 한창이었던 시기에는 증거가 충분치 않기 때문에 경쟁 이론 중에서 맞는 이론을 선택하는 것이 정말 힘들고 또 섣부른 선택으로 느껴진다는 것을 모르고 하는 말이다.

물에 대한 이론의 진보는 계속 되고 있다. 더욱 정교해진 현미경의 도움으로 일부 과학자들은 최근 H_2O 분자로 보이는 이미지를 소개했다.[102] 한편 우리는 여전히 물이 단순히 H_2O가 아니라는 사실을 밝혀내고 있는 중이다. 철학자이자 과학사가인 장하석 교수가 지적하는 것처럼, 우리는 단순한 H_2O 분자 덩어리를 물로 여기지 않는데, 그 이유는 흔히 물을 구성하는 것으로 여기는 성분에는 여러 이온이 같이 들어 있기 때문이다.[103] H_2O와 완전히 다르지만, 우리가 알고 있는 물의 성분을 똑같이 설명해주는 물의 구조에 대한 이론이 있다는 말인가? 이런 자료를 바탕으로 물 분자가 은이나 헬륨, 아니면 아직 알려지

과학한다, 고로 철학한다

지 않은 어떤 성분의 원자로 구성되었다고도 할 수 있지 않을까? 혹은 물이 분자를 전혀 포함하지 않는 것은 아닐까? 물론 대답은 H_2O 가설보다 자료를 잘 설명하면서 완전히 다른 과학적 이론이 "지금은" 없다는 것이다. 바로 이런 이유로 물의 기본 구조에 대해 화학자들이 거의 만장일치를 본다.

그렇다면 미결정론의 주창자들은 어떻게 불가지론에 근거해 과학적 실재론을 반박해 왔을까? 많은 과학자가 미결정론을 아주 포괄적인 방법으로 설명했다. 이들의 첫 번째 전략은 인간의 실수 가능성을 겸허히 인정하자는 것이다. 즉, 우리에게 아직 알려지지 않았지만 물의 미세 구조를 다르게 이해하는 이론이 있는데, H_2O 이론만큼이나 물에 대해 알려진 사실을 잘 설명할 수 있다는 것이다. 두 번째 전략은, 어떤 가정이든 미결정 가설로 "요리"해 버리는 "요리법"을 제공하는 것이다. 안드레 쿠클라Andre Kukla가 한 간단한 제안, 즉 "어떤 이론 T에 대해서 T의 실험 결과는 맞지만 T 자체는 틀렸다고 주장하는 경쟁 이론 T*를 만들라"고 한 것이 그 요리법의 한 예이다.[104] 이 전략을 물에 적용하면 H_2O 가설의 대안 가설로 "모든 것이 물의 H_2O 구성을 뒷받침하는 것 같지만 사실 물은 완전히 다르게 구성되어 있다"는 주장이 나온다. 과학적 실재론의 반대자들은 우리가 가진 증거로 위의 두 가지 경쟁 이론 중 어떤 것이 맞는가를 결정할 수 없으므로 물이 H_2O로 되어 있을 것으로 생각해서는 안된다고 결론을 내린다.

미결정성으로 과학적 실재론의 기반을 약화하고자 하는 방법론을 최초로 도입한 사람은 꼼꼼한 연구를 펼친 뒤엠이 아니다. 이 방법론은 그보다 훨씬 이전의 프랑스 철학자 데카르트로 거슬러 올라가는데, 그는 인간의 지식에 대한 전반적인 고찰을 단행한 바 있다.

내가 이 글을 쓰고 있는 동안 나는 리즈로 가는 기차 안에 있다고 생각한다. 이런 내 생각을 뒷받침하는 가설 중의 하나가 내가 리즈행 기차에 진짜로 탑승해 있다는 것이다. 그런데 이런 내 생각을 똑같이 잘 뒷받침해주지만 완전히 다른 가설 하나가 있는데, 그것은 전능한 악마가 내 심리를 조정해 마치 내가 리즈행 기차에 탑승한 것 같이 느끼게 하지만, 실제로 나는 악마에게 조종당하고 있을 뿐이라는 것이다. 이 경우 내 느낌을 증거로 두 가설 중에서, 그러니까 "기차 가설"과 "악마 가설" 중에서 어떤 것이 맞는지 결정할 수 없으므로 "기차 대 악마" 문제에 대한 결정을 유보할 수밖에 없게 된다.

이 책에서는 과학에 의해 야기된 철학적 문제들에 대해서만 집중하고 있으므로, 이런 종류의 근본적인 회의주의에 의해 제기된 심오한 문제를 다루는 것은 부적절하다. 하지만 미결정론 지지자들이 과학적 실재론의 기반을 약화하려고 할 때 부딪히는 문제에 관해서 토론하는 것은 적절하다. 그들은 우주의 구조를 설명하는 최고의 과학 이론이라도 항상 진지하고 꼼꼼한 경쟁 이론의 도전을 받는다는 사실을 입증할 수 없다. 만약 그런 이론이 있다면 과학적 문제에 대한 일치가 지금보다 훨씬 드물어야 할 것이다. 결국, 미결정론자가 할 수 있는 최대의 비판은 세계의 진짜 본질이 최고의 과학 이론이 제시하는 것과 상당히 다를 수 있다고 크게 뭉뚱그려 말하는 것뿐이다. 하지만 이런 비판이 과학적 지식의 위상을 깎아내리지는 못한다. 기껏해야 전능한 악마가 있어 그것이 물에 대한 우리의 이해를 왜곡시킬 수도 있다고 할 수 있을 뿐이다. 마치 버스나 기차를 타고 있는데 악마의 조종으로 우리가 그렇게 느낄 수도 있다고 의심해 보는 것처럼 말이다. 결국, 미결정성 문제는 문제가 전혀 아니거나, 문제라면 데카르트의 근본적 회의주의에 영향을 받아 제기된 시대착오적인 문제에 불과하다. 어느 경우에도 과학적 지식의 위상을 깎아내릴 만큼 큰 문제는 아니다.[105]

"기적은 없다니까요!"

위험한 물살 사이를 배를 조종해서 간다고 하자. 바위와 모래톱이 물속 어디에 있는지 모르면 빙빙 돌든지 아니면 용골에 구멍을 내고 말 것이다. 장애물이 어디에 있는지 모르는 상태에서 이것을 피할 수 있었다면 굉장히 운이 좋았다고 밖에 할 수 없다. 과학에 대해서도 비슷한 말을 할 수 있다. 뉴턴의 물리학이 어느 정도 맞지 않고서야 어떻게 뉴턴 물리학을 받아들인 학자들이 인간을 달 위에 착륙시킬 수 있단 말인가? 과학 이론이 진실이거나 최소한 진실에 가깝지 않은 한 과학이 현실적으로 이처럼 도움이 될 수는 없었을 것이라는 것이 몇몇 철학자들의 입장이다.[106] 이 입장에 의하면 완전히 틀린 이론의 경우 엄청난 운이 따르지 않고는 성공할 수 없다.

오늘날 소위 말하는 "기적은 없다" 논증을 처음으로 기술한 것으로 알려진 철학자는 힐러리 퍼트넘^{Hilary Putnam}이다. 이 논증은 과학적 실재론을 옹호하는 몇 안 되는 논증 중의 하나이다. "실재론이 맞다는 것은 과학의 성공을 기적으로 여기지 않는 유일한 철학이 실재론이라는 데서 반증된다."라고 퍼트넘은 주장한다.[107] 다시 말해, 과학 이론이 틀리다면 과학의 성공을 도저히 설명할 수가 없으므로 과학 이론이 최소한 진리에 가깝다는 것을 사실로 인정하지 않는 한 과학의 성공을 제대로 설명할 수 없다.[108]

"기적은 없다" 논증의 문제는 이 논증이 주장하는 바가 어떤 과학자들에게는 확연히 맞는 생각이지만 다른 과학자들에게는 확연히 틀린 생각으로 여겨진다는 것이다. 19세기 말에 활동을 한 니체의 경우 어떤 개념이 도움 된다고 그것이 사실을 진실하게 기술한다고 생각하는 것은 명확한 오류라고 주장했다. 다음과 같은 말로 그는 오류가 도움이 될 수 있다고 말한다.

> 지식의 기원: 엄청난 시간 동안 인간의 지성은 오류만을 연발해 냈다. 이 중 어떤 오류는 인류의 보존에 도움이 되었는데, 그 이유는 이런 오류를 발견하거나 답습한 사람들의 경우 삶이 자신과 자식들에게 덜 고달팠기 때문이다. 이런 잘못된 신조들이 꾸준히 대물림되어 나중에는 인간이라는 종의 거의 타고난 본성이 되어 버렸는데, 그런 신조의 예로 다음과 같은 것이 있다: 변하지 않는 어떤 사물이 있다는 생각, 사물이 평등하다는 생각, 사물 자체나 실체 혹은 물체가 존재한다는 생각, 사물이 우리에게 보이는

모습과 그 본질이 일치한다는 생각, 우리에게 자유
의지가 있다는 생각, 그리고 나에게 좋은 것이 본질
적으로 좋은 것이라는 생각.[109]

다윈에 대한 니체의 평가는 보통 확실히 부정적인데, 여
기서 니체가 진짜 제기하고 싶은 문제는 만약 우리가 유용
한 이론의 보존에 대해 다윈식으로 접근한다면 이 이론의
성공 이유를 설명할 때 더는 진실이 그 근거가 될 필요가
없다는 것이다. 가설이 유용하지 않다면 살아남지 못했을
것이라는 것이 니체의 주장이다. 이 경우 왜 수많은 이론이
실용적인 가치를 지니는지를 설명하는 데 다른 이유가 필
요 없으므로, 그 이론들이 사물을 진실하게 묘사하고 있는
지, 아니면 틀리지만 현실적으로 먹히는 이론인지에 대한
의문은 여전히 남게 된다.

비슷한 유형의 다윈식 설명 방식이 최근의 과학 실재론
반대자들의 시선을 끌어왔다. 가장 널리 이름이 알려졌을
뿐더러 가장 생각이 깊고 과학적인 반실재론자인 바스 반
프라센 Bas van Fraassen 의 경우 "기적은 없다" 논증을 다음과 같
이 정면 공격한다.

나 역시 현재 과학 이론의 성공이 기적에 의한 것이
아니라고 생각한다. 그것은 과학적인 (다윈주의) 태도
의 소유자에게도 놀랄 일이 아니다. 어떤 과학 이론
도 무시무시한 약육강식이 지배하는 정글 같은 험난
한 경쟁의 세계 속에 태어나기 때문이다. 성공한 이
론만이 살아남는데 이 이론들은 실제 자연이 보여주
는 규칙성과 일치하는 이론이다.[110]

반 프라센에 의하면 좋은 이론은 세계에 존재하는 규칙
성을 잘 포착하는 이론이다. 그런 이론이 규칙성을 잘 포
착하는 것은 당연한데 만약 그러지 못했다면 이미 폐기가
되었을 것이기 때문이다. 어떤 이론이 우리가 무엇을 관찰
하게 될지 예측을 잘 한다고 해서 그 이론이 실제로 우주
가 어떻게 돌아가는지를 설명해준다고는 절대 말할 수 없
다. 반 프라센에 의하면 이런 이론의 성공은 관찰되지 않
은 것에 대해서는 그 무엇도 확실하게 설명해내지 못한다.

기적과 의학 실험

이렇게 서로 다른 이론이 백중세인데도 과학적 실재론
을 옹호하는 "기적은 없다" 논증에 대해 평가를 계속할 수

있을까? 최근 몇 년간 진행된 재미있는 연구 결과에 따르면, "기적은 없다" 논증은 "기저율의 오류"로 알려진 일종의 확률적 추론의 오류를 범하고 있다.[111] 이 오류는 어떤 것인가? 이 오류를 가장 잘 이해하는 방법은 과학적 실재론 논쟁과 거리가 먼 분야를 예로 드는 것이다.

특정 종류의 암에 대한 실험을 생각해보자. 의학 실험에 문제가 생기는 경우는 두 가지이다. 환자에게 실제로 암이 있는 경우 양성 반응을 보여주지만 암이 없는 많은 환자에게 잘못된 양성 반응을 보이는 실험이 있을 수 있다. 이런 실험의 경우 "거짓 양성" 비율이 높을 것이다. 또 다른 실험의 경우 암이 없는 환자에게 음성 반응을 보여주지만, 암이 있는 환자에게도 자주 음성 반응을 보인다고 하자. 이런 실험의 경우 "거짓 음성" 비율이 높을 것이다. 현실적으로 의학 실험은 완벽할 수가 없으므로, 실험 계획자들은 불필요한 우려뿐만이 아니라 불필요한 치료까지 받게 만들 수 있는 거짓 양성 반응의 위험과 심각한 질병이 있는데도 치료를 하지 않게 하는 거짓 음성 반응의 위험을 조율하는 과정에서 타협하게 된다.

상상의 병인 "철학 공포증philosophomania"에 대한 실험이 계획되었다고 해보자. 그 실험의 거짓 양성 반응률과 거짓 음성 반응률이 각각 **10%**와 **20%**로 알려졌다고 하자. 그리고 마지막으로 여러분이 양성 반응을 보였다고 해보자. 이 경우 여러분이 실제로 철학 공포증을 가지고 있을 확률은 얼마인가? 거짓 양성 반응률이 **10%**이므로 실제로 철학 공포증을 가지고 있을 확률이 **90%**라고 말할 사람들이 있을 것이다. 하지만 이것은 틀린 생각이다. 실제로는 거짓 양성 반응률이 나온 자료나 거짓 음성 반응률이 나온 자료 그 어느 한 가지뿐만이 아니라 그 두 자료를 합쳐도 이 질문에 대해 답할 수 있을 만큼 충분한 자료가 되지는 않는다. 즉, 문제의 질병이 인구 전체에서 흔한지, 아니면 드문 병인지에 대해서도 알고 있어야 한다.

이런 추가 정보가 왜 중요한지 이해하기 위해 철학 공포증이 아주 희귀한 병이라 1억 명의 인구에서 **10명** 정도만이 이 병을 앓고 있다고 해보자. 의학 실험의 거짓 음성 반응률에 대한 정보만을 가지고 본다면, 1억의 인구 중 이 병을 실제로 가지고 있는 열 명 남짓한 사람 중에서 **2명**이 음성 반응을 보이고 나머지 **8명**은 양성 반응을 보여야 한다. 이번에는 의학 실험의 거짓 양성 반응률에 대한 정보만을 가지고 본다면, 질병이 없을 거라고 여겨지는 **99,999,990**명의 사람들이 있는데 **10명** 중 **1명**꼴로 거짓 양성 결과 반응이 나오게 된다. 다시 말하면, 1억의 인구에서 병이 있는 8명이 양성 반응을 보이고 병이 없는 **9,999,999**명 역시 양성 반응을 보일 거라는 말이다. 이 경우 만약 여러분이 양성 반응을 보인다면 병이 있는 비교적 작은 집단보다 병이 없는 거대 집단에 속할 확률이 훨씬 높다. 다시 말해 여러분이 병을 가지고 있을 확률이 **90%**가 아니라 약 백만분의 1의 확률이 되는 것이다.

이런 수학 이야기가 시사하는 바는 어떤 병이 해당 인구에서 얼마나 흔하거나 희귀한지에 대한 사실 정보가 없이 의학 실험의 의미에 대해 통계적인 추론을 할 수가 없다는 것이다. 이런 알아야 하는 사실을 "기저율 base rate"이라고 한다. 의대 우등생을 포함해 알만한 사람들도 보통 기저율을 고려하지 않는다.[112] 이런 토론이 "기적은 없다" 논증과 도대체 무슨 관계가 있나 하고 의아해할 수 있다.

"기적은 없다" 논증 지지자들은 어떤 이론이 성공적이라고 하면 그것이 진리일 가능성이 매우 높다고 생각한다. 이런 생각의 기저에는 틀린 이론이라면 성공하지 못했을 것이라는 확신이 깔렸다. 역으로, 진실한 이론이라면 실패하지 않을 것이라는 확신이 저변에 깔렸을 수도 있다. 이런 확신에 수긍이 가지 않는 것은 아니다. 하지만 우리는

과학한다, 고로 철학한다

기저율에 대해서도 알고 있어야 한다. 틀리든지 그르든지 모든 이론을 대상으로 조사했는데 진실한 이론은 드문 반면 틀린 이론은 아주 흔하다는 결과가 나왔다고 해보자. 이 경우 성공적인 이론이 틀린 이론으로 판명될 확률이 높을 것이다. 비록 아주 소수의 이론이 성공적이고 또 대부분의 진실한 이론은 성공적이라 하더라도, 틀린 이론이 진실한 이론보다 월등하게 많은 상황에서는 성공적인 이론 대부분은 틀린 이론일 가능성이 크다는 결론이 나온다. 결국, 진실한 이론이 전체 이론 중에서 드문지 혹은 흔한지에 대해 알려주기 전까지 "기적은 없다" 논증은 불완전한 이론에 그치게 된다.

요약하자면 "기적은 없다" 논증에 걸림돌이 되는 통계적 문제를 고려했을 때, 이 논증 지지자들은 이 논증에 설득력을 실어주는 데 필수적인 기저율에 대한 중요한 정보를 제공하지 못했다는 결론이 나온다. 철학 공포증에 대한 예로 잠시 돌아가서, 전체 인구에서 철학 공포증 발병에 관해 물을 때는 그것이 뜻하는 바가 분명하다. 즉 그 병에 걸린 사람이 적은지 혹은 많은지를 묻고 있다. 하지만 이론 전체에서 진실한 이론이 드문지 혹은 흔한지를 묻는 말은 너무나 불분명한 질문이다. 먼저 다른 이론이 몇 개

있는지 어떻게 셀 수 있는가? 사람들이 정립한 이론을 말하는가, 아니면 정립하려고 하는 이론을 말하는가, 그것도 아니면 그 누구도 생각해보지 못했다 하더라도 정립할 수 있는 이론을 말하는가? "기적은 없다" 논증이 설득력이 조금이라도 있으려면 이런 의문점들에 대해 답변을 할 수 있어야 할 것이다. 이것으로 "기적은 없다" 논증의 바닥이 드러난 것 같다.

철학적 증거 의혹 사건

"기적은 없다" 논증에 대해 또 석연치 않은 점이 있다. "DNA가 이중 나선 구조로 되어 있는가"라고 질문을 던진다고 해보자. 이 질문에 대한 최상의 답변은 이제까지 확보된 모든 증거—예를 들어 X-레이 기술에 의해 나온 DNA 사진, DNA분자 내에서 핵산의 상대적인 크기, 염색체의 활동에 필요한 DNA의 기능적 역할—를 가리키면서, 이 증거를 설명해 내는데 이중 나선 구조 가정이 다른 가정보다 나은지 알아보는 것이다. 다시 말해, 왓슨과 크릭(그리고 프랭클린과 다른 많은 학자들)이 애초에 같은 의문이 들었을 때 밟았던 과정을 비슷하게 경험하는 것이다.

과학한다, 고로 철학한다

"기적은 없다" 논증은 과학적인 영역을 넘어서 철학적인 증거까지 약속하는 것 같다. DNA의 이중 나선 구조를 뒷받침하는 두 번째 사실은 이중 나선 구조 가설이 관련 증거를 성공적으로 설명해 낸다는 것인데, 이런 성공적인 설명 자체를 가장 잘 설명해 주는 것이 바로 이중 나선 구조 가정이 맞기 때문이라고 이들이 주장하기 때문이다.

그런데 우리는 이중 나선 구조를 뒷받침하는 증거로 프랭클린과 왓슨, 크릭 그리고 다른 과학자들에 의해 발견된 기본 과학적 증거 외에 철학적인 증거가 있다는 이런 생각을 경계할 필요가 있다.

어떤 탐정이 애쉬워트의 살인범으로 집사를 지목했는데, 그 이유가 집사가 살해했다는 가정이 그 어떤 다른 가정보다 애쉬워트의 사체에서 집사의 머리카락이 발견되었고, 집사의 셔츠에 혈흔이 있고, 집사가 사는 공간에서 무기가 발견된 이유를 잘 설명해 낸다고 모인 사람들에게 말한다고 해보자. 그뿐만 아니라 그 탐정이 자신이 읽은 과학적 실재론 책을 근거로 발견한 추가 증거가 있다며, 그 증거가 자신의 주장을 더욱 설득력 있게 한다고 해보자. 그 추가 증거란 자신의 가정이 맞기 때문에 자신이 관찰한 모든 것을 성공적으로 설명해줄 수 있다는 것이다. 즉, 그의 가설이 그 증거를 성공적으로 설명해 낼 수 있는 유일한 이유는 그 가설이 맞기 때문이라고 주장한다.

위의 논변에서 무엇이 잘못됐는지 쉽게 알 수 있다. 가설이 진리이기 때문에 설명을 성공적으로 해낼 수 있다는 탐정의 말은 자신이 한 말을, 그러니까 집사가 살인했다는 가정이 무기나 혈흔, 또는 머리카락이 왜 그 장소에서 발견되었는지에 대해 다른 어떤 가정보다도 더 잘 설명을 해낸다는 것을 줄여서 요약한 것에 불과하다. 사실이기 때문에 설득력이 있다는 탐정의 말이 틀린 것은 아니다. 하지만 그의 이런 말이 그가 이미 한 말을 넘어서서 집사가 유죄라는 추가 증거가 된다고 한다면 그는 이중 계산이라는 실수를 저지른 것이 된다.

다음의 말에는 단순한 강조나 훈계 이상의 의미 차이가 없다: "집사가 범행을 저질렀다." "집사가 진짜 범행을 저질렀다." "집사가 범행을 저질렀다는 것이 진실이다." "집사가 범행을 저질렀다는 것은 사실이다." "집사가 범행을 저질렀다는 말은 현상을 있는 그대로 표현한 것이다."[113] 그렇다면, "DNA가 이중 나선 구조이다"라는 말과 "DNA가 이중 나선 구조라는 것은 진실이다" 혹은 "DNA가 이중 나선 구조라는 가정은 사물을 있는 그대로 반영한 것이

과학한다, 고로 철학한다

다."라는 말에도 의미 차이가 없다고 할 수 있다.

상기된 토론을 바탕으로 이제 우리는 기저율 오류의 문제와 이중 계산 문제를 피하면서 "기적은 없다" 논증을 재구성할 수 있다. 과학적 가설이 진실하므로 그 가설이 성공할 수 있다는 과학적 실재론자의 말은 맞는 말이다. 이 말은 왓슨과 크릭, 그리고 다른 과학자들에 의해 수집된 증거를 가장 잘 설명해 주는 것이 DNA 이중 나선 구조 자체이며, 공통 조상 유래 양식이 다윈과 다른 학자들에 의해 수집된 증거를 가장 잘 설명해 주며, 힉스 입자가 최근 유럽입자물리연구소에서 수집한 증거를 가장 잘 설명해 주며, 그리고 산소 분자 하나와 수소 분자 두 개로 이루어진 분자가 익히 알려진 물의 성질을 가장 잘 설명해 준다는 것을 일반화시켜 서술한 것이다.

이렇게 되면 "기적은 없다" 논증은 통계적인 추론을 제대로 설명하지 못하는 것이 아니므로 결과적으로 기저율 오류도 범하지 않는 것이 된다. 이 이론은 과학자들이 제시한 증거에 기반을 둔 경우를 다루고 거기에 들어 있지 않은 철학적 증거를 제시하려고 하지 않기 때문에 이중 계산의 오류도 범하지 않게 된다. 대신에 과학적 증거에 대해 일반적으로 의존하는 성향을 표현하는 이론으로 해석된다. 만약 우리가 물의 구조와 DNA 구조 등에 대한 이론들이 성공적인 이유를 이들 이론이 진실하다는 사실 외에 다른 것으로 설명할 수 있다고 주장한다면, 사실상 그것은 물이 H_2O와 완전히 다른 분자 구조로 되어 있는데, 이 (아직 설명할 수는 없고 그럴 가능성만 있는) 구조가 H_2O 가설을 뒷받침하는 증거를 나름대로 설명해 낼 수 있다는 주장을 하는 것이 된다. 이러지 않고는 H_2O 가설이 거짓이면서 동시에 성공적일 수는 없다. 이렇게 볼 때 수정된 "기적은 없다" 논증을 반박할 수 있는 유일한 방법은 일반적인 미결정성을 그 반박의 근거로 삼는 것이다. 다시 말해, "기적은 없다" 논증의 반론자는 최고의 과학 이론일지라도 현재의 증거 일체를 똑같이 잘 설명해 낼 수 있는 완전히 다른 경쟁 이론이 있을 수 있다는 가능성을 제기해야 한다. 하지만 이미 우리는 그런 종류의 가능성 제기가 미덥지 않다는 결론을 내렸다. 이렇게 미결정론의 도전을 제치면서 "기적은 없다" 논증의 정당성이 확보된다.

비관적 귀납 논증

과학적 실재론에 대한 가장 주목을 받는 반박 중의 하나

과학한다, 고로 철학한다

는 과학사의 이미지를 일련의 영웅적인 실패담으로 보는 것인데, 이 토론에 자주 래리 라우던^{Larry Laudan}의 이름이 거론된다.[114] 자신들이 세계를 대체로 제대로 이해했다는 과학자들의 확신은 역사를 통해 되풀이되었다. 그리고 이런 확신이 혁명적인 이론이나 혁명적인 실험 때문에 여지없이 뭉개지는 일도 역사적으로 되풀이되었다. 예를 들어, 뉴턴의 물리학은 수 세기 동안 너무나 의심의 여지가 없다고 여겨졌기 때문에, 어떤 학자(특히 철학자 임마누엘 칸트)들은 그것이 맞는 이론일 뿐만 아니라 유일하게 "가능한" 물리학이라고 생각했다. 그런 자신감은 뉴턴식의 우주 이미지가 아인슈타인의 그림으로 대체되면서 근거 없는 자신감으로 전락했다.

생물학 역시 이런 급진적인 전환을 겪는 것 같다. 박물학자들은 동물과 식물의 종에서 폭넓게 드러난 안정성을 보고 이런 종이 오랜 시간 변하지 않을 것으로 생각했다. 하지만 19세기 말에 이르러 박물학자들은 모든 종이 몇 개의 공통 조상에서 나와 다시 각각 엄청한 시간이 흐르는 동안 여러 번의 변화를 겪는다고 여기게 됐다. 하지만 다윈의 승리도 얼마 안 가 막을 내릴지도 모른다. 다윈이 우리에게 물려준 이미지, 즉 거대한 하나의 나무 몸통에서 많은 가지가 뻗어나오는 이미지는 근래에 "수평적 유전자 이동"이나 "측면 유전자 이동"이라는 이름으로 종종 불리는 발견으로 인해 도전을 받고 있다.

전통적인 입장에 따르면 생명체는 "수직적으로만" 유전자를 획득할 수 있다. 다시 말해, 부모의 생식 활동을 통해서만 유전자를 획득할 수 있다. 예를 들어 인간의 경우 부모로부터만 유전자를 물려받는다고 우리는 생각한다. 개별 인간이 혈족 관계가 아닌 친구로부터 직접 유전자를 물려받을 수 없다는 것이 보통 우리의 생각이다. 물론 종이 완전히 다른 개체로부터 유전자를 물려받을 수는 없다. 하지만 지난 몇 년간 연구를 통해 유전자 대물림이 반드시 "수직적"인 것은 아니라는 것이 밝혀졌다. 다른 생명체 중 박테리아의 경우 "수평적"으로도 유전자를 물려받는 것이 가능하다. 예를 들어, 바이러스는 게놈의 작은 일부를 한 박테리아에서 다른 박테리아로 전달할 수 있는데, 그 결과 거의 관련이 없는 두 박테리아 사이에서도 유전자 교환이 일어난다.

수평적 유전자 전달 현상이 미생물 세계에 국한된 것이 아니라는 조짐이 나타나고 있다. 지렁이나 벌레 같은 몇몇 복잡한 다세포 생물의 경우 박테리아로부터 직접 게놈

과학한다, 고로 철학한다

을 전달 받았다는 증거가 나왔는데, 이 과정에서 해당 생물이 생존에 중요한 적응 능력을 획득했을 수도 있다고 한다.[115] 2008년에 발표된 한 연구에 의하면, 세 가지 다른 종의 고기—청어, 바다빙어, 삼세기—가 공통으로 가지고 있는 자연 부동不凍 능력은 수평적 유전 전달에 의한 결과일 수도 있다.[116] 이런 토론의 요점은 "생명의 나무tree of life"에서 언뜻 보기에 서로 떨어져 잔가지를 치고 있어도, 실상은 서로 유전적 전달이 이루어질 수 있다는 것이다. 만약 그렇다면 잔가지끼리 절대 교합이 일어날 수 없게 되어 있는 다윈의 생명체 역사가 이제 수정되어야 할 때라고 많은 생명학자가 입을 모은다.[117]

이런 반복된 혁명이 독단의 잠*에서 우리를 깨워 복잡한 우주를 제대로 이해할 수 있게 하는 과학의 힘을 보여준다고 생각할 수 있다. 하지만 반실재론 과학자 중 일부는 이런 관점에 동의하지 않는다. 새 토스트기를 살 때마다 6개월을 고작 넘기고 고장이 난다면, 다음번에 살 새 토스트기도 일 년을 넘기기는 힘들 것이라고 보는 것이 맞을 것이다. 같은 식으로, 아무리 몇 세대에 걸쳐 뛰어난 학식의

---

* 역주: 원래 "독단의 잠"은 칸트가 흄의 철학에 받은 영감을 표현한 것이다.

학자들에 의해 지지를 받는다고 해도 이 과학이 훗날 과학자들에 의해 틀린 것으로 판명이 난다면, 지금 우리가 최고로 여기는 이론도 틀린 것으로 판명될 확률이 높다고 봐야 할 것이다. 이런 말을 들으면 현재 과학자들이 분노하겠지만, 뉴턴 물리학이 쓰레기통으로 던져질 거라는 말을 들었을 때 선배 과학자 세대는 더 큰 분노에 휩싸였다. 뉴턴이 아인슈타인에게 바통을 넘겨준 것처럼 아인슈타인 역시 우주를 제대로 이해하지 못했다는 말을 언젠가 듣게 될 것이다. 다윈 역시 당시 최고의 박물학자들에게 종이 영원 불변한다는 생각은 틀렸다고 지적을 했지만, 그의 생명나무 이론 역시 언젠가는 폐기될 것이다.

　이런 식의 반실재론 논증은 과학적 실재론자에게 과학사가 불리하게 작용한다는 것을 말해 주는데, 그 이유는 과거 과학의 실패에 대한 추론에 기반을 둬 오늘날 과학 역시 결국에는 틀린 것으로 판명될 것이라는 역사적 논증을 펼치기 때문이다. 이런 관점에서 보면 과학은 시간이 지나면서 우주에 대해 더 정확한 지식을 제공하지 않는다. 단지 시간이 지나면서 일련의 생산적인 오류가 다른 생산적인 오류에 의해 대체될 뿐이다. 이런 논증이 "비관적 귀납 논증"이라고 불리는 것은 당연하다.[118]

과학한다, 고로 철학한다

낙천적일 수 있는 이유

내 동료인 피터 립튼의 경우 비관적인 귀납 논증에 대해, 특히 이 이론에 역사적 증거가 쓰이는 방법에 대해 항상 미심쩍어했다.[119] 설계가 잘 된 실험의 경우 수집한 증거를 통해 실험을 하는 가설 중 어떤 것이 나은가를 구별할 수 있다. 예를 들어 흡연이 암을 유발한다면 흡연과 암 사이에 꽤 높은 상관관계가 있어야 한다. 만약 흡연이 암을 유발하지 않는다면 둘 사이에 상관관계를 찾기가 힘들어야 한다. 이런 식으로 둘 사이의 상관관계의 유무를 조사함으로써 흡연이 암의 유발 요인인지 아닌지를 결정하게 된다. 과학적 실재론을 토론할 때 우리는 두 가설을 비교하는데, 하나는 과학사가 과학이 시간이 갈수록 세계에 대한 더 정확한 지식을 제공한다는 실재론적 가설이고 다른 하나는 과학사가 진보의 역사가 아니라 일련의 오류가 다른 일련의 오류에 의해 대체되는 것뿐이라고 주장하는 가설이다.

역사적 기록을 보면 과학자들은 계속해서 이전의 이론들을 거부하고 그와 다른, 새로운 이론으로 대체해 왔다. 하지만 그러한 사실은 양쪽 어느 입장과도 공존할 수 있기에 결국 둘 중에 어떤 것이 맞는지 가릴 수가 없게 된다. 비록 과학적 실재론이 맞는다 하더라도, 그러니까 과학이 세계에 대한 점점 더 정확한 지식을 제공한다 하더라도, 우리는 여전히 기존 이론의 오류를 발견하고 정정하는 과정에서 기존 이론을 폐기하게 될 것이다. 이 말은 비관적 귀납 논증이 과학적 실재론을 제대로 반박하려면 과학사에서 단순히 이론의 대체와 수정이 반복되는 것만이 아니라 규칙적으로 전면적인 이론적 개편이 일어난다는 사실도 보여주어야 한다는 것을 뜻한다. 그런 역사적 증거가 있을 때 나중에 나온 이론이 이전 이론에 들어 있는 통찰력을 더 심화했거나 끌어올렸다고 주장하기 힘들어진다. 피터 립튼의 경우, 과학적 실재론이 역사적 기록에 의해 타격을 받지 않는다고 생각하는데, 그 이유는 이런 더 위협적인 유형의 비관주의를 뒷받침하는 증거가 과학사에 실제로 존재하는지 알 수 없기 때문이다.

먼저, 많은 과학 분야를 보면 연속성이 분명히 존재한다. 주기율표가 추가되었지만, 주족主族은 약 150년간 거의 바뀌지 않았다. 주요 화학 원소의 성분에 대한 이해도 거의 같은 시간 동안 바뀌지 않았다. 앞에서 말한 것처럼, 최근 미생물학자의 연구 때문에 동물과 식물의 게놈 일부가 연관성이 먼 박테리아 집단에서 전이되었을 수도 있다는 것이 밝혀졌다. 과학자들은 박테리아 자체가 단순히 상호 관계를 맺는다는 이론에 대해 점점 더 의문을 가진다. 그러나 그런 의문이 나무 모양의 도표가 동물의 기본적인 진화 과정 같은 것을 잘 설명한다는 입장을 기본적으로 흔들어놓지는 못했다. 그런 의미에서 다윈의 이론은 여전히 건재하다.

두 번째로, 중요한 이론적 대변동이 과학계를 휩쓸어 새로운 이론이 등장한다고 해서 기존 이론이 바로 쓰레기통으로 직행하는 것은 아니다.[120] 빛보다 느린 물체의 운동을 설명하는 데 뉴턴의 물리학이 충분히 잘 설명해 주었기 때문에 미국 항공우주국에서 인간을 달에 보낼 수 있었다는 사실이 자주 거론된다. 자연선택에 근거한 진화론을 정립했을 당시 다윈은 반진화론자 선배들이 피땀 흘려 내놓은 연구를 무시하지 않았다. 오히려 다양한 종 간에 근본적인 공통점이 있다는 것을 보여주는 기존의 연구를 찾아내 그것을 자신의 진화론을 뒷받침하는 자료로 썼다. 그는 기존의 연구를 인정했을 뿐만 아니라 거기에 새로운 해석까지 내놓았다.

현대 분자 유전학에서는 유전자가 염색체에 들어 있고 유전자를 DNA 일부로 보는데, 이것 역시 멘델이 생각지도 못했던 발견이다. 이 19세기 카톨릭 수사가 유전된 물질의 분자 구조를 알았을 턱이 없다. 그런데도 왜 멘델이 완두에서 특정한 유형의 유전 현상을 발견했는지, 왜 그런 유형의 유전이 당시에는 알려지지 않은 어떤 "요인"에 의한 것이라고 그가 생각했는지, 또한 왜 소위 말하는 멘델의 유전 법칙이 맞을 때도 있지만 틀리는 경우가 더 많은지 등의 사실을 설명하는 데 현대 유전학이 도움된다. 요지는 멘델의 연구가 현대 유전학에 의해 폐기가 된 것이 아니라 수정되고 재해석 및 재구성되었다는 것이다.

이 같은 과학적 실재론자들의 답변에 대해 현재 반과학 실재론자로서 가장 설득력있고 주목을 받는 비관적 귀납 논증주의자 중의 한 사람인 카일 스탠포드^{Kyle Stanford}는 그 답변의 타당성에 의문을 제기한다.[121] 스탠포드는 멘델의 연구를 다양한 방식으로 볼 수 있으며 그의 통찰력이 현대 유전학에 여전히 남아 있다는 것에 대해서는 이의를 제기하지 않는다. 염색체의 구조가 어떤지, 여러 유전자가 성장 과정의 생명체에서 어떻게 상호작용을 하는지, 그리고 정자와 난자가 형성되는 과정에서 어떻게 유전자들이 분열되고 재결합되는지 등을 알게 되면, 어른 개체의 특성이 단순한 방식으로 세대 간에 유전될 확률이 적

과학한다, 고로 철학한다

기 때문에 더는 유전 "법칙"이 있다고 생각하지 않게 된다. 하지만 우리는 여전히 멘델의 이론이 현대 유전 이론의 모태이고 그 이론의 일부가 우리가 오늘날 이해하는 유전 개념 속에 포함되어 있다고 멘델을 해석할 수 있다. 여전히 현대 유전학자들은 몇 가지 주요 질병에서 볼 수 있는 것처럼 어떤 형질이 "멘델의 방식"으로 유전이 된다고 생각하는데, 여기서 중요한 것은 멘델이 이미 그런 것을 알고 있었다는 것이다.

상기된 방식으로 멘델과 현대 연구 사이의 연속성을 부여하는 것에 대해 스탠포드는 문제를 제기하는데, 그 방법이 순전히 회고적, 그러니까 사후약방문 격의 고찰이라는 것이다. 과학적 실재론자들이 정말 제시해야 하는 것은 현대 이론 중 어떤 것들이 미래 과학에 남을 것이며 어떤 것들이 폐기될 것인지를 알려주는 미래 전망법이라고 스탠포드는 주장한다. 이렇게 하지 않으면, 미래의 과학자들이 오늘날 최고의 이론을 고찰하면서 오늘날 과학자들이 꽤 연구를 잘했다는 말로 우리를 위로할 거라는 자신은 할 수 있어도, 정작 현재 이론 중 어떤 것들이 미래에도 남을 것이며 어떤 것들의 부끄러운 실수로 여겨질지는 전혀 알 수가 없게 된다. 이런 전망을 내릴 수 없는 한 과학적 실재론 역시 역사의 뒤안길로 사라지게 될 것이라고 그는 말한다.

나는 실재론자들이 그런 전망을 내릴 수가 없다는 스탠 포드의 말에 동의한다. 하지만 실재론자들이 그런 전망을 해줄 책임이 있다고 생각하지는 않는다.[122] 만약 현재 이론 의 어떤 부분이 건재하고 어떤 부분이 폐기될지 전망해 줄 방법이 있다면, 우리 철학자들이 과학적 연구라는 테이프 에 대해 벌써 "빨리 감기" 단추를 이미 누르고도 남았을 것 이다. 다시 말해, 과학자들이 어떤 이론 일부를 살리고 어 떤 것들을 폐기하는 것을 알려면 많은 연구가 필요하다. 미 래 과학자들이 우리보다 더 잘 알고 있을 것이기에 현재 과 학자들이 무엇을 잘했고 무엇을 못 했는지도 알게 될 것이 다. 중요한 것은 과학적 통찰력에 대한 판단 자체는 회고적 일 수밖에 없기 때문에 그것이 과학적 실재론자가 해결해 야 할 문제가 아니라는 것이다. 과학자라도 그 이상 할 수 있는 것이 없는데, 과학자의 임무가 탐구 대상인 우주의 일 부에 대해 점점 더 정확한 지식을 제공하는 것이 맞는다면 그 이상을 요구해서는 안 되는 것이다.

II

과학은 우리에게 어떤 의미가 있는가

What Science Means for Us

5

가치와 진실성

Value and Veracity

이 장에서는 과학적 실재론과 과학에 대한 가치 중립적 개념이 서로 연결된 것 같지만 사실은 그렇지 않다는 것에 관해 이야기해보고자 한다. 오히려 과학자가 가치 개념을 지니고 있지 않다면 현명한 조언을 하는 데 많은 어려움이 있을 것이다.

과학하는 자는 어떠한 소망도, 어떠한 애착도 가져서는 안 된다.
그는 돌과 같은 마음을 지녀야 한다.

— 찰스 다윈

자문 노동의 분화

2012년에 세계에서 가장 명망 있는 과학학회 중의 하나인 영국왕립학회가 영국왕립공학회와 함께 "프래킹^{fracking}"으로 더 잘 알려진 셰일 가스 추출법, 즉 "수압 파쇄법"에 대한 검토 결과를 내놓았다. 이 검토를 요구한 사람은 본인도 왕립 학회 회원인 과학기술 보좌관 존 베딩튼^{John} ^{Beddington}이었다. 그 검토지 서문에 검토자들은 자신들의 책임선을 다음과 같이 분명히 했다.

> 이 보고서는 셰일 가스 추출 작업을 진행 여부를 결정하기 위한 목적으로 작성된 것이 아니다. 이는 정부의 소관이다. 이 보고서는 결정에 필요한 정보 제공 차원에서 셰일 가스 추출 작업과 관련된 환경, 건강, 안전 위험의 기술적인 면을 분석하고 있다.[123]

이런 유형의 보고서가 으레 그러하듯, 이 보고서 역시 증거 진술과 정책 권고로 분리된 일종의 분업화를 암시하고 있다. 2011년 2월 영국의 보건 장관은 인간생식 배아 관리국[HFEA]에 유사한 "과학적 검토"를 요구했는데, 이번에는 "미토콘드리아 이식의 효용성과 안전성에 관한 전문가의 의견"을 알기 위해서라고 말했다.[124] 미토콘드리아는 동물세포 내의 기관으로 핵 바깥에 있는데, 동물의 정상적인 발육과 기능 발휘에 필수적인 몇 가지 유전자를 담고 있다. 미토콘드리아 장애는 전신 진행성일 수 있는데 주로 모계 유전이다. 인간생식 배아 관리국이 받은 부탁은 미토콘드리아에 문제가 있는 사람들도 자신들과 유전적으로 연결되어 있지만 심각한 질병은 가지지 않은 자식을 가질 수 있도록 하는 새로운 기술에 대해 순수히 기술적인 차원에서 평가해달라는 것이었다. 이런 기술적인 문제는 세 명의 다른 기증자로부터 유전자 물질을 받은 아이를 세상에 내보내는 것과 인공 수정 병원이 인간의 생식 문제에 끼어드는 것이 과연 괜찮은 일인지와 같은 윤리적 문제들과는 별개의 문제로 여겨졌다.

흔히 보는 이런 "노동의 분업화"는 어쩌면 국민에게서 뽑힌 이와 그렇지 않은 이의 임무 차이를 보여줄 수 있다.

과학한다, 고로 철학한다

즉, 과학자는 국민에게 뽑힌 사람이 아니므로 이 문제에 대해 분명한 의견이 있고 최고의 과학 연구에 대한 결정이 어떤 특정한 방향으로 진행된다 하더라도 정책이 어떠해야 한다고 말을 할 입장이 아니다. 많은 사람은 이런 분업화가 과학적인 증거의 중립적인 제시와 그 증거에 대해 여러 관련 단체가 내리는 평가 사이의 어떤 엄격한 경계를 보여준다고 한다. 이들은 과학이 과격한 이익 집단에 의해 납치를 당하지 않는 한 가치 중립적이라고 생각하는 반면, 정책은 당선된 대표자들이 자신들의 다양한 가치를 객관적인 과학적 증거에 적용하려고 할때 등장하는 것이라고 생각한다.

과학에 대한 이런 가치 중립적 이미지는 이전 장에서 다룬 과학적 실재론과 깊은 관계가 있다. 앞에서 우리는 과학이 연구 대상인 세계에 대해 점점 더 정확한 지식을 제공한다고 여기는 입장을 '과학적 실재론'이라고 정의한 바 있다. 과학이 우리에게 사실을 알려준다면 가치 중립적이어야 할 것 같다. 사실의 문제가 가치의 문제와 다르다는 것을 생각하면 더욱 그러하다. 전자가 사물이 어떤가에 관한 문제를 다룬다면 후자는 사물이 어떠해야 한다는 문제를 다룬다. 이것은 분별력 있는 관점으로, 이 관점에서 보면 우리는 과학을 통해 사물의 정보를 받고, 과학이 아닌 다른 유형의 사고 체계와 더불어 상황에 대한 정서적 평가로 상황이 바뀌어야 하는지 아니면 그대로 두어도 괜찮은지 등에 대해 알아낸다.

이 장에서는 과학적 실재론과 과학에 대한 가치 중립적 개념이 서로 연결된 것 같지만 사실은 그렇지 않다는 것에 관해 이야기해보고자 한다. 과학에는 이미 가치가 내재하여 있지만, 그것 때문에 과학자가 세계에 대한 사실을 제대로 밝혀내지 못한다거나 정책 입안자들에게 현명한 행동에 관한 조언을 할 수 없지는 않다는 게 나의 생각이다. 오히려 과학자가 가치 개념을 지니고 있지 않다면 현명한 조언을 하는 데 많은 어려움이 있을 것이다.

스탈린주의 생물학

특정한 가치관이 과학 이론에 심각한 피해를 준 것으로 악명 높은 경우가 몇 개 있다. 스탈린 지배의 소련에서 유전학의 운명이 가장 널리 알려진 경우이다. 1948년 7월 31일, 소련의 생물학자 트로핌 리센코[Trofim Lysenko]는 모스크바에 있는 통합 레닌 농학 학회에서 발표를 했는데, 그 내용은 생물학 연구의 진행 상태에 대한 보고였다. 리센코의 보고는 스탈린에게 부탁을 받은 것으로, 나중에 스탈린은 공식적으로 그 보고서를 인가했다. 리센코는 미국과 유럽 과학자들이 따르는 유전 및 진화 이론이 찰스 다윈의 주요 저작을 왜곡한 것이라고 주장했다. 리센코는 자신이 "신다윈주의[Neo-Darwinism]" 혹은 "멘델-모가니즘[Mendelism-Morganism]"으로 불렸던 유전자 이론이 진정한 과학이 아니라 일종의 관념주의 혹은 형이상학이라고 주장했다.[125]

그는 인간과 동물과 식물이 해당 종의 다른 개체들과 경쟁 상태에 있다고 보는 부르주아 경제 이론이 다윈에게 해로운 영향을 끼쳤고, 이 해로운 영향을 20세기 다윈주의자들이 심화시켰다고 믿었다. 나아가서, 오스트리아-헝가리 제국의 수도원장인 멘델과 미국 초파리 유전학의 선구자인 토마스 헌트 모건[Thomas Hunt Morgan]에게서 유래한 유전자가 변함없이 대물림된다는 생각이 한 마디로 황당한 이론이라고 주장했다. 환경이 생물의 유전에 끼치는 영향과 부모가 살아 있는 동안 획득한 특성이 자식에게 유전되는 방법에 대한 엄연한 사실을 앞에 두고 헛소리를 하는 것이라고 그는 말했다.

관념주의를 대표하는 멘델-모가니즘이 "창의적인 소련 다윈주의"에게 경쟁 상대가 아니라고 리센코는 못을 박았다. 리센코의 이론은 정통 마르크스주의 방법, 즉 "유물론 및 변증법적 방법"으로, 생물학적 사실에 초점을 맞추고 식물이나 동물에 새로운 유용한 기관이 생기게끔 환경 조건을 교묘하게 변화시켜 농업 생산량을 증가시키는 것이 그 목적이었다. 리센코는 이 이론을 러시아 식물 육종가 이반 미추린^{I. V. Michurin}의 이름을 따 "미추린 농법^{Michurinism}"이라고 불렀다.

리센코 역시 농부의 아들이었다. 그가 받은 교육이 혁명전 부르주아 사상에 물들지 않은 것은 사실이지만, 사실 그는 학교 교육 자체를 거의 받지 못했다. 이런 사실이 진보의 엔진이라는 스탈린 자신의 이미지를 잘 상징하는 것으로 여겨졌다. 농산물 수확량을 늘릴 수 있다는 획기적인 주장으로 리센코는 명성을 얻었는데, 이 명성은 다른 사람들이 이의를 제기하지 못하도록 해놓고 실시한 미심쩍은 실험에 기초한 것이었다. 그의 반멘델주의 생물학이 소련의 공식 생물학으로 자리 잡으면서, 멘델주의 이론은 부르주아나 파시스트 이론으로 비난을 받았다. 이 사건은 소련의 과학에 깊이 남을 손상을 입혔다.

역사학자 로버트 영^{Robert M. Young}은 그 시절을 다음과 같이 회고하고 있다.

> **1971년** 소련에 있었을 때, 생물학 분야에서 짐을 싸
> 과학사 분야로 안식처를 옮긴 난민 과학자들을 많이
> 만났다. 이들은 과학물 출판계에서 행해지는 엉터리
> 교육 과정과 검열이 초래한 최악의 결과에 관해 이야
> 기해주었다. **1938년부터 1960년대** 사이에 소련에
> 서는 단 한 권의 유전학 교과서도 출판되지 않았을 뿐
> 만 아니라 몇 세대가 지나는 동안 의대에서는 유전학
> 을 전혀 가르치지 않았다. 유전학에 대한 지식이 뻥 뚫
> 린 채로 의사가 진료 활동을 하는 것을 상상해 보라.
> 이 시기에는 리센코의 엉터리 생물학을 외우고 그대
> 로 재생해 내지 못하면 "멍청이"라는 말을 들었다. 이
> 문제에 대한 시험에서 낙방한 어떤 생물학자의 생생
> 한 증언이 아직도 기억난다. 반면 이런 체제의 그물망
> 에 구멍도 있었다. DNA에 대한 왓슨과 크릭의 원논문
> 이 뉴클레오타이드 화학에 관한 잘 알려지지 않은 책
> 에 게재됐는데, 이 책은 출판되자마자 매진됐다.[126]

영의 회고는 사실 리센코가 소련 과학자들의 생활에 끼친 피해에 대해 충분히 언급하지 않는다. 당시의 많은 과

학자는 리센코의 이론에 반대했다는 이유로 직업을 잃고 심지어는 목숨까지 잃었다. 예를 들어 윌리엄 베이트슨 William Bateson과 1913년부터 1914년까지 같이 연구 활동을 한 유전학자 니콜라이 바빌로프 Nikolai Vavilov는 멘델 유전학을 제일 먼저 받아들인 사람 중의 한 사람이었는데, 리센코의 과학 이론에 대해 줄기차게 비판을 했다.[127] 결국 그는 1940년에 경찰에 체포되어 1943년 감옥에서 영양실조로 죽었다.[128]

리센코 사건은 과학과 가치관이 섞였을 때 어떤 위험이 있는지를 보여 준다. 진부한 발견이지만 여기에 대해 두 가지 일반적인 관점이 등장할 수 있다. 먼저, 제대로 된 과학이라면 모든 정치, 사상 혹은 가치에 관한 것들이 전혀 포함되어서는 안 된다는 관점이다. 즉, 증거 자체가 진실을 보여줄 수 있도록 해야 한다는 것이다. 두 번째 관점은 리센코 사건이 과학사의 오점이긴 하지만, 스탈린 같은 독재자가 있어 정부의 희망 사항에 부합하는 그런 생물학을 요구한다는 점에서 아주 드문 일이라는 관점이다. 이 관점에서 보면 오늘날 과학자들은 편견에 사로잡혀 있지 않다. 앞으로 이 장에서 보겠지만, 이 두 관점 모두 그릇된 입장이다.

여성의 오르가슴

심장의 역할은 확실히 피를 온몸에 보내는 것이고 폐의 역할은 확실히 숨을 들이키는 것이다. 그런데 과학자들은 종종 인체 구조의 기능에 대해, 특히 그 구조를 원래 지니고 있었던 종이 멸종된 경우에는 의아하게 생각한다. 오리 주둥이 공룡으로 알려진 하드로사우루스 중 많은 종이 머리 꼭대기에 텅 빈 큰 볏을 하고 있었다. 이 볏의 기능은 무엇이었을까? 수중을 돌아다닐 때 공기탱크의 역할을 하는 일종의 스노클 혹은 소리를 키워주는 공명실의 역할을 했다는 추측이 있었다.[129] 하지만 마치 생물체를 구성하는 부분이 서로 완벽하게 물려 있기라도 하듯 모든 생물 기관이 나름의 고유한 기능을 지니고 있다고 생각해서는 안 된다.

남자 젖꼭지의 기능은 무엇인가? 기능이 없다는 것이 가장 그럴듯한 대답일 수 있다. 남자의 젖꼭지는 생존이나 번식 활동에 전혀 관여하지 않는다. 반면 여성의 젖꼭지의 경우 수유 활동에 있어 분명한 생물학적 역할을 한다. 어떤 유전자는 남자에게만 있고 어떤 유전자는 여자에게만 있는 것이 사실이지만, 난자에서 어른 개체로의 발달 과정을 겪는 대부분 유전자는 남녀에게 공통으로 발견된다. 남자가 젖꼭지가 있는 이유는 여성이나 남성 모두 대략 비슷한 성장 과정을 거치기 때문이고, 여성의 경우 수유를 해야 하므로 젖꼭지가 필요하다. 남자 젖꼭지의 경우 여성 수유에 의한 진화 부작용이다.

그렇다면 여성의 오르가슴은 어떤가? 여성의 오르가슴은 어떤 기능을 할까? 엘리자베스 로이드^{Elisabeth Lloyd}는 뛰어난 사례 연구를 통해 이 분야의 연구가 여러 가지 유형의 편견에 의해 영향을 받았다고 주장한다.[130] 성관계의 즐거움이 여성에게 더 많은 성관계를 가지게 해 활발한 생식 활동을 하게 한다는 사실에 로이드는 동의한다. 그가 문제시하는 것은 성적 쾌락이 가지는 일반적인 기능이 아니라 오르가슴 자체에 대한 구체적인 기능이다. 로이드에 따르면, 여성의 오르가슴에 대한 그럴듯한 가정 대부분이 남자의 젖꼭지와 마찬가지로 생존이나 생식 활동과 전혀 관계가 없다고 주장한다. 기껏해야 진화의 부작용인데, 이 경우는 남성 오르가슴을 뒷받침하는 신체 구조의 부작용이 되겠다. 로이드는 여성의 오르가슴이 생물학적 기능을 가지고 있다는 것을 뒷받침하는 자료가 나중에 발견될 수도 있다는 가능성을 인정한다. 다만, 현재까지 (그의 책이 2005년에 출판이 되었으니 그 당시까지라고 하는 게 더 정확하겠다) 발견된 증거에 의하면 결론이 부작용 가정 쪽으로 기운다는 말이다.

내가 여기서 부르는 "부작용" 가정을 받아들인다고 해서 로이드가 여성의 오르가슴이 중요하지 않다거나 상상의 산물이라거나 혹은 쾌락의 정도가 그리 크지 않다는 것을 말하는 것이 아니다. 로이드가 여성 오르가슴의 생물학적 기능에 대한 회의적인 관점을 지니고 여성 오르가슴을 무시한다고 그를 비판하는 사람들도 있었다.[131] 하지만 이런 비판은 공평한 비평이 아니다. 피아노를 치고 복잡한 수학 등식을 풀고 산문을 쓸 수 있는 능력 역시 생존이나 생식 활동과 거의 관계가 없지만, 누구도 그런 능력을 거짓 능력 혹은 하찮은 능력으로 여기지는 않을 것이다. 그렇게 여긴다면, 우리 조상의 생존과 생식 활동에 축구 기술이 아니라 빨리 달리기가 더 도움됐다고 생각하고 우사인 볼트가 리오넬 메시보다 더 중요한 운동선수라고 말하는 것과 같다. 오르가슴이 진짜일뿐더러 중요하다는 사실을 보여주기 위해 로이드는 원래 여성의 오르가슴을 지칭하기 위해 썼던 "부산물"이라는 말을 거의 쓰지 않고 있다. "부산물"이라는 말은 산업 쓰레기 혹은 마마이트잼* 같이 좋지 않은 이미지를 주었기 때문이

---

* 역주: 영국인들이 먹는 독특한 맛의 잼

다. 그 말 대신에 로이드는 "환상적인 보너스"라는 말로 여성의 오르가슴을 표현한다.

부작용 이론을 뒷받침하기 위해 로이드가 제시한 증거 일체를 여기에 요약하는 것은 불가능하지만 잠깐 소개를 할 수는 있다. 로이드의 입장은 기본적으로 여성들이 (오르가슴을 경험할 수 있음에도 불구하고) 성관계 중 자주 오르가슴을 경험하지 않으며 오히려 자위행위 시 더 쉽게 경험한다는 사실에 근간을 두고 있다. 이것은 여성의 오르가슴이 생식과 직접적인 관계가 없다는 것을 의미한다. 로이드는 여성들이 성관계 중 자주 오르가슴을 느끼지 못한다고 하는 미국의 생물학자이자 성 연구학자인 알프레드 킨제이Alfred Kinsey의 의견에 동의하는데, 킨제이는 구체적으로 다음과 같이 말했다. "성관계 시 여성은 남성보다 느리게 반응하는데, 효과적이지 않은 성적 기술이 그 원인인 듯하다."[132]

또한, 로이드는 여성의 오르가슴이 지닌 생물학적 기능에 대한 다양한 제안을 뒷받침하는 증거가 발견되지 않았고, 있다 하더라도 신빙성이 없다고 주장한다. 한 예로 동물학자 데스몬드 모리스Desmond Morris는 1967년에 여성의 오르가슴이 두 발로 걷는 동물이 중력 때문에 겪을 수 있는 큰 문제를 해결하는데 한몫을 했다고 주장한 바 있다.

과학한다, 고로 철학한다

그는 다음과 같이 말했다: "남성이 사정하면서 성관계가 중단되었을 때 여성이 수평으로 누워있게 할 수 있는 반응은 뭐든지… 유리하다. 여성이 오르가슴을 통해 보여주는 격렬한 반응은 여성에게 성적인 만족과 피곤함을 안겨 주면서 동시에 정확히 이런 역할을 한다."[133] 다시 말해, 오르가슴으로 여성이 지쳐 떨어져 가만히 누워 있게 되고, 그리고 이 체위의 도움으로 임신이 쉽게 된다는 것이다. 이와 비슷한 이론이 1980년도에 제기가 되었는데, 고든 갤럽Gordon Gallup과 수전 수아레스Susan Suarez는 "보통 사람의 경우 오르가슴을 경험한 뒤 5분 정도 휴식을 취해야 정상적인 상태로 돌아오는데 오르가슴을 하면서 정신을 잃는 사람들도 있다."라고 주장했다.[134]

로이드는 갤럽과 수아레스가 말하는 "보통 사람"이 절대 여성일 수 없다면서, 1948년 킨제이와 그 동료 학자들이 말한 것처럼 오르가슴 후에 5분을 쉬어야 하는 사람은 "보통 남자"라고 말했다. 또한 로이드는 남자와 여자가 오르가슴에 다른 반응을 보인다는 것을 보여주는 증거도 제시했다. 즉, 오르가슴 후에 남자들이 보통 드러눕는 것과 달리 여성들의 경우 흥분 상태가 지속된다는 것이다. 오르가슴으로 인해 배를 바닥에 두고 누워있는 여성의 이미지에 대해 로이드는 이것이 오르가슴을 누운 상태에서 여성이 경험한다는 것을 전제하고 있다고 꼬집었다. 그리고는 (모리스가 자신의 책을 쓸 당시에도 알려진 사실인데) 연구 결과 가장 효과적으로 음핵을 자극하고 오르가슴을 가져오는 자세가 여성 상위 자세라고 지적했다. 그런데 이 경우 오르가슴은 중력 때문에 정액이 새는 것을 막는 것이 아니라 오히려 정액이 새도록 조장하는 결과를 가져온다.[135]

모리스와 갤럽, 그리고 수아레스의 이론이 오래된 이론이기 때문에 쉽게 비판의 표적이 된다고 생각할 수 있다. 로이드는 그보다 훨씬 최근에 제기되었으면서 아직 영향력 있는 이론인 "업석 이론upsuck theory"[*]을 포함해서 여성의 오르가슴에 관한 많은 다른 이론들도 연구했다. 업석 이론이 기본적으로 주장하는 것은 여성이 오르가슴을 통해 정자를 질에서 생식관으로 빨아들여서 임신 가능성을 높인다는 것이다.

한 여성을 상대로 행해진 실험을 바탕으로 한 연구에서 자궁 내 압력이 진공청소기 역할을 할 수도 있다는 주장이 제기되었다. 하지만 로이드는 정자가 과연 오르가슴을 통해 자궁경관 혹은 자궁 자체에 빨려 들어가는지에 관한 의

---

[*] 역주: 빨아들이기 이론이라고도 불린다

문을 제기한다. 예를 들어, 로이드는 **1950**년도와 **1960**년대에 실험실에서 주로 시행되었던 성 연구의 선구자였던 매스터즈^{William Masters}와 존슨^{Virginia Johnson}이 한 연구를 인용하면서 "[정자가] 빨려 들어가는 효과는 전무"하며 또한 여성의 오르가슴에 따른 자궁의 수축이 정자를 빨아들이는 것보다 밀어낼 확률이 높을 수도 있다고 말했다.[136] 그는 아래의 말로 검토를 마무리 짓는다.

> … 오르가슴에 관련된 정자 빨아들이기 효과가 있다는 것을 이 세 연구 어디에서도 찾을 수 없다. 또 다른 연구의 경우 같은 여성에게 두 실험을 했는데 이것은 빨아들이기 효과 자체에 관한 것이 아니라 자궁 내 압력의 변화에 관한 것일 뿐이다.[137]

로이드가 **2005**년에 여성 오르가슴의 생물적 기능을 뒷받침하는 증거가 없다고 말했다고 해서 그런 증거가 전혀 발견되지 않을 것으로 생각할 만큼 우둔한 사람은 아니다. 로이드가 회의적인 입장을 내놓은 후 **10**년이 더 지났다. 세월이 흘렀지만, 여성 오르가슴의 생물적 기능 옹호자에게 줄 수 있는 최상의 판결은 아직도 미결정 상태라는 것이다.[138] 예를 들어, 2012년도에 나온 한 보고서의 경우 로이드의 회의적인 입장에 반해 "여성 오르가슴이 임신 가능성을 높여 준다는 여러 증거가 있다"라고 주장하고 있다.[139] 그 보고서의 저자들은 특수한 유형의 업석 이론에 근거를 두고 있는데, 이들은 오르가슴이 옥시토신 호르몬의 분비를 촉진한다고 주장한다. 또한, 이들은 옥시토신 호르몬이 정자가 자궁 속으로 "이동"하는 것을 도와준다고 말한다.

2005년에 이미 로이드가 여기에 대해 반대를 한 바 있다. 그는 오르가슴만이 옥시토신 분비 촉진자가 아닐뿐더러, 오르가슴에 의해 분비되는 옥시토신의 양은 적다고 지적했다. 오르가슴 없이 단순히 성적으로 자극만 되어도 옥시토신 분비량은 늘어난다. 오르가슴을 동반하지 않는 성적인 자극으로도 옥시토신 분비량이 늘어난다면 문제는 오르가슴으로 인한 옥시토신 분비량의 증가가 정자의 이동에 영향을 미칠만큼 큰가 하는 것이다.

성물리학자 로이 레빈[Roy Levin]은 최근 자신의 책을 통해 업석 이론에 대한 로이드의 비판에 더욱 강한 어조로 동참했다. 레빈은 업석 이론을 "좀비 가정[zombie hypothesis]"이라고 부르는데, 그 이유는 업석 이론이 증거 면에서 보았을 때 충분히 사라질만하고 실제로 죽은 것과 다름없는데도 무

과학한다, 고로 철학한다

덤에 가만히 누워있지 않고 돌아다니기 때문이다. 그는 옥시토신 분비와 정자 이동의 연관성을 보여주기 위한 실험에서 보통 오르가슴으로 분비되는 옥시토신보다 약 **400**배가 많은 옥시토신이 주입되었다는 것을 지적한다. 그렇다면 오르가슴이 정자 이동에 영향을 줄 만큼 충분한 양의 옥시토신을 분비시키는가를 문제시한 로이드의 말이 맞는 것이다.[140] 다른 여러 비판 외에도 레빈은 성적 흥분의 결과로 자궁경관이 사정된 정액과 멀리 떨어지게 되므로 오르가슴이 흡입력을 발휘한다 하더라도 정액을 빨아올리기에는 자궁경관이 너무 떨어져 있다고 주장한다. 그는 다음과 같은 직격탄으로 그의 입장을 마무리한다. "인간의 경우 암컷이 자연스러운 성관계에서 오르가슴이 정자 빨아들이기 횟수를 높인다거나, 빨아들이는 양을 증가시킨다거나, 혹은 두 경우가 동시에 일어나는 식으로 정자 빨아들이기를 촉진한다는 것을 뒷받침한다고 하는 경험적 증거는 모두 논란거리이다."[141]

여성 오르가슴의 기능을 뒷받침하는 증거는 없다는 로이드의 결론에 레빈은 동의한다. 그런데 이런 증거 불모지에서 학자들은 왜 이토록 오르가슴 기능론을 옹호하려고 하는 걸까? 여기에 대해 로이드는 두 가지 이유를 제시한다. 먼저

"적응주의^{adaptationism}"를 선호하는 편견 때문이라고 그는 지적한다. 아주 간단히 말해, 적응주의자는 생물체가 각각 고유의 특성을 지닌 부분으로 분해될 수 있다고 생각한다. 그들은 세탁기 분해 조립도를 보면 각 부분이 맡은 역할이 있듯이 신체 각 부분이 자체의 생존과 번식 기능을 지니고 있다고 여긴다. 앞에서 우리는 남자 젖꼭지의 경우처럼 신체 모든 부분이 고유한 생물학적 기능을 가지고 있다는 식으로 설명할 필요가 없다고 말했다. 그러나 여성 오르가슴을 연구하는 학자들의 경우 생물학적 기능 이론에 특별한 관심을 보이는데, 이런 특별한 관심으로 인해 자신들의 입장을 뒷받침한다고 여기는 증거들을 확대해서 보지만 자신들의 입장에 반한다고 여겨지는 증거들을 무시하게 된다.

두 번째로 더 재미있는 것은, 로이드의 지적처럼 학자들이 여성의 성을 남성의 성과 같이 취급한다는 점이다. 남성 오르가슴의 경우 분명히 생식 기능과 관련이 있고 성관계 중 주로 경험할 수 있으며 경험 후 남성들은 어느 정도 피곤함을 느낀다. 학자들은 이런 사실들을 여성의 오르가슴에 그대로 적용하게 되는데, 이것은 여성의 오르가슴과 성관계가 느슨하게 연결되어 있다는 사실을 뒷받침하는 수많은 증거를 흐리게 하는 결과를 가져온다. 여성의 경우 성교를 통

과학한다, 고로 철학한다

해 오르가슴을 경험하는 일은 드문 반면 자위 행위를 통해 훨씬 더 자주 오르가슴을 경험한다. 사실 영장류를 대상으로 한 로이드의 초기 성 연구 일부를 보면, 여성의 성이 생식과 긴밀한 관계가 있을 것이라는 추정이 다른 중요한 주제에 대한 연구 자체를 하지 못하게 하는 결과를 가져온다.

예전에 "피그미 침팬지"라고 불렸던 암컷 보노보의 경우 "성기-성기 맞비비기" 행위를 하는데, 이때 두 암컷이 서로 끌어안은 뒤 "음핵이 돌출된 외음부 앞 끝이 서로 닿는 상태에서 허리 부분을 좌우로 흔든다."[142] 이런 행위가 동성 간의 성행위인지 아니면 성행위가 아니라 사교 행위인지에 대해 한번 질문을 던져볼 만하다. 그런데 로이드에 의하면 학자들 일부가 인간 말고 다른 영장류의 경우 발정기, 그러니까 동물의 월경 주기 중 배란이 활발하고 특정 호르몬이 많이 배출되는 시기가 아니면 성관계를 하지 않는다는 가정을 하고 연구를 시작하기 때문에 이런 질문 자체가 제기되지 않는다. 이들 학자에게는 성기-성기 맞비비기 행위가 배란기가 아닌 때 일어나므로 성행위가 아닌 것이 된다. 따라서 이것은 중요한 실험 결과로 다루어지지 않는다. 배란기에 나타나는 행위만이 성적 행위라는 전제하에 드러난 하찮은 결과로 여겨지기 때문이다.

다윈의 자본론

　로이드의 연구가 우리에게 시사하는 바는 다양한 종류의 편견이 세계에 대한 진실한 그림을 왜곡시킨다는 것이다. 모리스의 연구가 엇나간 이유는 별생각 없이 여성의 성행위가 남성과 같다는 가정을 했기 때문이다. 보노보 연구 역시 진실을 벗어났는데, 이는 연구자가 의심도 해보지 않고 성적 행위가 생식 행위와 반드시 연관되어 있어야 한다고 가정을 했기 때문이다. 이들 학자는 자신들의 선입관을 내려놓고 증거 자체가 제시하는 사실에 집중했어야 했다. 이렇게 본다면 가치관이 들어간 과학의 경우 안 좋은 과학이 된다. 그렇다면 좋은 과학, 다시 말해 우리가 보여주었으면 하는 것이나 기대하는 것을 보여주는 것이 아니라 있는 사물의 있는 그대로를 드러내는 과학이란 진실을 왜곡하는 과학자의 가치관이 전혀 들어 있지 않다는 결론이 나온다.

　그런데 위의 결론을 반박할 수 있는 것이 찰스 다윈의 경우이다. 다윈은 물론 오늘날 박물학자로 알려져 있지만 오늘날 세계 각국 연구실에서 볼 수 있는 직업 과학자는 아니었다. 그는 한 번도 대학에서 월급을 받고 일하거나 학부 학생을 가르치거나 학술 보조금을 얻으려고 하지 않았

과학한다, 고로 철학한다

다. 그렇다면 다윈이 어떻게 평생 과학 활동을 할 수 있었을까? 대답은 그가 아주 부유했기 때문이다.

애초에 다윈은 아버지 로버트 다윈으로부터 상당한 유산을 물려받았는데, 아버지 로버트의 경우 의사였지만 부의 대부분을 운하나 도로 혹은 농업지에 투자해서 끌어모았다. 찰스 다윈은 아버지의 사업을 이었다. 책의 판매로 돈이 많이 들어온 것은 사실이지만, 대출을 포함한 투기와 부동산, 철도 등에 대한 계속된 투자로 끌어들인 수입이 책 판매 수입을 능가하고도 남았다. 간단히 말해, 다윈은 당시 빅토리아 시대 사업의 배경이 되었던 산업 자본주의 환경의 중심에 서 있었다.[143]

그런데 이런 자본주의 세계관은 다윈의 연구 활동을 도왔을 뿐만 아니라 연구 자체에도 반영되었다. 다윈의 이론은 시장 경제의 언어를 물씬 풍기며 거기에는 자신을 부유하게 해주었던 농업 개량에 대한 전망이 고스란히 들어 있다. 다윈의 저작에 드러난 이런 성격은 『종의 기원』이 나오고 나서 몇 년이 지나서야 알려지기 시작했다. 다윈을 극도로 따랐던 칼 마르크스는 엥겔스에게 다음과 같은 내용의 편지를 썼다.

노동 분화, 경쟁, 신시장 개척, "발명", 그리고 맬서스 Thomas Robert Malthus의 "생존 경쟁"이라는 요소가 들어 있는 영국 사회를 다윈이 동물과 식물 세계에서 보았다는 것은 참 대단한 일이다.

여기에 대한 마르크스의 말은 모두 맞다. 해당 생물학적 환경에 시간이 가면서 더 분화된 다양한 종이 생길 거라는 주장을 다윈은 자주 경제학적인 양식을 빌려 설명했다. 경제적인 경쟁이 상인들이 새로운 틈새시장을 공략하게 하는 것처럼, 생존 경쟁이 생물체가 새로운 생태계 내 틈새를 찾아내게 하는 것이다. 그뿐만 아니라, 경쟁이 노동의 분화를 가져오듯 원래는 몇 개 안 되었던 생물의 종이 시간이 흐르면서 감탄을 자아낼 정도의 분화된 종으로 다양화된다.

마르크스로부터 편지를 받은 지 몇 년 후인 1875년 11월, 엥겔스는 철학자 표트르 라브로프 Pyotr Lavrov에게 다윈에 대한 자기 생각을 담은 편지를 썼다.[144]

생존 경쟁에 대한 다윈의 이론 전체는 홉스의 "만인의 만인에 대한 전쟁" 및 부르주아 경쟁 경제 원칙에다 맬서스의 인구학 이론을 짜깁기해 인간 사회를 생물체의 환경으로 대치시킨 것에 불과하다. 이 마

술사의 술수로… 동일 이론은 자연현상에서 역사로
전이되었고, 이제는 이 이론이 인간 사회의 영원한
법으로서의 가치를 지닌다는 것이 입증되었다고 주
장한다.

엥겔스의 말은 마르크스와 그 어조가 상당히 다르다. 엥
겔스는 다윈의 이론이 부르주아 빅토리아 시대의 경제관
을 반영하므로 믿을 수 없다고 여기는 것 같다. 바로 이런
논리를 나중에 리센코가 받아들였는데, 그것은 맬서스가
다윈을 오도했다는 그의 주장에서 잘 드러난다. 그런데 엥
겔스의 이런 논리는 타당성이 있는가?

다윈이 자연 세계를 자본주의 안경을 끼고 본 것은 사
실이지만, 안경은 보통 사물을 더 자세히 보는 데 도움
이 된다. 만약 우리가 자연 세계와 시장이 전혀 다르지
않다고 생각한다면 다윈의 이론에 문제가 있을 수 있다.
여기에는 논변이 필요한데, 구체적으로 생물학적 종 내
개체가 생존과 번식을 위해 필요한 것을 확보하기 위해
하는 경쟁과 생산자가 고객을 확보하기 위해 하는 경쟁
사이의 유사성이 있다는 다윈의 입장을 약화하는 논변
이 필요하다.

자연 세계와 시장이라는 두 영역 사이에는 유사성이 있다. 예를 들어, 다윈의 아래 지적처럼 두 영역 모두에서 환경이 무르익으면 "보이지 않는 손"에 의한 것처럼 분화와 효율성 증가가 추구된다.

> … 한 종에서 나온 자손이 신체 구조, 체질 그리고 습성 면에서 다양해질수록 자연이라는 사회에서 다양화된 공간을 더 많이, 그리고 폭넓게 차지해서 번식을 잘 할 수 있을 것이다.[145]

빅토리아 시대의 자본주의가 다윈의 생각에 영감을 불어넣은 역할을 한 것은 사실이지만, 자연선택에 의한 진화론을 바탕으로 한 과학적 이론에 세세한 영향을 주지는 않았을 것이라고 칼 포퍼 식으로 논변을 펼칠 사람도 있을 것이다. 하지만 과학적 정당성의 문제를 가치의 문제와 분리하려는 노력이 적어도 다윈의 경우에는 부질없는 것 같다. 이미 다윈은 시장 원리에 기초해 다양성을 설명한 바 있다. 그는 최초에 비슷한 모습을 지녔던 생명체 사이에서 자연선택이 어떻게 다양성을 추구할 수 있는지를 설명하며 왜 생명체가 지닌 다양성의 주된 원인이 자연선택이라고 하는

과학한다, 고로 철학한다

것이 바른지를 보여줬다. 사실, 과학의 이미지를 회복하려는 목적으로 과학적 정당화 작업에서 가치를 배제하려고 하는 노력은 쓸데없는 노력이다. 그 이유는 문제가 되는 것이 다윈이 부르주아 사상에 영향을 받았는가 하는 것이 아니라, 그 사상이 자연 세계의 현상에 대한 원리를 밝혀냈는지, 아니면 왜곡시켰는지 하는 것이기 때문이다.

어떤 경우에는 이론이 자본주의의 영향을 받고 어떤 경우에는 마르크스주의의 영향을 받기도 한다. 지난 30여 년 동안 진화 이론가들은 모든 종류의 생명체가 자신이 사는 환경을 여러 방식으로 적극적으로 만들어 간다는 사실에 주목해 왔다. 비버는 댐을 만들어 포식자의 접근을 막는 한편 먹이에 더 잘 접근하기 위한 목적으로 웅덩이를 만든다. 지렁이의 경우 점액을 분비해 그것으로 땅굴 속 벽을 도배하는데 이런 식으로 자신의 반수중半水中 체질에 맞는 습한 환경을 조성한다. 이런 예는 진화 과정을 능동적인 환경의 힘에 생물체가 희생자처럼 수동적으로 적응하는 것으로 여기는 것이 얼마나 틀린 생각인지 잘 보여준다. 진화의 역사를 이해하는 데 있어 생물체의 능동적인 역할을 강조하는 "틈새 공략"이라는 관점은 아주 유용하다.[146] 이 이론의 뿌리는 하버드대 생물학자로 자칭 마르크스주의자인 리처드 르원

틴^{Richard Lewontin}의 저서에서 찾을 수 있는데, 그는 진화를 마르크스주의 용어를 써서 생물체와 환경의 변증법적 상호작용으로 표현했다.[147]

다윈과 리센코의 경우를 보고 우리는 자본주의적 성향은 자연을 맞게 기술하는 반면 마르크스 성향은 왜곡한다고 성급한 결론을 내리지 말아야 한다. 또한, 다윈의 사업가적 관점 덕분에 세계에 대해 다른 과학자가 놓친 점을 보게되었다는 점에 동의한다고 해서 우리가 자본주의적 세계관 일체 혹은 많은 부분을 수용할 필요도 없다.

기후 변화와 의사소통

과학자의 가치관이 과학적 지식을 획득하는데 한몫을 한다는 사실을 앞에서 이야기했다. 그런데 그것은 과학적인 지식을 정책 설립에 이용할 때도 한몫을 한다. 이것에 대해 알아보려면 앞에서 그랬듯이 일단 과학에서 한발짝 떨어져 생각해 보는 것이 도움된다.[148]

친구가 차 한잔을 하려고 여러분의 집에 들렀다고 생각해 보라. 오늘 아침에 들렀던 가게에서 산 케이크를 친구에게 한 조각 크게 썰어 내놓는다고 하자. 케이크를 입에 넣기 직전 친구가 "이 케이크에 견과류가 들어 있니?"라고 묻는다. 이렇게 물어보는 이유가 친구가 단지 견과류를 좋아하지 않아서라면 여러분은 케이크의 맛을 떠올리고는 "아니"라고 간단히 대답할 것이다. 그런데 만약 견과류가 몸에 문제를 일으킬 수 있어 한 질문이라면, 첨가물 표를 들여다본 뒤에 "아니"라는 대답을 할 것이다. 그런데 이번에는 미량의 견과류라도 심각한 알레르기 증상을 일으킬 확률이 높아서 한 질문이라면, 첨가물 표를 꼼꼼히 살펴본 뒤 케이크에 전혀 견과류가 없다는 확인을 한 후에야 "아니"라고 말할 것이다.

이 케이크의 예에서, 친구에게 "아니"라는 답변을 하기 전에 확보해야 할 증거는 실수가 가져오는 위험의 정도에 비례해 늘어난다. 만약 여러분이 견과류가 들어 있지 않다고 했는데 그 틀린 답변이 가져오는 피해가 친구가 즐기지 않는 맛의 케이크를 먹은 것에 불과하다면, 피해가 크지 않기 때문에 대답에 대한 근거를 찾으려는 노력을 별로 하지 않고 답변을 해도 무방하다. 그런데 견과류가 없다고 잘못 말했다가 친구의 생명을 위협하는 일이 생긴다면, 분명 여러분은 답변하기 전에 한참 동안 생각해 보게 될 것이다.

견과류 케이크와 과학적 견해가 무슨 상관이 있느냐고? 보건부 장관이 이동 전화가 가진 건강상 위험에 대해 보고서를 작성해 달라고 부탁한다고 해보자.[149] 그리고 그 보고서를 작성해야 하는 담당 과학자가 이동 전화 과다 이용 시 두뇌에 손상을 줄 수 있다는 내용을 담고 있지만 설계가 제대로 안 된 연구를 발견했다고 하자. 이 연구의 문제가 이동 전화를 쓰고 난 뒤 뇌 손상을 입은 소수의 사람을 관찰했지만, 이동 전화를 한 번도 쓴 적이 없는 사람들이 뇌 손상을 일으키는 경우와 비교를 하지 않은 것일 수도 있다.

이 경우 방법론 자체가 틀렸기 때문에 담당 과학자가 이 연구 결과를 모두 무시해도 괜찮을까? 그렇게 하면 너무 선부른 행동이 될 것이다. 이 연구 결과를 뒷받침하는 증거가 매우 빈약하지만, 오판이었을 경우 상당한 위험—이 경우 연구를 무시해서 실제로 피해가 생길 수 있는 위험—이 따르기 때문이다. 바로 이런 이유로 만약 여러분의 친구가 견과류를 먹었을 때 죽을 수 있다면 견과류가 있을 리가 거의 없는 경우라도 친구에게 케이크에 혹시 들어 있을 견과류에 대해 경고를 해주어야 한다.

위의 가정 속의 과학자가 가치를 완전히 배제한 채 단순히 발견한 증거 일체를 그대로 기록해 보고서를 작성하면

과학한다, 고로 철학한다

되지 않을까? 그것에 대한 대답은 보고서를 무한정으로 쓸 수 없으므로 어떤 증거가 관련 증거인지 늘 판단을 해야 한다는 것이다. 제대로 계획이 되지 않은 연구를 포함해야 하는지에 관한 문제에 부딪혔을 때 과학자는 지금 무시한 연구가 나중에 중요한 단서가 되는 정보가 있는 연구로 알려지는 경우 초래될 결과의 중요성에 대해 생각을 해봐야 하는데, 이것은 그 결과에 대한 도덕적인 중요성을 고려해야 한다는 말이기도 하다. 그렇다면 가치의 문제는 책임감 있는 과학 활동에서 피할 수 없는 문제이다.

이런 문제는 이동 전화 사용이라는 가상 상황을 통해 지어낸 철학자의 단순한 추상적인 생각이 아니다. 최근 동료 학자 스티븐 존Stephen John이 보여준 것처럼, 바로 이런 문제들이 세계기상기구IPCC가 발행한 보고서를 둘러싸고 제기가 되었다.[150]

약 5년을 주기로 세계기상기구는 "평가 보고서Assessment Report"라고 불리는 문서를 발행한다. 이 보고서의 목적은 정책 입안자들에게 "기후 변화에 대한 과학·기술·정치·사회적 지식과 그 원인, 초래될 수 있는 결과 및 대응책"을 요약해 주는 것이다. 하지만 이 문제에 대한 전체 지식을 하나로 묶어내야 하는 경우 어떤 자료를 선택해야 하는가? 여기에 대해 세계기상기구는 "동료에 의해 심사된 과학·기술·정치·사회 문헌을 우선시한다"고 대답한다.

동료심사 제도는 엄격한 품질 관리제이다. 보통 보고서에 들어가는 정보 자료에 동료심사를 함으로써 세계기상기구는 보고서의 근간이 되는 자료에 오류가 있을 확률을 줄이게 된다. 이런 절차는 항상 좋은 관례라고 생각하기 쉽다. 하지만 동료심사를 거치지 않은 연구 중에 비록 오류가 많긴 하지만 소홀히 했을 때 큰 재앙을 가져올 수 있는 중요한 사실을 담고 있는 연구가 있을 수 있다. 서남극 빙상의 견고함에 대한 세계기상기구의 평가가 바뀌는 것을 분석해 존은 이런 문제가 실생활에 끼치는 영향을 우리에게 보여준다. 그의 분석은 기후 전문가와의 인터뷰를 포함해 제시카 오릴리Jessica O'Reilly와 그 동료가 한 중요한 사회학적 연구에 바탕을 두고 있다.[151]

2001년 3차 평가 보고서를 발표하면서 세계기상기구는 서남극 빙상의 붕괴로 해수면이 올라갈 수 있다는 가능성을 제기했다. 보고서는 장기간 빙하 붕괴의 위험에 대해서는 "높은 불확실성"이 있다는 것을 인정했지만 2100년 전에 빙하가 붕괴할 위험은 전혀 없다고 발표했다. 하지만 2007년 세계기상기구의 4차 평가 보고서가 나왔을 시점에는 이런 합의에 커다란 변화가 있었다. 앞으로 한 세기 동안은 서남극 빙상이 끄떡 없을 거라는 이전의 주장과 달리 4차 보고서는 서남극 빙상이 이미 붕괴 과정에 들어갔는지도 모른다고 발표했다. 이런 가능성을 인정했음에도 불구하고, 장단기 동안의 서남극 빙하 붕괴율을 측정하려는 노력이 없었기 때문에, 4차 보고서의 미래 해수면 상승 예측에는 붕괴하고 있는 서남극 빙하에 대한 자료가 전혀 포함되지 않았다.

왜 4차 보고서에는 서남극 빙하의 붕괴 예측 수치가 포함되지 않았는가? 사실 4차 보고서가 발표되기 훨씬 이전에 그런 예측 수치를 낼 수 있는 자료와 가설이 나왔지만, 문제는 이것이 동료심사 과정을 거치지 않고 출판이 되었다는 것이었다. 한 과학자는 오릴리와 동료에게 다음과 같이 불평을 터뜨렸다. "세계기상기구가 동료심사를 거친 연구 결과만을 근거로 하므로 제대로 일을 할 수가 (즉, 서남극 빙하 붕괴의 영향에 대한 예측 수치를 제공할 수가) 없었어요." 물론 세계기상기구가 동료심사를 거치지 않은 결과를 보고서에 포함하기 시작하면 보고서에 오류가 들어갈 확률이 커지는 것이 사실이다. 하지만 오류를 포함했을 때 생길 수 있는 문제와 중요한 연구를 신속하게 보고서에 포함했을 때 따를 수 있는 혜택을 함께 고려해야 한다. 세계기상기구는 오류와 혜택 사이에서 균형을 잡아야 하는 입장이므로, 보고서에 가치관을 절대로 배제해서는 안 된다. 이 말은 세계기상기구 보고서가 부적합하다거나 불공정하게 한편에 치우쳐 있다는 말이 아니다. 다만, 빈약하지만 의미심장한 결과를 초래할 수 있는 증거를 포함해야 되는지에 대한 가치 판단을 할 때 현실도 고려해야 한다는 뜻일 뿐이다.

합리적인 예방책 수용

오류의 대가와 적시 대응의 혜택 사이에서 하는 고민은 유럽 연합을 포함한 지역에서 환경 및 건강 정책을 세울 때 아주 중요한 원칙인 "사전 예방 원칙precautionary principle"에 큰 힘을 실어준다.[152] 사전 예방 원칙에 대해 합의된 공식적 의미는 없지만, 건강이나 환경에 잠정적으로 크게 해가 될 수 있는 위험에 대해 다룰 때는 나중에 후회하는 것보다 안전한 것이 낫다는 것이 그 비공식적인 뜻이다.

이해가 가겠지만, 비평가들 중에는 사전 예방 원칙이 기술 발전을 저해하고 "유령 위험"에 대해 과민하게 규제적인 반응을 보이게 만든다고 생각하는 이들도 있다. 이런 적대적인 반응은 쉽게 수긍이 가는데, 그 이유는 사전 예방 원칙이 어떤 행위가 심각한 위험을 초래할 가능성이 있다면 근거가 아주 빈약하더라도 그 행위를 금하기 때문이다. 이런 식으로 사전 예방 원칙을 이해하는 경우, "슈퍼 잡초 super weeds"가 자연계를 뒤집어놓을 수 있다는 의혹의 그림자만 비쳐도 유전자 조작 작물을 금해야 한다는 결론이 나온다. 또한, 이런 방침은 과학자들이 새로운 약품이나 새로운 임신 촉진 치료가 안전하다는 것을 확실하게 입증하는 것이 불가능하므로 의학의 진보를 가로막게 될 것이다.

이런 유형의 사전 예방 원칙은 사실 과학 기술에 반하는 것이다. 2009년부터 2012년 사이 오바마 정권에서 규제의 제왕으로 일한 경력이 있는 학자 법률가 캐스 선스타인Cass Sunstein이 주장하듯, 이런 원칙의 진짜 문제는 그것이 일관성이 없다는 점이다.[153] 즉, 기술에 대한 찬반 같은 입장을 전혀 밝히지 않는다. 뒷받침할 증거가 전혀 없지만 이동 전화가 뇌 손상을 일으킬 수 있다고 의심한다고 해보자. 또한, 동시에 똑같이 뒷받침할 증거가 없는데도 집에 전화할 수 있으므로 이동 전화가 유괴로 인한 살인을 방지한다고 생각한다고 해보자. 이 경우 사전 예방 원칙을 따르면 이동 전화의 사용을 금해야 한다는 것과 금하지 말아야 한다는 결론이 동시에 나온다. 사전 예방 원칙이 전혀 도움되지 않는 것 같다.

하지만 다행히 사전 예방 원칙을 폐기할 필요는 없다. 사전 예방 원칙의 중요성이 여러 차례 강조되었는데, 그중 하나가 1992년 리우데자네이루에서 개최된 유엔환경개발회의에서였다. 리우 성명 제15원칙은 "심각하고 회복 불가능한 피해의 위험이 있는 경우, 환경 쇠퇴를 방지할 수 있는 비용 효율이 높은 정책이 있는데 그것이 충분한 과학적 확실성이 없다는 이유로 그 도입을 연기하지는 않을 것이다"라고 못 박고 있다.[154] 재난의 가능성이 있는 행동 방침은 무조건 거부해야 한다는 것을 이 원칙이 말하는 것이 아니다. 사실 재난의 가능성은 어디서나 쉽게 찾을 수 있으며 보통 그럴 가능성은 우리가 어떤 선택을 하든 따르기 마련이다. 예를 들어, 유전자 조작 곡물의 개발을 허락하면 슈퍼 잡초가 생태계에 군림할 가능성이 있지만, 유전자 조작 곡물의 개발을 중단했을 경우 가뭄이 가져다주는 피해 기간이 늘어날 가능성이 있다.

리우 성명이 전달하고자 하는 바를 정확히 알기 위해 다시 한번 케이크의 예로 돌아가 보기로 하자. 그런데 이번에는 어린 아이들이 참석한 파티에서 내가 케이크를 나눠 준다고 생각해보자. 케이크에 견과류가 들어 있었던 것을 희미하게 기억하지만, 포장 상자를 버렸기 때문에 확실히 모르는 상태라고 해보자. 아이들의 부모들에게 그 케이크에 견과류가 들어있다는 것을 경고한다고 해보자. 이 케이크에 견과류가 들어있다는 사실이 확실히 판명되었을 때 비로소 경고해야 한다는 주장은 물론 말이 되지 않는다. 이런 경고의 말이 초래할 대가는 거의 없다. (사실은 견과류가 들어 있지 않은 케이크인데 그걸 모르고 안 먹기로 한 운 나쁜 아이들 한두 명을 빼놓고는) 피해자도 거의 없을 것이며, 또한 혹시 일어났을지도 모르는 심각한 결과의 초래를 막을 수도 있다. 리우 성명은 이런 상식을 입법화해서 피해를 줄일 수 있고 또 비용 효율적인 행동이 있는데 과학적인 확실성이 없다는 이유로 그 행동을 금해서는 안 된다고 말하고 있다.

어떤 경우에는 이런 사전 예방 원칙이 기술에 반대하는 것이 아니라 찬성하는 것이 된다. 예를 들어, 임상 실험의 초기 증상에 근거했을 때 표준 치료법 대신에 새 약을 쓰면 엄청난 혜택이 있고 수많은 목숨을 살릴 수 있는 것으로 보이면, 그 효력에 대한 확실성이 부족하더라도 이 약을 조심스러운 관찰을 병행하면서 더욱 널리 보급할 수 있어야 한다.

"사전 예방 원칙"이라는 말이 상황에 대해 무지한 경우에 행동 지침을 알려줄 수 있는 것으로 이해될 수 있으므로, 과학적 오류의 가능성을 인정하면서 오류의 대가를 염두에 두고 있는 상태를 의미하는 "사전 예방 입장precautionary stance"이라는 말로 바꾸는 것은 어떨까? 입장이라는 말은 우리의 행동을 원하면 되돌릴 수 있다는 뜻을 상기시키는데, 이 경우실수를 했다는 것을 깨닫는 순간 우리가 선택한 행동의 결과로 일어난 피해를 만회하거나 최소한 줄일 수 있게 된다.

예를 들어 2006년 3월 영국의 노스윅 파크 병원에서 TGN1412로 알려진 소염제 임상 실험 중에 참가했던 건강한 남자 여섯 명이 심각한 부작용으로 인해 생명을 위협받는 상황에 부닥치게 됐다.[155] 물론 환자들이 그 약을 더 간격을 두고 복용을 했더라면 상황이 훨씬 나았을 것이다. 만약이렇게 했다면 참가자 전원이 위험에 노출되기 전에 임상실험이 중단되었을 수도 있었을 것이다.

권위 있는 사회학자 울리히 벡Ulrich Beck은 과학적 순수성을 고집하는 관습이 정책이라는 현실적인 영역으로 옮겨졌을 때는 재난을 가져올 수 있다고 다음과 같이 극적인 표현을 써가며 주장한다.[156]

> 과학자들은 자신들의 연구의 "질"을 고집할뿐더러
> 직업적 및 물질적인 성공을 보장하기 위해 엄격한
> 이론적 및 방법론적 잣대를 고수한다… 이런 연관성

과학한다, 고로 철학한다

을 만들지 않는 것이 과학자에게는 보기도 좋고 또
일반적으로 칭찬받을만한 행동이다. 그런데 다루는
대상이 위험한 것인 경우 피해자들에게는 그 반대
가 사실이다. 즉 환자들 자신이 위험을 배가하게 된
다… 솔직히 말하면, 과학자들이 지닌 과학적 분석
의 순수성에 대한 고집이 공기와 먹거리, 물, 땅, 식
물, 동물 그리고 인간의 오염과 공해를 일으켰다.

벡에 의하면 과학자들은 높은 확실성을 가지고 입증되지
않는 한 화학 물질과 건강의 위험 사이에 인과 관계가 있다
는 주장을 하는 것을 망설인다. 나아가서, 그는 과학자들의
이런 망설임 뒤에는 부분적으로 개인적인 부와 성공에 대한
과학자들의 욕심이 숨어 있다고 지적한다. 내 생각에 이런
말은 불필요하게 과학자들을 자극하는 말인 것 같다. 과학
자들이 탄탄한 연구를 고집하는 데는 충분한 이유가 있다.
과학적인 연구가 누적 작업의 성격을 띤다면, 그러니까 후
세대가 선배 세대들의 작업을 바탕으로 연구를 이어가야 한
다면, 그 바탕을 튼튼히 하는 것은 중요한 일이다. 즉, 현재
과학적 지식 체계가 가능한 한 오류가 없도록 해야 한다.
이런 이유로 자신의 연구가 과학 지식 체계에 포함될 만
큼 믿을만하다는 평가를 받기 위해 과학자는 무거운 입증

책임을 안고 있다. 과학적 연구가 정책 입안에 쓰일 경우 왜 과학자들이 증거에 따른 신빙성에 대한 타당한 관심을 접어야 하는지 이 장에서 충분히 이야기했다. 완만하게 성장하는 믿을만한 정보 체계를 어떻게 조율하는가 하는 것은 정부와 정부에 자문을 하는 과학 정책 위원회들의 주된 임무가 아니다. 이들의 관심사는 시민들의 건강과 안전이다. 이런 이유로 적시 행동의 필요성으로 인해 정책 입안자들은 종종 설계가 제대로 안 되고 오류가 있는 연구에 따라 행동을 취하기도 한다. 다급하게 취한 방법이 반드시 안 좋은 결과를 일으키는 것은 아니다. 사전 예방 입장이 이런 사실을 우리에게 상기시킨다.[157]

6

인간적인 친절

Human Kindness

사회적 행동을 연구하는 진화론자들은 인간이 타인을 도와주는 데는 한계가 있다는 것을 다시 한번 확신하고, 인간이 진화 과정을 통해 어떻게 그렇게 행동하는지를 보여주는 기발한 설명 도구를 지난 몇 년간 개발해 왔다. 이 장에서는 도덕 행위의 진화론적 기원을 설명하려고 할 때 드러나는 혼란에 대해서 다뤄보고자 한다.

우리 자신에게 관대함과 이타주의를 가르치도록 해보자.
우리는 모두 이기적으로 태어났으니 말이다.
　　　　　　　　　　　　　　　　　　― 리처드 도킨스

이타주의자에게 상처를 내보라

진화는 우리를 선하게 만들었을까, 아니면 악하게 만들었을까? 이 질문에 대한 박물학자들의 답변은 시소를 타듯 왔다 갔다 했다. 여전히 찰스 다윈은 인간의 도덕심에 대한 암울한 관점의 주창자로 종종 거론된다. 인간의 현재 몸과 심리 상태는 약자가 제거되고 강자가 살아남는 전쟁을 치른 결과이다. 우리의 행동 동기가 수백만 년 동안의 혈투를 치르는 동안 형성이 되었으니 승리자, 즉 현대인들은 개인적인 우위를 확보하는데 강철같은 집중력을 지닌 사람들이라고 여길 수 있다. 하지만 다윈은 이렇게 생각하지 않았다. 그는 『인간의 유래』의 상당 부분을 인간의 도덕적 진화를 다루는데 할애했는데, 거기서 그는 다양한 진화 과정을 통해 인간이 타인의 욕구를 본능적으로 느끼게 되고 그 느끼는 정도가 지적인 반성을 통해 더 예민하고 효과적으로 되었다고 말한다.[158]

최근에 내가 보여주려고 했던 것은 인간 도덕성의 근본 원칙인 사회적 본능이 적극적인 지성의 힘과 습관의 힘의 도움을 받아 자연스럽게 "남에게 대접을 받고자 하는 대로 너희도 남을 대접하라"는 황금률을 탄생시켰고, 이것이 이후로 도덕의 근간이 되었다는 사실이다.

진화가 인간을 이기적인 괴물로 만들었다는 것은 다윈의 주장이 아니다. 다윈의 주장은 진화 과정을 통해 기독교 윤리가 민감한 우리 두뇌에 각인되었다는 것이다.

이런 생각이 1870년대에는 여전히 지혜로 여겨졌다. 그런데 1970년대에 이르러서는 인간의 동기에 대해 훨씬 더 냉소적인 해석을 내리는 생물학자들이 왕왕 등장했는데, 이들은 다윈의 진화론보다 자칭 더 세련된 진화론으로 자신들의 이론을 합리화하려고 했다. 예를 들어 유명한 진화론가 기셀린Michael Ghiselin은 다음과 같이 말한다: "만약 자연선택론이 사실이고 이것만으로 현실에 대한 설명이 충분히 된다면, 인간의 행동이 순수하게 중립적이거나 '이타적인' 행동으로 진화한다는 것은 불가능하다."[159] 진화가 인간을 이기적으로 만들었다는 것이 기셀린의 입장인 듯하다. 물론 술수와 거짓도 전략 면에서 진화적 우위를 가져다 주기 때문에 자기가 이기적이라는 것을 인정하지 않을 사람도 있다는 것도 알고 있다. 기셀린은 다음과 같이 신랄하게 덧붙인다: "이타주의자에게 상처를 내보라. 그러면 우리는 피를 흘리는 위선자를 보게 될 것이다."[160]

사회적 행동을 연구하는 진화론자들은 인간이 타인을 도와주는 데는 한계가 있다는 것을 다시 한번 확신하고, 인간이 진화 과정을 통해 어떻게 그렇게 행동하는지를 보여주는 기발한 설명 도구를 지난 몇 년간 개발해 왔다. 이 장에서는 도덕 행위의 진화론적 기원을 설명하려고 할 때 드러나는 혼란에 대해서 다뤄보고자 한다.

이기성과 이타성

냉소가들은 타인의 행동을 인색하게 평가하는 경향이 있다. 어떤 사람이 선한 의도로 도와주는 것 같은 행동도 냉소가는 후한 인심이 있는 것처럼 다른 사람에게 잘 보이려고 하는 행동이라고 여긴다. 유명한 팝스타가 세계 정의를 위해 캠페인을 벌이면 냉소가는 세계경제포럼에 참여하는 엘리트 인사들과 시간을 보낼 기회를 찾고 있다고 생각한다. 냉소가의 심술궂은 입장도 근거가 있어야 한다. 그러지 않고 사람들이 근본적으로 이기적이라고 하는 것은 대담한 가설에 불과하다. 다윈은 어떤 행동의 경우 계산을 할 수도 없을 정도로 빨리 일어나는데, 그렇다고 이 행동이 이기적인 동기에서 비롯된다고 말하는 것은 무리가 있다고 생각했다.[161]

> … 많은 문명인이, 심지어 남자아이들도… 자기 보존 본능을 무시하고 생판 모르는 사람이 물에 빠지자 급류 속으로 뛰어들었다… 이런 행위는… 생각이나 기쁨이나 고통 같은 것을 느낄 겨를이 없이 순식간에 일어난다.

그렇다면 인간에게 있어 냉소주의가 행동의 근본이 되지 않는데도 왜 우리는 종종 그렇게 생각하는 것일까?

대답은 진화론적인 입장에서 본 인간의 이미지와 인간 도덕성의 냉소적인 이미지 사이에 존재하지 않는 연결고리가 사실은 존재한다고 착각하기 때문이다. 진화를 두 개체 사이의 투쟁에 관한 문제라고 생각할 수 있다. 이 경우 환경에 더 적합한 개체가 지배자일 확률이 높고, 또한 그러한 특성을 보인 생명체가 자연선택으로 생존하게 될 것이라고 생각할 수 있다.

과학한다, 고로 철학한다

이런 입장은 다윈 자신이 한 말 일부에서 비롯되었다. 그는 자연선택이 "오직 개체에 의해, 개체만을 위한" 것이라고 말했다.[162] 이타적인 특성이 자연선택되지 않는다면 오직 이기적인 특성만이 자연선택된다고 생각하기 쉽다. 그래서 현세기 초에도 권위 있는 사회생물학자 리처드 알렉산더[Richard Alexander] 같은 사람들의 경우, 윤리적으로 보이는 투자가들의 내심에 대해 의심의 눈초리를 던진다.[163]

> 이타적인 동기에서 주식 시장에 투자한다는 것을 상상하기는 힘들다. 의식하지 못한다 하더라도 투자에 대한 어떤 식의 이익이 포함된 표현형 보상*에 대한 기대 없이는 친척 일을 빼놓고는 그 무엇에도 투자하지 않는다고 봐야하지 않을까?

알렉산더는 다윈의 이론과 상당히 다른 독특한 다윈주의를 견지하는데, 그는 이타주의란 없다고 생각한다.

인간이 자식을 돌보는 사실 자체는 인정하지만, 그것 역시 일종의 이기적인 행위라고 그는 지적한다. "생식 행위

---

* 역주: 겉으로 드러나는 보상

자체가 생식자의 삶에 이익이 되는 이기적인 행위이다."라고 그는 말한다.

이 장의 나머지 부분에서 나는 알렉산더의 저서가 제기하는 이런 식의 생각이 최고의 생물학 연구를 왜곡한 결과라는 것을 다루겠다. 진화론적 연구가 인간 도덕성에 대한 냉소주의를 강화한다는 근거는 그 어디에도 없다. 오히려 진화론적 연구를 통해 우리는 온갖 유형의 친절함이 인간 세계에 존재한다는 것을 알게 된다.

이타주의의 두 가지 유형

이타주의와 냉소주의에 대한 의견이 혼란스럽게 우후죽순처럼 생겨나는 것을 바로잡기 위해서는 먼저 개념을 잘 정리하는 게 필요하다. 어떤 식으로든 이타주의는 타인의 이익에 관한 것이고 이기주의는 자기 자신의 이익에 관한 것이다. 그런데 우리가 어떤 사람이 이타적이라고 할 때는 정확히 무엇을 뜻하는 것일까? 그것은 그 사람의 성품에 대한 지적일 수 있다. 더 구체적으로 말해, 그 사람의 행동 동기에 대해 지적할 수 있다. 즉, 이타적인 사람은 타인의 안녕을 염두에 두고 행동을 하고, 이기적인 사람은 자신의

과학한다, 고로 철학한다

이익을 염두에 두고 행동한다. 이것을 "심리적 이타주의 개념"이라고 정의하기로 하자.

먼저 알아야할 것은 이 정의가 심리적인 동기에 관한 것이기 때문에 심리적 상태를 가진 생명체에게만 적용된다는 사실이다. 박테리아가 깜짝 놀랄만한 일을 할 수도 있지만, 이성에 바탕을 두고 행동을 한 것이 아니므로 박테리아의 행동 동기를 묻는 것은 말이 되지 않는다. 박테리아는 자신을 포함해서 그 어느 것도 신경을 쓰지 않는 한없이 태평스러운 존재이다. 이런 심리적 이타주의의 또 다른 특징은 성공적인 결과와는 관계가 없다는 것이다. 다시 말해, 심리적 이타주의의 평가 척도는 어떤 사람이 어떤 동기로 구체적 행동을 했느냐 하는 것이지, 그 행동이 다른 사람에게 도움이 되었는가 하는 것이 아니다. 심리적 이타주의자의 애초 계획이 빗나가 결과적으로 다른 사람들보다 자신에게 더 이익이 되는 결과를 초래했다 하더라도 그 사람이 심리적인 이기주의자가 되는 것은 아니라는 말이다.

동기에 초점을 두고 있는 이런 심리적인 정의는 진화론자들 사이에 흔히 찾을 수 있는 생물학적 이해에 바탕을 둔 이타주의와 대조된다. 자연선택을 단순하게 이해하면, 특정한 유형의 이타주의가 문제가 된다. 예를 들어, 행동을 유발하는 심리적 요인에 따라 이타주의를 이해하지 않고 어떤 행동이 타인의 생존과 생식에 끼치는 영향에 따라 이해한다고 해보자.

남극의 겨울을 나는 수컷 황제펭귄의 불행이 그 좋은 예이다. 이 펭귄은 영하 45℃로 떨어지는 온도와 초속 50m로 불어대는 바람을 견뎌내야 한다. 그뿐만 아니라 그러면서 알을 품고 있는데, 그동안 아무것도 먹지 않는다. 이런 혹독한 조건을 견뎌내기 위해서는 서로 꼭 껴안고 있어야 한다. 그래서 이 펭귄들은 꽁꽁 얼어붙은 빙판에서 제곱미터 당 스물한 마리가 한꺼번에 붙어 지낸다. 덕분에 이 펭귄들의 아늑한 몸뚱어리 사이 온도는 37℃까지 올라간다.[164] 물론 무리의 맨 끝에 있는 펭귄의 경우 훨씬 추위를 타게 되지만, 하나씩 돌아가며 바깥 자리로 가기 때문에 모든 펭귄이 도움을 받게 된다. 그런데 이 중 비양심적인 펭귄이 있어서 바깥쪽으로 나가지 않고 무리의 한가운데에 계속 버티고 있으려고 한다고 해보자. 이 펭귄의 경우 아무 기여도 않고 무리의 도움을 받기만 한다. 이런 파렴치 펭귄과 비교했을 때 교대를 하는 펭귄은 자신보다 파렴치 펭귄에게 더 많은 도움을 주는 행위를 하므로 이타적이라고 할 수 있다.

진화론자에 의하면, 보통 "생물학적 이타적 행위"는 행위를 하는 개체, 즉 "행위자"가 자신의 생존 및 생식 능력을 해치면서 타인, 즉 "수용자"의 생존 및 생식 능력을 증진하는 행동으로 이해된다. 다시 말해, 이타적인 행위는 행위자의 생식적 적합성^{fitness}을 낮추면서 수용자의 생식적 적합성을 높여 주는 행위를 가리킨다. 생물학적 이타주의는 심리적 이타주의와 달리 성품이나 동기와는 전혀 상관이 없다. 따라서 박테리아가 심리적인 이타주의자인가 하는 질문은 말이 안 되지만, 박테리아가 생물학적으로 이타적인가 하는 질문은 던질 수 있다. 사실 이건 단순히 가능한 질문이 아니다. 미생물의 활동 연구에서 이타성의 문제는 꾸준히 제기된다. 이런 미생물이 남을 도울 의도나 성품 같은 것을 지닌 것은 아니지만, 놀라울 정도로 사회성을 지닌 생물체인 것은 사실이다. 이전에 내 학생이었던 조나던 버치$^{Jonathan Birch}$의 말대로, "페트리 접시의 모양 없는 액체 한 방울을 이제는 역동적인 소셜 네트워크의 주인공으로 봐야 한다."[165]

믹소코쿠스 잔터스$^{Myxococcus Xanthus}$ 군집은 먹잇감에 근접하면 먹잇감을 보다 효과적으로 제자리에서 밀어내기라도 하려는 듯이 물결 모양을 형성한다. 이 박테리아는 집단으로 사냥하기도 한다. 다른 많은 박테리아 군집의 경우 화학 물질을 주변에 배출해내는데, 그것이 독성이 있든 접착력이 있든 아니면 배설물이든 간에 군집 내 모든 개체에 도움이 된다. 이 말은 좀 전에 우리가 펭귄에게 던졌던 질문을 박테리아에게도 할 수 있다는 말이다. 이런 유익한 화학 물질을 생산하기 위해서는 신진대사 면에서 누군가의 힘을 써야 하는데, 이 경우에도 아무것도 하지 않고 군집 내 다른 개체가 생산한 것을 거저 쓰는 파렴치 박테리아가 있을 수도 있지 않을까? 그런 파렴치 박테리아가 맞수 박테리아보다 더 성공적인 삶을 사는 것은 아닌가? 그러다가 이용해 먹었던 협조적인 박테리아들과의 경쟁에서 이겨 그 군집을 군림하게 되는 것은 아닐까? 이처럼 생물학적 이타주의의 문제는 두뇌를 가진 생물체나 이성에 바탕을 두고 행동하는 존재뿐만 아니라 모든 생물체에 해당한다.[166]

생물학적인 이타주의와 심리적 이타주의를 구분하게 되면 당장 진화의 결과로 빚어졌다고 여겨졌던 인간의 불편한 도덕적 자아상이 조금 누그러질 수 있다. 즉, 자식을 돌보는 부모가 자연선택에 유리할 수 있다는 말인데,

그 이유는 먹을 것을 혼자 다 차지해 자식을 굶겨 죽이는 부모보다 자식에게 필요한 것을 제공하는 부모의 자식과 손자가 더 건강하게 자라 부모의 자비로운 습관을 물려받게 될 확률이 높을 수 있기 때문이다. 이런 이유로 부모의 보살핌은 보통 생물학적으로 이기적인 행동으로 간주한다. 하지만 문제의 생명체가 심리적인 동물이라고 했을 때 어떤 동기에서 그런 자비로운 행동을 하는지에 대해서는 전혀 알려주는 바가 없다.

자연선택을 통해 개체가 자식의 안녕을 위해 순수한 이타적인 관심을 가지게 되었다는 주장이 모순은 아니다. 어떤 사람의 성품을 평가하려면 그 사람의 심리적 동기를 먼저 알아보아야 한다. "이타적인 동기에서 주식 시장에 투자한다는 것을 상상하기는 힘들다"는 리처드 알렉산더의 논평은 사람들이 자식들에게 물려주기 위해 주식 투자를 하는 것 같은 경우를 고려하지 않았다.

혈육 관계가 아닌 사람에 대한 심리적 이타주의가 생물학적으로 이기적인 형질이 자연 도태되는 이유로 유리할 수도 있다. 예를 들어 어떤 사회가 있는데 그 사회 구성원의 일부는 인색하고 또 다른 일부는 인심이 후하다고 해보자. 인색한 사람들은 자기 자신만 챙기기 때문에 다른 사람의 고통은 아랑곳하지 않으며 재산을 다람쥐처럼 모아두게 된다. 반면, 인심이 후한 사람들은 가진 것을 다른 사람들과 기꺼이 나눈다. 이들은 다른 사람의 안녕에 관심이 있으므로 그렇게 할 수 있다. 그런데 인심이 후한 사람들이 윤리적으로 도움을 받을 자격이 있는 사람들에게만 인심을 베푼다고 해보자. 더 구체적으로 말해, 인색한 이들에게 도움을 주는 것을 거부한다고 하자. 이렇게 되면 인색한 이들은 남의 도움을 전혀 받지 못하지만 인심이 후한 이들은 자주 도움을 받게 된다. 그러면 결과적으로 인색한 이들은 불행에 취약하게 된다. 즉, 궁핍한 한 해가 인색한 이에게는 치명적인 한 해가 되지만 인심이 후한 이들은 사회 안전망의 도움을 받게 된다. 수확이 일정하지 않은 환경에서 인색한 이들보다 인심이 후한 이들이 더 오래 살고 또한 더 건강한 아이를 가질 확률이 높게 된다. 인색한 이들이 심리적인 이기주의자이고 인심이 후한 이들이 (도덕적인 우월감을 지니긴 했지만) 심리적인 이타주의자인데도 이것은 사실이다.

로버트 트리버즈^{Robert Trivers}는 이런 식의 선택적 나눔이 지닌 진화적 의미에 대해 의미심장한 수학적 연구를 발표했는데, 그는 이런 현상을 "호혜성 이타주의^{reciprocal altruism}"라고 불렀다.[167] 순수한 생물학적 관점에서 보면 "호혜성 이 타주의"라는 말이 부적절한 명칭이라고 흔히 여겨졌다. 앞의 가상 예에서 보았듯이, 후한 인심의 소유자가 후한 인심을 지닌 덕택에 인색한 이들보다 평생 환경에 더 잘 적응해 살기 때문에 후한 인심이 생물학적으로는 전혀 이타적이지 않은 것이 되기 때문이다.[168] 즉, 후한 인심이 생물학적으로는 이기적인 것이 돼버린다. 하지만 이런 식의 호혜 행위 뒤의 심리적 동기 역시 이기적이라고 생각해서는 안된다. 트리버즈의 설명은 다시 한 번 심리적 이타주의가 자연선택에 유리할 수도 있다는 것을 보여준다.

이기적 유전자

사회생물학자 중 드물게도 리처드 알렉산더는 심리적 이기주의와 생물학적 이기주의의 중요한 개념 차이를 잘 포착하지 못한다. 리처드 도킨스^{Richard Dawkins}의 경우 이런 실수를 절대 범하지 않는다. 저서 『이기적 유전자』 서두에서 그는 이 책에서 생물학적 이기성과 이타성을 다루기 때문에 "여기서 내 관심사는 심리적 동기가 아니다. 따라서 이타적인 행위를 하는 사람들이 진짜 비밀스럽고 무의식적인 동기에서 그렇게 하는지 하는 문제는 다루지 않겠다."라는 말로 자기 뜻을 조심스럽게 밝힌다.[169] 따라서 유전적 이기주의를 다루는 동안 도킨스는 인품에 대해 직접적인 언급을 하지 않는다.

　도킨스의 이기적 유전자 관점이 지닌 가치에 대한 토론은 생물학적 설명에는 많은 도움을 줄 수 있을지 몰라도, 인간의 선함에 대한 진화론적인 설명이라는 더욱 일반적인 주제의 토론에는 여러 면에서 그 주제를 흐릴 수 있다.[170] 진화생물학자에게 관심이 가는 형질은 한 세대에서 다음 세대로 대물림되는 형질이다. 이런 형질만이 자연선택에 유리하거나 불리하다. 예를 들어, 포식자의 달리는 속도가 진화를 통해 빨라진다면 빨리 달리는 개체의 자손이 보통 개체보다 더 빨리 달려야 할 것이다.

　생물학자들은 보통 형질이 유전되면 그 형질을 부모에게서 물려받았다고 생각한다. 아래에서 전개될 대부분의 토론에서는 달리는 속도 같은 형질의 대물림뿐만 아니라 이타적인 형질도 유전자에 의한 것이라고 가정할 것이다. 그리고 이 장 말미와 다음 장에서는 대물림이 꼭 유전자에 의한 것이 아닐수도 있다는 것에 관해 이야기할 것이다. 그때까지 대물림이 유전자에 의한 것이라고 가정한다고 해서, 새끼 포식자가 빨리 달리는 성인 포식자가 되는 이유가 유전자 뿐이라거나 유전자로 인한 결과를 아기가 성인이 되면서 피할 수 없다는 말도 아니라는 것을 염두에 두는 것이 중요하다. 포식자의 달리는 속도는 유전자뿐만 아니라 먹이의 질, 사고를 당하지 않을 운 등 많은 비유전적인 요인에 의해서도 결정된다. 주류 진화론에서는 수정체가 성인으로 발육하는데 드러나는 한결같은 차이를 설명하는데 다른 영향은 필요 없고 유전자면 충분하다고 여긴다.

진화 과정에 대한 이런 다소 축소된 이해를 받아들이게 되면, 성공적인 형질의 유전을 뒷받침하는 유전자가 없이는 그 형질이 한 종에 성공적으로 안착할 수 없다는, 즉 그 종 내 대부분의 개체가 그 형질을 지닐 수 없다는 결과가 바로 나온다. 이 말은 생물학자가 소위 말하는 "유전자 중심 관점"에서 오랜 시간을 거쳐 한 생물학적 종에 일어나는 변화에 대해 생각해 볼 수 있다는 말이다. 이 관점에서는 "이 집단에서 성공하기 위해 유전자는 무엇을 해야 하는가?"와 같은 질문이 가능해진다. 다시 말해, 세대를 거쳐 특정한 유전자가 더 많이 발현되도록 하기 위해서는 그 유전자 자체가 어떤 "노력"을 해야 하는지 하는 식으로 진화 과정을 생각할 수 있다.

도킨스는 이런 식의 이기적 유전자 방법론이 자연을 연구하는 데 유용한 관점이라고 생각했는데, 많은 생물학자 역시 이런 방법이 실제로 유용하다고 생각하는 증거가 있다.[171] 그런데 유전자 중심 관점에 관해 토론할 때 기억해야 할 점은 유전자 자체가 말 그대로 어떤 노력을 하는 것은 아니라는 사실이다. 유전자는 다만 어떤 결과를 초래하는 특성만 지니고 있는데, 그 특성이 어떤 환경에서는 생명체에게 유리하게 작용하고 어떤 환경에서는 불리하게 작용할 뿐이다. 종종 특정 유전자가 선호되는 이유가 그 유전자를 지닌 개체를 심리적인 이타주의자로 만들기 때문이라고 위에서 말한 바 있다. 그런데 유전자 자체가 어떤 동기를 지니고 행동하지 않으므로, 겉으로 보기에 이타적으로 보이는 많은 인간의 행동이 사실은 깊숙이 숨은 파렴치한 동기를 위장한 것이라는 도킨스의 주장은 받아들일 수 없다.

이타주의의 현실

생물학적으로 이기적인 행위가 심리적으로 이타적일 수 있으므로 자연선택과 심리적 이타주의는 공존할 수 있다.

과학한다, 고로 철학한다

이것으로 우리의 문제가 더 가벼워진 것은 사실이지만 완전히 사라진 것은 아니다. 생존과 번식 능력이 뛰어난 개체가 자연선택에 유리하다는 것을 고려했을 때, 생물학적으로 이타적인 행동은 자연선택 과정에서 절대로 유리할 수 없을 것 같다는 생각이 든다. 과연 생물학적인 관점에서 보면 어떤 행동이든지 결국에는 행위자 자신에게 이익이 된다는 결론이 나올까?

다윈은 적응과 이타주의 관점에서 책을 쓰지는 않았지만, 이타적인 행위라는 것이 자신의 이론에 어떤 문제를 제기할 수 있다는 것을 알고 있었다. 그에게 있어 인간의 도덕성은 연민의 결과였다. 즉, 타인의 불행을 내 것처럼 여겨 어려움이나 위험에 처한 타인을 돕고 싶은 마음이 우리에게 생긴다는 것이다. 하지만 우리가 왜 그런 동정심을 갖게 되었는지 그는 다음과 같이 질문을 던진다.

> 같은 부족 내에서 많은 구성원이 이런 사회적 및 도덕적 자질을 갖추게 된 애초의 이유는 무엇일까? 더 동정심이 많고 자애로운 부모나 충직한 동료가 같은 부족 내의 이기적이고 기만적인 부모에 비해 더 많은 자손을 거느리게 될 거라고 보기는 힘들어 보이는데 말이다.[172]

앞에 나온 파렴치 펭귄처럼 자기와 자기 자식만 위하는 사람이 자연선택에 유리해야 하지 않을까? 이런 사람은 다른 사람들로부터 도움은 받지만 다른 사람들을 돕는 데서 오는 손해는 전혀 보지 않으니 말이다.

사람들이 혈육이 아닌 사람들을 돕는 행위를 지속해서 한다는 증거가 있는데, 이런 행동을 가장 단순한 유형의 자연선택론이 설명해내고자 한다. 나이에 상관없이 두 사람이 할 수 있는 소위 말하는 "최후통첩 게임Ultimatum Game"에 대해 생각해보자. 이 게임에서 한 경기자는 일정한 금액, 예를 들어 10파운드를 가지고 다른 경기자에게 얼마를 나누어 줄지를 결정해야 한다. 두 번째 경기자가 나눠준 돈을 수락하면 둘 다 돈을 가지게 된다. 하지만 두 번째 경기자가 그 액수를 거부하게 되면 둘 다 아무것도 가지지 못하게 된다. 이 경우 첫 번째 경기자(제공자)는 두 번째 경기자에게 어떤 액수를 제시해야 할까?

만약 우리가 순전히 이기적이고 또 그런 사실을 스스로 알고 있다면, 첫 번째 경기자가 두 번째 경기자에게 일 페니만 주고 나머지 9.99 파운드를 거머쥐어야 할 것이다. 두 번째 경기자의 경우 제공한 액수를 수락하면 일 페니라도 받게 되지만 거부하면 한 푼도 받지 못하게 된다. 그렇게 생각하면 두 번째 경기자는 어떤 금액이라도 수락을 해야 할 것이다. 두 번째 경기자의 처지를 알고 있는 이상 첫 번째 경기자는 일 페니 이상 돈을 줄 생각을 하지 말아야 할 것이다. 그런데 실제로 최후통첩 게임을 하면 이런 상황은 거의 발생하지 않는다. 미국과 유럽 같은 나라의 사람들이 제공자인 경우 두 번째 경기자에게 보통 돈의 반을 제공한다.[173]

자신의 이익만 고집해야 한다고 주장하는 설득력 있고 이성적인 이론이 없는 상태에서 이런 결과를 단순히 비이성적이라고 거부할 수 없다. 오히려 이런 결과는 사람들이 공정함이라는 개념을 지니고 있고 그 이유로 재원을 꽤 공평하게 나누고 싶어한다는 사실을 보여 준다. 재미있는 것은 경제학을 공부하면—아마도 이기적인 것이 합리적이라는 생각을 경제학이 부추겨서인 것 같은데—이런 게임을 할 때 사람들이 더 이기적으로 된다는 증거가 나왔는데, 그 후에 경제학이라는 학문 자체가 애초에 이기적인 학생의 관심을 끈다는 이론도 제기되었다.[174]

경제학자들이 보여주는 색다른 반응은 게임에 대한 반응이 문화 집단마다 다르다는 것을 암시한다. 최후통첩 게임의 제시 액수가 문화마다 다르다는 것은 문화마다 무엇이 정당한가에 대한 개념이 다를 뿐 아니라 어떤 제시가 응징을 받아야 하는지에 대한 이해가 다르다는 것을 시사한다. 예를 들어, 진화인류학자인 조지프 헨리히Joseph Henrich 의 초기 저서를 보면 페루 아마존에 사는 마치겡가족의 경우 보통 대가족을 넘어선 사람들과 거의 상호협조를 하지 않는 부족인데, 최후통첩 게임에서 보통 **15%** 정도의 액수를 나누고자 했다.[175] 이런 문화적 차이에도 불구하고 전세계 대부분의 나라 사람들이 **50%**선에서 보통 머무는데, 이 선은 우리가 순전히 이기적이라고 했을 때의 예상을 훨씬 웃도는 수치이다. 따라서 경제학자들은 몰라도 일반 사람들이 진화로 인해 더 이기적으로 되었다는 증거는 거의 없다.

이런 간단한 게임이 치뤄지는 단순화된 환경보다 훨씬 복잡한 상황인 일상 생활에서 하는 행동에 대해 이런 인공적인 게임이 얼마나 많은 것을 시사할 수 있을까하는 의심을 가질 수 있다. 뜻밖에 돈이 들어와 생판 모르는 남과 돈을 나눠야 하는 경우가 실제로는 아주 드물다. 실제 누군가와 돈을 얼마나 나누어야 되는지 결정해야 되는 경우 우리는 그 돈의 출처에 대해 알려고 하거나 이미 알고 있는 상태이다. 보통 우리는 다음과 같은

과학한다, 고로 철학한다

질문을 던진다. "내가 번 돈인가? 우리가 같이 번 돈인가? 훔친 돈인가? 부유한 사람이 아니면 가난한 사람이 기부한 돈인가? 기부를 한 이유는 무엇인가?" 또한 돈을 나눠주는 사람의 처지도 알고 싶어 다음과 같은 질문을 던진다. "아는 사람인가? 어디가 아픈 사람인가? 부양할 아이들이 있는가?" 마지막으로 우리가 한 선택이 가져올 결과에 대해서도 알고 싶을 수도 있다. "누가 나중에 내 결정에 대해 뭐라고 하지는 않을까? 경찰에 연행되는 건 아닌가? 누가 내 결정을 알고 위협하려 들지는 않을까?" 원래 실험보다 더 현실적으로 설계한 실험에서도 사람들이 순전히 이기적이라는 것과는 거리가 먼 결론이 나오며, 일상생활에서도 사람들이 혈연관계가 아닌 타인을 도와주는 예를 우리는 숱하게 접한다. 즉, 우리 대부분은 자선 단체에 기부하고 공동체의 다른 일원을 평화적으로 대하며, 세금을 내고, 보는 사람이 없어도 물건을 훔치지 않으며, 다시 만나지 않을 사람이라도 예의 바르게 대한다.

　이런 자비로운 행동을 보여주는 자료에 대해 진화론자들은 대충 얼버무리지 않고 오히려 그것을 바탕으로 자연선택에 관한 다윈의 사고 체계를 크게 확장하는 이론적인 무기를 개발했다. 이런 이론적인 무기에 대한 이해를 돕기 위해 이타성의 문제에 대해 다윈 자신이 내놓은 해결책에 대해 알아보기로 하자. 위에서 지적했듯이, 개체가 상호 경쟁을 하는 경우 혈연관계가 아닌 다른 개체를 돕는 도덕적 성향이 자연선택에 불리하게 여겨질 수 있다는 것에 대해 다윈은 고민했다.

> 높은 도덕 기준을 지닌 개인과 그의 자식들이 같은 부족의 그렇지 않은 개인들에 대해 우위가 전혀 없거나 약간의 우위를 지닐 뿐이지만, 부유한 사람들이 증가하고 도덕적인 기준이 높아지면 그 부족이 다른 부족에 대해 엄청난 우위를 지닌다는 것을 잊어서는 안 된다.[176]

개인 차원에서 이뤄지는 자연선택의 경우에는 이타적인 행위가 불리하기 쉽지만, 다윈이 말하는 부족이나 공동체 같은 차원에서 이뤄지는 자연선택에서는 그런 행동이 오히려 유리하다는 말이 된다. 이런 진화론적 기제를 오늘날 흔히 "집단 선택group selection"이라고 부른다.

과학한다, 고로 철학한다

내부적 붕괴

1960년대와 1970년대에 윌리엄스[George Williams]와 스미스[John Maynard Smith] 같은 생물학자들이 집단 선택론에 대해 신랄한 비판을 한 결과 많은 이론가가 이것에 의심을 품게 됐다. 문제는 집단 선택의 문제가 자주 피상적으로 다루어졌다는 것이다. 다윈이 암시했듯이, 도덕적인 일원으로 구성된 부족이 비도덕적인 일원으로 구성된 부족과 전쟁을 하면 전자가 유리할 것이다. 하지만 이것이 집단 선택 과정을 통해 도덕성이 살아남을 것이라는 확신을 우리에게 심어줄 수 있을까? 도덕적인 집단이 "도덕적 타락자"들에 의해 장악되어 "집단 내 붕괴"를 겪어 그 결과 갈수록 무능해지고 줏대가 없는 공동체 간에 전쟁이 일어나는 것은 아닐까? 물론 잘 정비된 사회에서는 도덕성이 도움 되겠지만, 도덕성이 내부로부터의 붕괴를 막는다고 어떻게 장담을 할 수가 있는가?

이런 문제에 대해 진화이론가들은 여태껏 경험하지 못했던 수준의 수학적 엄격함을 가지고 사회적 행위를 설명했다. 간단히 말하면, 이 엄격한 형태의 사고에 따르면, 이타적인 행위의 혜택이 다른 이타적인 개체들에만 주어지는 한 이타적인 행위가 자연선택에 유리하다. 더 간단히 말해, 이타적인 개체들이 서로 동맹하는 한 이타주의는 진화한다.

이타적인 개체들의 동맹을 극단적으로 보여주는 아주 단순화된 두 경우를 보면 이 말이 쉽게 이해가 갈 것이다. 두 경우 모두 유전적인 대물림이라는 것이 이타적인 개체는 보통 이타적인 아이를 낳고 이기적인 개체는 보통 이기적인 아이를 낳는다는 것을 의미한다고 생각해보자. 또한, 여기서 개체가 짝이 필요 없이 혼자서도 자식을 가질 수 있는 무성無性 개체라고 가정해보자.

첫 번째 경우, 태어난 집단에 계속 거주하는 한 누구와 같이 사느냐 하는 것은 이 개체에 전혀 문제가 되지 않는다고 해보자. 그리고 이타적인 개체 집단 몇 개에 이기적인 개체가 몇 개 흩어져 산다고 해보자. 집단 전체로 보았을 때는 이기적인 개체 수가 적은 집단이 많은 집단보다 번영하겠지만, 두 집단 모두 내부적으로는 공짜로 이타적인 행위의 혜택을 받는 이기적인 개체가 더 잘 살 것이다. 따라서 집단 내에서 이타적인 개체가 사라질 때까지 이기적인 개체가 늘어날 것이다. 이처럼 첫 번째 상황에서는 이타주의가 집단 내에서 붕괴하기 때문에 도태될 가능성이 크다.

두번째 경우에는, 이타적인 개체들이 본능적으로 다른 이타적인 개체들과 같이 살려고 하고 이기적인 개체들도 다른 이기적인 개체들과만 살려고 한다고 가정해보자. 이 경우 이타적인 개체들이 동맹해 이기적인 개체들보다 훨씬 잘 살 것이다. 그뿐만 아니라 이 경우 내부적 붕괴의 문제도 일어나지 않을 것인데, 그 이유는 자신과 유사한 개체를 찾아다닌다고 가정했을 때, 이기적인 개체가 이타적인 집단에 어쩌다 태어나면 그 집단을 떠나 같이 살고 싶은 다른 이기적인 개체를 찾아다닐 것이기 때문이다. 전체 인구의 추이를 보면 이타적인 개체들이 이기적인 개체들이 사라질 때까지 그 수가 증가할 것이며, 이기적인 개체들이 종종 유전자 변형 때문에 태어난다 하더라도 이런 상황은 계속될 것이다. 이 두 경우가 시사하는 바는 이타적인 개체와 이기적인 개체들이 적합한 방식으로 분포되면 이타성이 진화할 수 있다는 것이다.

최근의 진화 연구가들은 "집단 선택" 개념에 호소하는 것을 정당하다고 생각할까? 이들은 엇갈리는 답변을 한다. 위에서 보았듯이 이타주의는 이타적인 개체들끼리 서로 뭉칠 때 자연선택될 수 있다. 이 말은 큰 집단 내에서 작은 집단이 어떻게 형성되느냐에 따라 어떤 특징이 자연선택에 유리할 수 있는지에 영향을 끼친다는 말이다. 이런 의미에서 집단 선택의 정당성이 입증된다고 할 수 있다. 하지만 "집단 선택"을 통해 개별 특성이 진화하는 것이 그리 수월한 일은 아니다. 개체의 행동이 자신이 사는 집단에 도움이 된다는 단순한 사실이 이런 이타적인 행동 자체가 진화한다는 것을 보장해 주지 않기 때문이다. 바로 이런 점을 내부로부터의 붕괴 문제가 시사하고 있다.

진화 이론가들은 이타성의 진화를 설명하기 위해 새로운 개념을 도입했는데, 그것은 주로 이타성이 진화하려면 어떤 식으로든 이타적인 개체들끼리 동맹이 이루어져야 한다는 것을 시사하고자 도입된 개념이다.[177] 물론 계통적 관련성genealogical relatedness, 혈통 관계이 이것을 가능하게 하는 기제이다. 개체를 이기적으로 만드는 유전자와 개체를 이타적으로 만드는 또 다른 유전자가 있다고 가정해 보자. 개체가 보통 자신의 부모와 형제들과 교류를 하고 또 대물림 과정에서 같은 가족 내 구성원들이 비슷한 유전자를 가지게 된다면, 이타적인 개체들이 서로 뭉치리라는 것이 예상된다. 리처드 도킨스가 『이기적 유전자』에서 대중화시킨 개념인 해밀턴W.D. Hamilton의 "혈연선택kin selection" 개념은 다른 여러 사회적 행위와 더불어 이타성이 어떻게 유전적 관련성genetic relatedness을 통해 진화하는지를 설명해 준다. 하지만 해밀턴 자신은 계통적 관련성이 유사한 개체가 다른 유사 개체와 교류하게 되는 수단 중 하나에 불과하다고 생각했다.

유전적 관련성의 중요성에 대한 해밀턴의 지적은 이타성이 진화하려면 각 개체가 모두 같은 가족의 구성원이어야 한다는, 다시 말해 개체들이 모두 원래는 같은 부모에서 나왔다는 사실이 중요하다고 말하는 것처럼 느껴질 수 있다. 사실 해밀턴의 관련성relatedness 개념은 엄격한 족보 개념보다는 일반적으로 적용될 수 있는 기술적인 개념으로 이해되어야 한다. 두 개체가 관련되어related 있다고 해밀턴이 말할 때, 그것은 두 개체가 서로 공통적인 유전자를 지닌다는 것을 말할 뿐이다. 물론 같은 유전자를 지닌 개체들이 서로 같은 계통family에 속하기 때문에 교류하게 될 수 있다. 하지만 다른 많은 기제를 통해 똑같은 결과가 개체들에 나타날 수 있다. 같은 유전자를 지닌 개체들이 적극적으로 서로를 도와주거나 같은 유전자를 지닌 개체들이 같은 먹잇감을 찾을 수도 있는데, 바로 이 행위의 부산물로 교류가 이루어질 수도 있다.

바로 이것이 해밀턴의 초기 저서에서 리처드 도킨스가 응용한 개념인 "녹색 수염 효과green beard effect"의 허구적인 예가 시사하는 바이다. 두 가지 효과를 발현하는 유전자가 있는데 그것을 "녹색 수염 유전자"라고 해보자. 먼저, 이 유전자로 인해 이 유전자를 지닌 사람들은 녹색 수염이 자라게 된다. 두 번째, 이들은 이 유전자로 인해 녹색 수염이 나는 다른 개인들을 찾아 도와주려고 한다. 결국, 녹색 수염을 지닌 사람들은 연대하게 되고 서로를 도울 것이다. 서로 다른 가족 밑에서 나왔다 하더라도 이런 현상은 일어날 것이다. 해밀턴의 말을 빌려서 말한다면, 이 경우 이 사람들은 계통적으로 서로 연결되어 있지 않음에도 불구하고 높은 유전적 관련성을 보여준다. 이 이야기가 시사하는 바는 혈연 선택이 혈연관계를 지닌 사람들에게 제한되어 있지 않다는 것이다.[178]

물론 도킨스의 녹색 수염 예는 어떤 개념을 설명하기 위해 고안된 가상의 사고 실험이다. 그 후에 나온 연구 결과에 따르면 녹색 수염 같은 효과를 내는 유전자가 실제로 생물계에 존재한다고 한다. 애집개미 여왕이 어떤 특정한 유전자를 지니면 그 유전자가 냄새를 방출하게 한다. 같은 유전자를 지닌 다른 개미들은 이 냄새를 통해 어떤 여왕이 이 유전자를 지니고 어떤 여왕이 지니지 않는지를 알게 된다. 이 개미들은 이 유전자를 지닌 여왕을 사수하는 반면 그렇지 않은 여왕개미를 죽인다.[179] 다시 말해서, 이 유전자가 뿜어내는 인식 가능한 냄새가 같은 유전자를 지닌 다른 개미들을 죽이지 않고 살리게 되므로 이들에게 도움이 되는 행위를 유발하게 된다. 이 유전자가 방출하는 냄새는 녹색 수염과 같은 효과를 지닌다. 즉, 같은 유전자를 지닌 이들이 서로를 찾아내어 서로에게 호의적으로 대함으로써 그 유전자의 장래도 밝게 한다.

다윈의 재탄생

이론가들은 해밀턴의 통찰력이 원래 생각했던 것보다 훨씬 일반적으로 적용될 수 있다는 것을 깨닫고 있다. 이 장 앞부분에서 나는 진화생물학자들이 유전자의 대물림으로 인해 부모와 자식이 닮는다고 일반적으로 가정한다고 말했었다. 비유전적 기제에 의해서도 대물림이 동물과 식물계에서 이루어질 수 있는지에 대한 문제가 지금 활발하게 토론되는 중이다.[180] 이런 포괄적인 질문에 대한 답변에 상관없이 인간의 경우 중요한 행동, 관습 및 기술이 유전자 전달 때문이 아니라 상호 학습의 결과로 확실히 대물림될 수 있다.[181] 이것은 이타적인 행동을 유도하는 유전자를 지닌 개인들 간의 동맹이, 즉 해밀턴이 말하는 유전적 관련성이 높아질 수 있는 것이, 문화적인 힘에 의한 것일 수도 있다는 가능성을 제시한다. 배척주의와 사회에 의해 강요된 다른 형태의 순응이나 심지어는 번창한 집단으로의 자발적인 이주의 경우를 통해서도 우리는 왜 이타적인 사람들이 이기적인 사람들보다 다른 이타적인 사람들과 주로 교류를 하게 되는지를 알 수 있다.

더 최근의 연구 결과에 의하면 문화가 지닌 진화 역할이 훨씬 더 클 수도 있다. 다시 한 번 해밀턴에 의하면 이타적인 개체가 서로 동맹해야 이타성이 진화할 수 있다. 그렇다면 문화적인 영향에 의해 이타적인 사람들이 서로 시간을 많이 보내기도 하지만 유전자의 대물림이 아닌 상호 학습에 의한 결과로 아이들이 이타적인 아이로 성장하기 때문에 이타주의가 진보한다고도 볼 수 있다.[182] 아이들이 인품 면에서 유사한 이유가 같은 유전물질을 지니고 있기 때문이 아니라 같은 학교 윤리를 몸에 익히거나 같은 역할 모범을 따라하려고 하기 때문일 수 있다. 만약 문화적인 영향으로 인해 사람들이 이타적인 경향을 습득할 수 있고 이들이 지속해서 연대를 형성한다면, 행위자와 혈연관계에 있는 이에게 도움이 되는 이타성만이 진화 과정에서 유리하다는 이론에 의심을 제기할 수 있게 된다.

최근에 해밀턴의 기본적인 통찰력은 더욱 일반화되고 여러 면에서 보다 복잡하게 발전되었다. 이런 발전으로 인해 우리가 타인에게 도움을 주는 행동을 하는 경우는 타인이 혈족인 경우 뿐이라고 말하는 단순한 진화론과 거리를 두게 됐다. 타인을 도우려는 사람들의 경향을 설명할 때 현대 진화론자들은 더는 혈족에 제한된 도움이나 이러한 경향의 대물림을 유전적으로 설명하는 개념에 구속 당하지 않고 설명을 할 수 있다. 이들은 사회 집단의 구조와 소통, 누구와 어울릴지에 대한 의식적인 선택, 그리고 인격 형성에 있어 학습의 역할을 다루는 탄탄한 이론을 발전시켰다. 이런 사고 체계는 다윈이 생각지 못했던 수학적 형식을 포함하지만, 인간의 도덕적인 성향의 진화에 대한 그의 절충적인 방법론과 많은 것을 공유하고 있다. 현대 진화 이론은 타인에 대한 우리의 이타적인 행위를 냉소적으로 재구성한 진화론을 받아들이지 않을 뿐만 아니라 우리가 생판 처음 보는 사람들을 도우려는 경향을 설명하는 데 있어 문화가 지닌 적극적인 역할에 귀를 기울인다. 현대 진화론자들이 이타주의자를 할퀴면 피를 흘리는 사람이 여전히 이타주의자일 확률이 높다는 말이다.

과학한다, 고로 철학한다

7

'본성'이라는 단어의 위험성

Nature - Beware!

만약 보편적으로 이해할 수 있는 인간 본성 개념 자체가 없다면, 인간 행위와 사고에 있어 얼마만큼이 자연에서 기인했고 얼마만큼이 자라난 환경에서 기인했느냐 하는 논쟁 자체가 의미가 없어질 뿐만 아니라, 인간 본성에의 호소가 어떤 윤리적 의미를 지닌다고 생각할 필요가 없어진다. 그렇다면 인간 본성에 반대하는 이론은 얼마나 탄탄한가?

진화가 인간 본성에 대해 무엇을 말해 주는가? 미신이라고 말해 준다.
— 마이클 기셀린

현대적 미신

주류 대중 과학 연구를 보면 인간 행동의 어느 정도가 본성에서 비롯되었고 어느 정도가 문화나 학습, 사회화와 같은 다양한 양육 과정에 의해 비롯되었는가 하는 것에 대한 논쟁이 활발히 진행되고 있다는 느낌을 받는다. 예를 들어 스티븐 핑커Stephen Pinker는 저서 『빈 서판: 인간은 본성을 타고 나는가』에서, 그 제목이 암시하듯 인간 본성을 부인해서는 안될 뿐만 아니라 인간 본성을 제대로 기술하는 것이 중요하며, 인간 본성의 가치를 떨어뜨린 장본인이 생각이 정돈되지 않은 사회과학자들이라고 말하고 있다.[183]

또한, 정치적으로 보수적인 사상가들이 특히 인간 생식 영역을 포함한 다양한 기술 혁신이 과연 현명한 것인가 하는 회의적인 질문을 던질 때 인간 본성이라는 개념을 쓰기도 한다. 인간 본성을 바꾸기 위해 유전 공학을 이용하는 것이 괜찮은가? 있는 그대로의 인간 본성을 더욱 존중해야 하는 것은 아닐까? 공공영역에서 널리 알려진 정치 철학자 마이클 샌델[Michael Sandel]은 유전 공학이나 약품을 통해 인간을 개조하려는 노력이 아이의 "타고난 능력을 짓밟는 것이 아니라 그 능력이 발휘되도록 해야 한다"고 말한다.[184] 그것은 먼저 아이의 능력 중 어떤 것이 타고난 것인지 알아야 한다는 말인데, 그렇게 할 때 어떤 것이 자연이 우리에게 준 것을 왜곡한 것이고 어떤 것이 장려한 것인지를 구분할 수 있게 된다.

'조지 W. 부시 대통령 생명윤리 위원회'의 전 회장인 레온 카스[Leon Kass]는 복제 윤리에 대해 말하면서 종종 인간의 본질뿐만 아니라 전반적인 포유류가 지닌 넓은 의미의 본성을 존중하는 것이 중요하다고 시사한다. 만약 복제가 허용된다면, 새로운 아이가 태어나기 위해서는 부모 중 한 사람만 있어도 되므로 무성無性 형태의 생식으로 간주할 것이다. 하지만 카스에 의하면, "유성有性 생식이… 자연적으로… 자리를 잡았으며, 그것이 포유류에게는 자연적인 생식법이다." 복제 자체가 "인간 본성의 대대적인 개조에 해당하므로 신체와 성을 타고났고 다른 인간을 낳는 존재로서의 인간 본성에 대한 대대적인 모독이 된다."[185]

그렇다면 이런 사실을 잘 알고 있는 이론가들이 최근의

과학한다, 고로 철학한다

과학적 연구 관점에서 인간 본성이라는 개념 자체를 부인한다는 말이 뜻밖으로 들릴 수 있다. 저명한 생물철학자 데이비드 헐David Hull은 오래전부터 "인간 본성의 존재와 그 중요성이 끊임없이 주장돼온 것에 대해 의심의 눈초리를 던져 왔다."[186] 과학사와 철학 분야에 뛰어난 공헌을 하기도 한 생물학자 마이클 기셀린의 경우 더 직접적으로 의구심을 표현한다: "진화가 인간 본성에 대해 무엇을 말해 주는가? 미신이라고 말해 준다."[187] 만약 보편적으로 이해할 수 있는 인간 본성 개념 자체가 없다면, 인간 행위와 사고에 있어 얼마만큼이 자연에서 기인했고 얼마만큼이 자라난 환경에서 기인했느냐 하는 논쟁 자체가 의미가 없어질 뿐만 아니라, 인간 본성에의 호소가 어떤 윤리적 의미를 지닌다고 생각할 필요가 없어진다. 그렇다면 인간 본성에 반대하는 이론은 얼마나 탄탄한가?

문화적 변이성

전 세계 심리 연구의 상당 부분이 미국과 영국 같은 부유한 산업 국가의 대학에서 이루어진다. 따라서 실험 참가자를 모집할 때 이 대학을 다니는 학생들이 꼼짝없이 피실험자가 되고 만다. 이 말은 이런 심리 실험 결과가 일반 사람들보다 이런 특정한 사람들의 심리에 대해 훨씬 더 많이 알려준다는 말이다. 조지프 하인리히[Joseph Henrich]와 그의 동료가 지적하듯, 심리 연구 피실험자들은 보통 WEIRD[Western, Educated, Industrialised, Rich, Democratic], 다시 말해 서구의, 교육을 잘 받고, 산업화됐고, 부유하고, 민주적인 사회에 사는 사람들이다.[188] 이런 유형의 사람들로부터 일반 사람들의 행위를 추정하는 것이 타당하다면 문제가 되지 않겠지만 사실 그렇지 않다. 전 세계 모든 사람에게 공통적인 행동이나 사고방식이 있다는 이론은 종종 부유한 서양 학생들을 대상으로 얻은 정보를 성급하게 일반화한 것에 그 근거를 두고 있다.

이전 장에서는 이런 실험 결과를 좀 호의적으로 받아들였다. 그 장에서 우리는 최후통첩 게임에서 돈을 나누는 방식이 문화에 따라 상당한 차이가 난다는 것을 보았다. 이 외에도 다른 문화를 대상으로 한 많은 실험 결과를 접하면, 서양 대학생 실험자에서 전체 사람들로 성급하게 일반화를 해서는 안 된다는 생각이 더욱 든다. 예를 들어, 착시에 대한 취약성 같은 경우 학습이나 양육 때문에 고쳐질 수 있는 것이 아니라고 오랫동안 철학자들은 생각

해 왔다. 그런데 이것 역시 자신할 일이 못 된다. 유명한
밀러-라이어 착시 현상을 살펴보자.

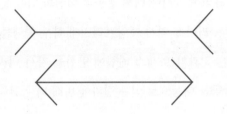

　이 책의 독자들 대부분은 자로 쟀을 때 두 선분의 길이가
똑같음에도 불구하고 위쪽 선분이 더 길다고 여길 것이다.
하지만 사람들이 모두 이 선분을 똑같은 식으로 보지 않을
수 있으므로 이것은 이 책의 추정 독자층에 대한 가공 사실
에 불과하다. 헨릭과 그의 동료들은 마샬 세걸Marshall Segall과
다른 학자들이 1960년대에 내놓은 연구 결과에 대해 인지
과학계에 새로운 경종을 울렸는데, 그 내용은 칼라하리 사
막의 채집 부족 샌 족*이 밀러-라이어 착시를 착시로 전혀
보지 않았다는 것이다. 이들은 두 선분의 길이가 정확히 같
다고 본다. 다른 문화권의 경우에도 아메리카 대륙의 경우
보다 착시 현상을 보는 경향이 덜하다.[189]

---

* 　역주: 남아프리카에 사는 원주민 중 하나

사실 헨릭과 그의 동료들은 자신들의 연구에 케임브리지 대학 인류학자 겸 생리학자인 리버스[W. H. R. Rivers]가 1901년에 뮐러-라이어 착시에 대해 출판한 이전의 책을 언급할 수도 있었다. 리버스 역시 케임브리지대 학부 학생들을 대상으로 얻은 결과가 토레스 해협에 탐험을 가서 머리섬[Murray Island] 사람들을 대상으로 얻은 결과에 비해 더 극단적이라는 것을 알게 됐다. 시걸은 착시에 취약한 정도가 어떤 성장 과정을 거쳤느냐에 따라 다르다고 주장했다. 똑바른 선과 분명한 각을 많이 볼 수 있는 환경에서 자라난 사람들이 이런 착시 현상을 더 심하게 겪었다. 바로 이것 때문에 미국의 심리학 실험 참가자들이 전 세계 그 어느 문화권의 사람들보다 보통 착시에 훨씬 더 취약함을 보여 주었다.

문화화 과정이 색깔을 구별하는 능력에 영향을 미친다는 지적도 있다.[190] 러시아어의 경우 영어에서 모든 푸른 색조를 총괄하는 개념인 "blue"에 해당하는 일반어가 없다. 대신에 뜻이 완전히 다른 단어 두 개 "goluboy"와 "siniy"가 있는데 영어의 "light blue"(연한 파란색) "dark blue"(짙은 파란색)로 각각 번역될 수 있다. 실험 결과 두 색깔의 천 조각이 각기 다른 러시아어 범주에 들어 있을 때, 즉 하나가 goluboy 범주에 들어있고 다른 하나가 siniy가

속한 범주에 들어있을 때, 러시아 사용자들은 그 두 조각이 같은 범주에 들어있을 때보다 더 빨리 식별해 낼 수 있었다. 같은 실험을 했을 때 영어 사용자들은 이렇게 빨리 구별하지 못했다. 이것은 러시아어의 색깔에 대한 단어가 더 세밀하게 구별되어 있어서 러시아어 사용자가 영어 사용자 보다 goluboy와 siniy의 경계를 훨씬 더 잘 구분할 수 있다는 말이다.

이런 연구는 재미있고 시사점이 있다. 하지만 인간 본성에 대한 개념을 직접적으로 위협하지는 않는다. 다만 우리를 형성하는 것 중에서 생각보다 많은 것들이 문화에서 유래했고 자연에서 덜 유래했다는 것을 말해준다. 최종 점수가 오리무중이긴 하지만 여전히 자연론과 양육론 간에는 경기가 한창이다. 그렇다면 왜 철학자들은 인간 본성에 대한 개념 자체를 의심했던 것일까?

종의 본성

인간 본성에 관한 헐과 기셀린의 회의주의는 인간에 대한 어떤 특정한 관점에서 비롯된 것이 아니다. 예를 들어, 인간의 학습이나 자유의지가 인간의 삶에 너무나 많은 변화를 가져오기 때문에 변하지 않는 보편적인 인간의 본성을 찾을 수 없다는 것이 이들의 입장이 아니다. 이들의 회의주의는 고양이나 양배추, 실러캔스를 포함한 생물학적 종 일체에 대한 이들의 일반적인 생각에 그 근거를 두고 있다. 이들은 생물계 전반에 드러나는 변이의 역할이 그 어느 종도 고유한 "본성"을 지니고 있지 않다는 것을 시사한다고 생각한다.

"어떤 개체가 다른 종이 아니라 이 종에 속하는 것을 어떻게 아느냐"하는 질문을 받았을 때 몇몇 철학자들은 유전적 구조 같은 것을 봐야 한다고 답변했다.[191] 이들 철학자는 생물체의 구분이 단순히 화학 물질을 구분하는 방식으로 이루어진다고 생각했다. 순수한 금속 덩어리가 주어졌을 때 "이것의 화학 원소를 뭐로 정해야 하는가"하는 문제는 그 금속의 내부 구조에 대한 정보, 더 구체적으로 말해 그 원자 번호에 의해 결정된다. 만약 그 원자에 79개의 양성자가 들어 있으면 금덩어리가 된다. 반면 82개의 양성자가 들어 있으면 납덩어리로 결정된다. 이들 철학자는 화학적인 종이 특정 표본이 지닌 내부 구조의 양상에 의해 결정되는 것처럼, 생물학적인 종 역시 유전 암호와 같이 개체가 지닌 눈에 안 보이는 내부 구조의 양상에 의해 결정된다고 여겼다.

과학한다, 고로 철학한다

생물학적 종을 어떻게 해석해야 하느냐에 대한 논쟁이 저명한 생물학자들 사이에서 끝없이 진행되었지만, 이 논쟁에 가담한 대부분의 학파는 종의 구분이 실제로 개체가 지닌 내부 성질에 의해 결정되는 것이 아니라는 데에 동의한다.[192] 예를 들어, 학교 생물 시간에 들어서 익히 알겠지만 일반적으로 종은 상호 교배가 가능한 개체의 무리를 가리킨다. 만약 이 정의가 맞다면 어떤 동물을 개가 아니라 호랑이로 부를 수 있는 것은 그 동물이 "호랑이 유전자"를 지니고 있어서가 아니다. 그 동물이 다른 호랑이들과 교배를 할 수 있기 때문에 호랑이로 불리는 것이다.

생물학 시장에 가면 특정 종의 회원 자격이 되는 방법에 대한 다양한 설명을 찾을 수 있는데, 대부분의 설명은 개체의 내적 성질에 근거하여 개체를 분류하는 방법을 거부한다. 어떤 이론에 의하면, 종이란 적당한 크기를 갖춘 계통적 단위이다. 이 이론에서는, 어떤 동물이 제대로 된 DNA를 지녔다고 해서 호랑이가 되지 않는다. 호랑이로 분류되려면 대신에 제대로 된 부모와 조부모를 갖추고 있어야 한다. 또 다른 이론에 따르면, 종이란 자연의 틈바구니를 차지하는 어떤 것이다. 이 이론 역시 호랑이가 되려면 호랑이 유전자를 지니고 있어야 하는 대신에 호랑이처럼 영위해야 한다고 주장한다. 이 모든 이론이 지닌 공통점은 종의 구분이 눈에 안 보이는 동물의 내적 구조가 아니라는 것이다. 대신에 생명체가 다른 생명체나 과거 조상들, 혹은 틈바구니와 어떤 관계를 맺는가 하는 것이 중요하다.

헐과 기셀린은 누구든지 이런 생물의 분류학적 특성을 이해한다면 종이 고유의 본성을 지니고 있지 않다는 데 바로 동의할 것으로 생각했다. 그 이유는 개체에 "본성"이 있다면, 그것이 화학 원소가 지닌 원자 번호와 유사하게 내적인 성질로 여겨져 개체가 어떤 종에 속하는지를 결정하고 그 종이 지닌 고유한 성질을 설명하는 데 이용될 것이라는 것이기 때문이다. 금의 본질은 원자 번호에 의해 결정된다. 즉, 어떤 것이 맞는 수(79개)의 양성자를 지니면 납이 아니라 금으로 결정될 뿐만 아니라 그 물질이 지닌 전도성, 밀도, 가단성可鍛性 등을 설명해 준다. 이런 두 가지 역할을 동시에 하는 생물학적 성질이 존재하지 않으므로 헐과 기셀린은 종에 고유한 본질이란 없다고 주장했다.

인간의 본성에 대한 이런 기본적인 회의주의에 헐과 기셀린은 두 가지 생각을 추가한다. 먼저, 이들은 진화 과정이라는 것이 드문 형질은 흔하게 만들고 흔한 형질은 드물게 만든다는 것을 지각한다. 자연선택에 유리한 새로운 돌연변이가 이전의 우세한 형질을 대체하기 때문이다. 두 번째, 이들은 같은 종 내 개체라면 보편적인 특징을 보여 줄 것이라는 단순한 이론을 위협하는 꼼꼼한 연구 결과가 자주 나온다는 것을 지적한다. 위에서 우리는 전 세계 사람들이 같은 방식으로 색깔을 구분하거나 같은 정도로 착시 현상을 겪는다는 우리의 기존 태도에 반하는 심리 연구 결과를 보았다. 찰스 다윈은 따개비에 대한 피나는 연구 결과 박물학자들이 종의 획일성을 툭하면 과장한다는 결론을 내렸다.

> 경험이 풍부한 박물학자라도 내가 지난 수년 동안 수집해온 것처럼 과학적인 절차를 따라 표본을 수집해 보면, 심지어는 개체의 주요 부분에서도 다양한 변이가 나타난다는 사실에 놀랄 것이다… 주요 장기에 전혀 변이가 없다고 말하는 저자들의 주장은 종종 순환 논증의 오류를 범한다. 이들은 소수의 박물학자가 솔직히 고백한 것처럼 어떤 특성을 변이가 없는 중요한 특성이라고 실제로 정해 놓는데, 이 관점에 따르면 주요 기관이 변이하는 경우가 전혀 없게 된다. 하지만 관점을 바꾸기만 하면 얼마든지 그런 경우가 분명히 나타난다.[193]

이것이 시사하는 바는 무엇인가? 헐과 기셀린의 주장이 맞는다면, 어떤 생명체가 인간 게놈을 지니고 있다고 해서 인간이 되는 것이 아니다. 이들의 연구는 특성이라는 것이 보편적인 어떤 것이라고 쉽게 단정하는 우리에게 경종을 울린다. 마지막으로, 이들은 진화적 시간을 거치는 동안 어떤 특정한 종 내에 무수한 특성이 나타났다가 사라질 수 있다는 것을 지적한다. 하지만 이 모든 지적이 "인간 본성"에 대한 보다 유연한 이해, 즉 인간의 본성을 특정 시점에 대부분 인간이 지닌 일련의 특징들로 보는 관점을 배제하지 않는다. 사실 핑커와 그의 동료들이 "인간 본성"을 언급할 때 진화 과정의 현시점에 인간이라는 종에서 나타나는 보편적인 일련의 특징들, 특히 심리적인 특징들을 마음에 두고 있다는 것은 거의 확실한 것으로 보인다. 이런 특징이 한때는 드문 특징이었을 수 있고, 이 특징으로 인간을 정의할 수 없으며, 현시점에서는 모든 인간이 이 특징을 지니고 있지만 언젠가는 드문 특징이 될 수도 있다는 사실을 이 학자들은 기꺼이 인정한다. 이제 우리는 인간의 본성이라는 이런 단순한 개념을 왜 거부해야 하는지 살펴볼 필요가 있다.

진화와 변이

핑커와 그의 동료는 자신들의 의도와 잘 부합하는 인간 본성에 대한 온건한 정의를 제시했는데, 철학자 에두아드 마쉐리$^{Edouard\ Machery}$는 이들의 이론을 유창한 말로 옹호해 왔다.[194] 마쉐리의 관점에 따르면, 인간 본성이란 진화 과정에서 인간이라는 종에 보편화한 일련의 특징일 뿐이다. 하지만 이런 온건한 제안도 과학적인 근거에 따라 비판을 받을 수 있다.[195]

먼저, 보편적인 특징만을 "인간 본성"으로 봐야 하는 이유가 있는가? 때때로 자연선택 때문에 유리한 특성이 100% 개체에 나타나기도 한지만 항상 그런 것은 아니다. 이것은 추상적인 생물학 이론에서뿐만 아니라 현장에서의 관찰에 의해서도 강조된 주제이다. 집단 내 다른 개체의 행위에 따라 생기는 어떤 특징이 가져다주는 생물학적 우위가 있는 경우, 한 특징이 우세하지 않고 여러 특징이 공존한다는 것은 이론적으로 널리 알려진 사실이다.

존 메이나드 스미스가 매와 비둘기의 상호작용에 대해 다룬 이론이 이것을 잘 보여준다. 개체들이 짝이나 먹이 같이 중요한 재원에 대해 상호경쟁 관계에 있는데, 이들이 적을 만나면 두 가지 중 한 방식으로 행동한다고 가정해보

자. 매의 경우 선제공격을 하고 승자가 가려질 때까지 싸움이 계속된다. 비둘기의 경우 공격적인 행동을 마주하면 후퇴한다. 이제 주 구성원이 비둘기고 매가 군데군데 섞여 있는 집단을 상상해보자. 매가 비둘기 떼에 돌진할 확률이 높은데, 그렇게 하는 경우 매는 낙승을 거둘 것이다. 매는 싸움에서 아무것도 잃지 않고 상당한 재원을 확보하게 되는데 그 결과 삶이 번영해 개체의 수가 늘어날 것이다. 하지만 그렇다고 비둘기가 멸종되는 것은 아니다. 그 이유는 집단 구성원의 대부분이 매로 된 후 매가 이제는 드물어진 비둘기보다는 다른 매를 상대할 확률이 높아지기 때문이다. 매의 경우 서로 한쪽이 상처를 입을 때까지 싸움을 끝내지 않기 때문에 힘들고 위험한 싸움을 끝도 없이 계속할 것이다. 이제 이 집단에서 유리한 입장을 차지하는 쪽은 비둘기로 그 숫자가 늘어날 텐데, 그 이유는 비둘기의 경우 싸움을 피하는 경향을 지니고 있으므로 다른 비둘기 떼와 마주쳤다 하더라도 가진 것을 공평하게 나누어주기 때문이다. 결과적으로 한 집단에 매와 비둘기가 공존하는 것이 가능하게 된다.

다형성polymorphic 종, 즉 다양한 유형을 지닌 종이 등장할 것이라는 예견은 매-비둘기 게임과 같은 추상적인 이론

모델에서만 나오는 것이 아니다. 자연을 직접 관찰하면 한 종에 독특한 유형들이 다양하게 공존한다는 것을 알게 된다. 측면얼룩진도마뱀(땅유타도마뱀)이 그 교과서적인 예이다.[196] 이 종의 수컷은 세 가지 유형으로 존재하는데, 각 유형이 독특한 전략적 및 해부학적 방식으로 적응한다. 주황색 목을 한 수컷은 아주 공격적인 성향을 띄는데 이들은 넓은 영역을 보호한다. 진한 청색 목을 한 다른 수컷의 경우 더 좁은 영역을 보호하고 덜 공격적이다. 마지막 세 번째 유형의 수컷은 노란색 줄무늬 목을 하고 있는데, 이들은 영토를 보호하는 역할을 전혀 담당하지 않는다. 이들은 다른 영역에 몰래 침투해 짝짓는 기회를 확보한다. 이 경우 한 방식이 특별히 우세하다고 할 수 없는데, 그 이유는 셋이 파충류식 가위바위보 게임을 하기 때문이다. 다시 말해, 노란 줄무늬는 오렌지 목에 강하고, 오렌지 목은 청색 목에 강하고, 청색 목은 노란 줄무늬에 강한 면을 보인다. 이 세 다른 유형이 하나도 도태되지 않고 서로 흥망을 거듭한다.

그렇다면 모든 종에 자연선택을 통해 보편화된 하나의 고유한 우세 구조, 즉 획일화된 본성이 있다고 생각하는 것은 착오라고 할 수 있다. 오히려 진화 과정을 통해 다양한 유형을 포함하는 종이 계속해서, 그리고 규칙적으로 등장한다. 진화 과정을 통해 어떤 특징이 그 종에서 아주 우세하게 되는 경우, 이 특징을 문화적으로 설명할 수 없다고 생각하는 것 역시 착오가 될 것이다. 추상적인 개념으로 설명하면 이 점이 모호하게 들릴 수 있기에 이해를 돕기 위해 인간 심리에 관한 최근의 연구 결과 몇 점을 보기로 하자.

문화 적응

모방은 타자의 행동을 따라 하는 일종의 학습 방법이다. 모방할 수 있는 생물학적 종은 몇 개에 불과하다. 영장류 동물학자 겸 심리학자인 마이클 토마셀로Michael Tomasello 는 침팬지가 모방을 할 수 있다는 것에 대해서도 회의적이다. 침팬지가 모방하는 것처럼 보이지만 사실은 다른 행위를 하는 것이라고 그는 주장한다. 만약 어미 침팬지가 통나무를 굴러 낸 뒤 그 밑에 있는 개미를 먹는 경우, 새끼 침팬지는 그 밑에 있는 개미를 보게 된다. 그리고서 새끼 침팬지가 다른 개미떼를 찾기 위해 다른 통나무를 굴러 어미가 했던 행동을 할 수도 있지만, 이것은 어미가 어떻게 개미를 먹는지 자세히 살펴본 뒤 똑같이 하는 것이지 모방과는 다르다.[197] 이와 달리 인간은 모방의 달인이다. 인간의 모방 능력이 뛰어난 인류 문화를 이루어 냈다고 하는 사람도 있다. 즉, 다른 사람의 행위를 모방함으로써 행동을 더욱 유용하고 세련된 형태로 발전시킬 수 있었다는 말이다. 이런 의미에서 모방은 인간의 뛰어난 기술 발전이 가능하게 했던 이유 중의 하나라고 할 수 있다.

위의 토론은 모방 능력이 다른 종에 비해 인간에게 고도로 발달하여 있으며, 이 능력은 인간에게 고유한 능력으로 보이고 또한 인간의 진화에 있어 아주 중요한 역할을 했다는 것을 보여준다. 이런 이유로 모방은 흔히 인간 본성의 중요 특징이라고 생각된다. 하지만 심리학자 세실리아 헤이즈Cecilia Heyes는 모방 능력이 학습에 의해 획득된다고 주장한다.[198]

모방 이론에 관련된 수수께끼 중의 하나가 조그만 아이가 행동의 "일치 문제correspondence problem"를 어떻게 해결할 수 있는지다. 모방자는 타자의 행동을 보고 유사한 행위를 할 수 있어야 한다. 이것은 쉬운 일인 것처럼 보일 수 있지만, 자기의 신체적 행동을 스스로 관찰하기가 어렵다는 사실을 고려하면 어떻게 모방을 할 수 있을까에 대한 의문이 더욱 미궁에 놓이게 된다. 내 어린 아들 샘이 내가 얼굴을 일그러뜨리는 것을 보고 어떻게 자기가 이 행동을 똑같이 한다는 것을 알 수 있을까? 내 얼굴처럼 자기 얼굴이 일그러지는지 확인하기 위해 자기 얼굴을 보기란 쉽지 않은데 말이다. 뿐만 아니라, 자기 얼굴을 움직일 때 드는 피부 속 느낌과 내가 얼굴을 같은 식으로 움직였을 때의 모습이 일치하지 않는다. 즉, 다른 사람의 행동 모습과 그 행동을 똑같이 했을 때 드는 느낌은 "일치"하지 않는다.

헤이즈는 유아들이 남이 하는 행동을 지각하는 것과 지각한 행동을 행동에 옮기는 것을 동시에 경험할 수 있다면, 두 행동을 서로 연결짓는 것을 배울 수 있다고 주장한다. 왜 둘을 동시에 경험해야 하는가? 헤이즈는 여기에 대해 몇 가지 생각을 제시한다. 어떨 때는 유아들이 자신의 행동을 스스로 볼 수 있으므로 두 행위를 연결하는 것이 가능하다. 예를 들어, 손을 움직일 때 자기 손을 자세히 들여다보거나 아니면 거울과 같은 인공적인 보조를 받아서 자신의 행동을 스스로 본다. 또, 웃기는 상황에서처럼 사람들이 같은 감정적인 반응을 공유하는 경우, 아기는 자기가 쳐다보고 있는 사람들이 웃기 시작하면 곧 같이 웃는다.

헤이즈는 행동에 대한 지각과 그 행동의 실행 사이의 상관관계를 통해 유아들이 다른 사람이 어떤 행동을 할 때의

과학한다, 고로 철학한다

모습과 자신이 그 행동을 했을 때 드는 느낌을 연결지을 수 있다고 주장한다. 이런 연결이 가능하게 되면, 즉 간단한 유형의 행동에 있어 일치 문제가 해결되면, 이런 비교적 간단한 행동의 복잡한 패턴을 함께 관찰함으로써 정교한 형태의 모방을 할 수 있게 된다.

헤이즈의 주장을 뒷받침하는 상당한 증거가 있다. 그의 이론은 어떻게 침팬지가 모방하는 것을 배울 수 있고, 왜 인간 신생아의 경우 모방을 하게 되는데 시간이 걸리며, 왜 새떼가 집단적인 행동을 모방하는 것처럼 보이는지 등의 일들을 설명하는 데 도움이 된다.[199] 이 이론이 시사하는 바는 학습을 통해 어떤 특징을, 이 경우 타자를 모방하는 것을 습득할 수 있으며, 학습 활동이 다양한 문화 공동체에 널리 퍼져있고 또 학습이 인간 상호관계와 진화에 있어 중요한 역할을 했다는 점을 우리가 진지하게 생각할 필요가 있다는 것이다. 모방 능력은 사람들이 별생각 없이 "타고 난" 것으로 여기지만, 그 적응 발달 과정은 근본적으로 "문화적"인 영향에 의한 것으로 보인다.

인간의 모방 능력은 자연적이면서 문화적이고 또 진화 과정의 결과인 것으로 보인다. 이것은 진화 과정을 통해 보편화된 능력을 "인간 본성"이라고 부른다면, 문화화 과정을 통해 인간에게 보편화된 특징들도 종종 "인간 본성"이라 부를 수 있다는 것을 뜻한다. 즉, 문화화 과정이 진화의 일부가 된다. 이처럼 "인간 본성"을 가장 잘 이해했을 때 여기에는 우리가 타고난 것과 문화적으로 익힌 것이 모두 포함된다.

유전이라는 실타래 풀기

내가 뭔가를 간과한 것은 아닌가? 자연과 다양한 환경 요인이 각각 유전에 이바지하는 정도를 양화할 수 있는 기존 과학 기술이 있지는 않을까? "유전율heritability"이라는 개념이 키부터 지능까지 우리가 궁금해하는 특징이 얼마나 유전자에 의해 결정되는지 알려 주지 않는가? 예를 들어, 2014년 5월 영국의 일간지 「데일리 메일」은 "새로운 연구에 의하면 안면 인식 능력이 60%는 유전적이다"라는 보도를 냈다.[200]

묘하게도 「데일리 메일」은 그 기사를 다음과 같은 머리 기사로 소개했다: "어디서 봤는지 기억이 안 난다? 모두 유전자 문제. 최근 연구에 따르면 얼굴 인식 능력도 유전." 기사에 소개된 연구에서 인식 무능력이 "모두" 유전자 문

과학한다, 고로 철학한다

제라는 말은 분명히 없었다. 최대한 가깝게 해석한다 하더라도 인지 능력의 반 조금 넘는 부분만이 유전자에서 유래하고 반 조금 안 되는 부분이 다른 요인에서 유래한다. 그런데 유전자의 기여 정도를 양화한 이 시도가 의미하는 바는 무엇인가? 마치 어떤 사람이 가진 전재산의 **60%**는 부모에게서 물려받은 것이고 나머지 **40%**는 자신이 벌었다고 말하는 식으로, 개인의 얼굴 인지 능력 중 **60%**는 유전자에서 왔고 나머지는 다른 요인에 의한 것이라는 말인가? 과학자들이 얼굴 인지 능력이 **60%** 유전적이라고 할 때는 그런 뜻으로 하는 말이 전혀 아니다. 유전율이라는 개념을 사용할 때는 아주 신중하게 써야 한다.

"유전율^heritability"이라는 말은 전문어로, 흔히 쓰이는 "유전^inheritance"이라는 말과 구분이 되어야 한다.[201] 대충 말했을 때, 유전율은 신발 크기나 소득 같이 집단 내의 형질의 변이와 동일 집단 내 개인의 유전적 구조체 변이가 가지는 상관관계의 정도를 말한다.* 의례 그렇듯, 이것을 가장 쉽게 이해하는 방법은 인간의 유전성 말고 다른 간단한 예를 들어보는 것이다. 식물의 경우를 한번 생각해보자.[202]

---

* 역주: 보통 유전율은 집단 내 표현 형질의 차이가 유전적인 차이에서 유래한 정도를 백분율로 표시한 것을 말한다.

어떤 땅에 동질의 흙, 동질의 비료, 동량의 물과 햇빛을 공급한다고 해보자. 그리고서 이 땅에 유전적으로 다른 옥수수 씨를 심고 키운다고 해보자. 성장한 옥수수 포기들의 환경이 같으므로 포기 사이의 키 차이는 전적으로 유전적인 차이일 것이다. 이 말은 이 땅에 키의 유전율이 상당히 높아질 것이라는 뜻이 된다. 이제 이 식물 중의 하나를 뽑아내 유전적으로 같은 복제 식물을 만들어 그것을 비료와 물을 고르게 주지 않은 비균질 땅에다 심는다고 해보자. 그리고서 아까처럼 어린 식물을 키우면서 키를 기록한다. 이 땅의 경우 식물과 식물의 유전적인 차이가 전혀 없으므로 키의 유전율이 아주 낮아질 것이고, 키의 차이가 전적으로 환경적인 차이에 의해 설명될 것이다.

이제 "유전율"이라는 기술적 개념이 부모로부터 "물려받은 것"이라는 비기술적 용어와 어떻게 구별되는지 좀 이해가 될 것이다. 다른 예로, 아이들은 보통 부모의 손가락 수를 닮는다. 부모들 대부분이 열 손가락을 지니고 있고 그 자식들도 대부분 열 손가락을 타고난다. 이런 의미에서 자식이 열 손가락을 부모에게서 "물려받았다고" 할 수 있다. 하지만 열 손가락은 "유전율"이 높은 특징이 아니다. 주위를 둘러보면 열 손가락이 안 되는 손을 지닌 사

과학한다, 고로 철학한다

람들의 경우 대부분이 농기구나 산업 기기, 부엌칼 등을 잘못 사용해 사고로 손가락을 잃은 사람들이다. 물론 열 손가락이 안 되는 손을 가지고 태어난 사람들이 있기에 손가락 수의 차이와 유전적인 차이 사이와 약간의 상관관계가 있을 수 있다. 하지만 이 상관관계가 그리 높지 않다. 그렇다면 손가락 수 같은 특징의 경우 확실히 부모에게서 "물려받는 어떤 것"이지만 "유전율"이 높지는 않다고 말해도 말이 되는 것이다.*

옥수수 식물의 경우에서 유전율에 대한 세 가지 다른 중요한 점을 발견하게 된다. 먼저, 유전율은 개체가 아니라 개체'군'에 해당하는 개념이다. 환경적 조건이 같은 첫 번째 땅에서의 식물의 키나 복제 식물을 심은 두 번째 땅에서의 식물의 키가 지닌 유전율에 관해서는 물어볼 수 있다. 하지만 한 개별 식물의 키가 지닌 유전율에 물어보는 것은 말이 되지 않는다. 두 번째, 유전율은 개체의 환경이

---

* 역주: 어떤 특징이 유전율이 높다는 말은 그 특징을 지닌 사람들과 그렇지 않은 사람들 간의 차이를 두 집단의 환경적 차이보다는 유전적 차이로 설명할 수 있다는 말이다. 손가락의 경우, 원래 열 손가락이 안 되는 손가락을 지니고 태어난 사람은 거의 없다. 따라서 두 집단 사이의 손가락 수 차이가 유전적 차이보다는 칼 등을 잘못 다루어 손가락을 잃게 되는 경우처럼 서로 다른 환경에 처해 생긴 환경적 차이에 의해 설명이 된다는 말이다. 이런 의미에서 손가락 수는 쉽게 대물림되지만 유전율은 낮다고 할 수 있다.

바뀌면 같이 변화한다. 예를 들어, 땅을 일구는 방식을 바꾸어 그 땅의 모든 식물이 같은 환경에서 자라도록 하면, 그 땅에서 자라는 식물의 키의 유전율이 높아진다. 환경적인 차이가 제거되면 키에 관계된 나머지 차이점을 모두 유전적인 차이로 설명할 수 있기 때문이다. 그 전에는 이 차이를 유전적인 차이와 환경적인 차이 두 가지로 설명했다. 세 번째, 유전율은 상관관계에 대한 정보를 제공할 뿐이다. 어떤 옥수수 식물 개체군의 키가 유전율이 높은 경우, 이것은 키의 차이가 유전적 차이와 연결돼 있다는 것을 말해 주지만, 이것 자체가 어떤 유전자를 지닌 식물이 다른 유전자를 지닌 식물보다 키가 크게 되는 과정에 관해서 설명해 주지는 않는다.

2013년에 「가디언」지에 터져 나온 헛소동에 대해 이제 약간 설명을 할 수 있을 것 같다. 이 사건은 「가디언」이 당시 영국의 교육부 장관이었던 도미닉 커밍스^{Dominic Cummings}의 특별 고문이었던 마이클 고브^{Michael Gove}가 쓴 문서를 유출하는 것으로 시작되었다.[203] "교육·정치적 우선과제 고찰"이라는 다소 지루한 제목에도 불구하고 커밍스의 문서에는 복잡성 이론, 일기 예보, 과학적 방법, 임마누엘 칸트, 포스트모더니즘을 비롯해 인류에게 알려진 주제 대부분이 포함되어 있었다. 「가디언」은 그 보고서의 작은 부분에 초점을 맞췄는데, 거기에 커밍스는 유전학이 "교육 정책에 정보를 제공하고 교육을 개선할 수 있는 큰 가능성"을 지녔다고 기술했다.

커밍스는 "교육 기회의 성공적인 추구와 '사회적 유동성'의 증가가 교육적 성과의 유전율을 높일 것이다"라고 주장했다. 그는 저명한 행동 유전학자 로버트 플로민Robert Plomin의 입장을 많이 취했는데, 적대적인 칼럼니스트 몇 명이 그의 연구를 왜곡한 것과 달리 제대로 된 개요를 실었다. 플로민 자신은 후에 심리학자 캐서린 애슈버리Kathryn Asbury와 같이 쓴 책에서 "유전율을 높이는 것을… 교사와 학부모가 불신하고 멀리해야 할 결정론의 일부로 볼 것이 아니라 뿌듯한 업적으로 봐야 한다."라고 주장했다.[204]

유전학이 사회 정책과 연관되면 비평가들은 자주 우리의 운명이 유전자에 의해 결정된다는 불쾌한 운명주의와 결부된 우생학적 문제의 소지를 찾게 된다. 바로 이런 이유로 영국의 여당 반대파 대표였던 케빈 브레넌Kevin Brennan이 2013년 10월에 도미닉 커밍스의 견해를 듣고 "간담이 서늘해졌다"고 말했는지도 모르겠다.[205] 하지만 플로민과 애슈버리가 교육적인 성과의 유전율을 높이는 것이 뿌듯한 일이라고 할 때 유전자가 우리의 교육적인 운명을 결정지어 버린다는 말은 하지 않는다. 오히려 이들은 기회균등이라는 기분 좋은 진보적 이미지를 내걸고 있다. 유전율을 높이게 되는 것이 실제로 가능하게 된다면, 교육 환경을 균질화시켜 교육적인 결과의 차이를 순전히 유전적인 차이로 돌릴 수 있다는 면에서 유전율을 높이는 사업을 해볼 만한 일이라고 이들은 생각하는 듯하다.

일리가 있는 것 같지만, 잠시 이것에 대해 생각해 보아야 한다. 좀 전에 옥수수밭 예를 떠올려주기 바란다. 유전율을 최대로 끌어올리려면 모든 식물을 같은 환경에 노출하면 되기 때문에 다양한 방법으로 키의 유전율을 최대로 끌어올리는 것이 가능하다. 하지만, 옥수수 자루들의 유전율이 높아졌다는 사실에 기뻐할 농부는 거의 없을 것이다. 더군다나 척박한 환경을 개선하고 싶다고 했을 때 특정 옥수수 자루에 도움이 되는 해결책이 모든 옥수수 자루에도 그럴 거라는 보장이 없다. 개체 특유의 차이로 인해 한 옥수수 자루는 말똥 거름을 준 땅에서 잘 자란다면 다른 자루는 소똥 거름을 준 땅에서 잘 자랄 수 있다. 만약 모든 옥수수 자루를 각자가 지닌 가능성을 최대한 발현시켜 잘 자라게 하는 것이 우리의 목표라면, 각 자루를 다르게 다루어야 할 것이다. 이 말은 이들을 다른 환경에 노출해야 된다는 말이고 그렇게 되면 유전율이 낮아지게 된다. 이런 이유로 높은 유전율을 교육적 목표로 삼는 것은 말이 안 된다. 교육적 업적의 유전율을 최대로 높였다고 하더라고 아이들의 잠재 능력이 최대화된 것이라고 할 수는 없기 때문이다.

플로민은 이 사실을 잘 알고 있다. 이 사실을 알고 있으면서 유전율을 높이는 작업을 뿌듯한 일로 여긴다는 그의 말은 듣는 사람을 혼란시킨다. 그 자신이 「가디언」과의 인터뷰에서는 "아이들에 따라 학습 방식이 다르다"라는 점을 강조했을 뿐만 아니라, 애슈버리와 함께 쓴 책에서는 높은 유전율의 원인이 아이들이 모두 유사하게 좋지 못한 교수법에 노출된 결과일 수도 있다는 것을 분명하게 지적하고 있다.[206] 이런 이유로 플로민은 또한 성취 불균형이 문화나 사회보다는 타고난 능력에 유래하는 정도를 유전율을 통해 숫자로 알려줄 수 있다는 이론이 왜곡될 수도 있다는 것도 아주 잘 알고 있다. 즉, 교육적 성취가 유전율은 높지만, 그 원인이 모든 학생이 제대로 배우지 못해 자신이 가진 잠재력을 최대로 발휘하지 못했기 때문일 수도 있다.

학교 교육이 아이들의 잠재력을 최대한 끌어내는 것이 목표라면, 아이들에게 동기부여를 할 수 있고 소중한 지식과 기술을 가르칠 수 있는 다양한 방법과 체계에 대해 자세히 알고 있어야 한다. 유전율 연구는 유전자형과 교육적인 성과의 상호관계에 대해 알려준다. 언젠가는 이런 상호관계에 대한 지식을 통해 실제 학습 과정에 대한 통찰력을 얻게 될 수도 있지 않을까? 그리고 이런 지식이 바탕이 된 효과적인 중재를 통해 모든 학생이 학습에 필요한 것들을 충족시켜 줄 수 있지 않을까? 하지만 이런 성숙한 과학의 단계에 이르려면 아직 갈 길이 멀다.

자연 질서

심리 연구에 따르면, 많은 사람이 직관적으로 종이 지닌 본성이라는 아주 논란이 되는 개념을 믿고 있는듯하다. 어린아이들의 경우 살아있는 생명체가 모두 일종의 내면적 성질을 지니고 있어 이 성질이 제대로 기능을 하면 우리가 흔히 보는 특정한 종에 연관된 특징들이 나타난다고 여기는 것 같다.[207] 다시 말해서, 아이들은 모든 고양이가 눈에 안 보이는 어떤 내면적 성질을 지니고 있어,

그것 때문에 쥐를 사냥하고 사람 무릎에 앉아 가르랑거리는 등 전형적으로 "고양이다운" 행동을 한다고 생각한다. 사실은 이런 내면 본성이 제대로 작동하지 않을 때가 많다. 모든 고양이가 그런 숨은 고양이 본성을 지니고 있을지도 모르지만, 사냥도 하지 않고 가르랑거리지 않는 고양이가 있을 수 있다.

또한, 사람들이 생물학적인 종 뿐만이 아니라 성性이나 인종에 대해서도 고유의 숨은 본성이 있을 거로 생각한다는 것을 보여주는 증거가 있다.[208] 같은 성을 지닌 사람, 혹은 같은 인종 집단에 속하는 사람들이 비록 표출되지 않는다 하더라도 고유의 본성을 지녔을 것이라는 생각이 인종이나 성에 대한 여러 전형적이고 해로운 생각의 심층에 놓여 있다는 것은 부인할 수 없다. 다윈 역시 이런 생각을 하고 있었기 때문에, "검둥이"나 "호주 사람"에 대해 일반적인 특징을 부여할 수 있었다. 윌리엄 그렉William Greg을 "조심성 없고 지저분하고 야망도 없는 아일랜드인"이라고 표현할 수 있었던 것도 이런 사고방식 때문이었다. 만약 모든 "아일랜드인"이나 "검둥이"들이 보편적인 본성을 지니고 있다면, 본성에 관한 그런 일률적인 기술 역시 틀린 말이 아닐 것이다. 그런데 문제는 만약 어떤 상황에서 내부적 본성이 기능을 발휘하지 않았을 때도, 조심성 있고 부유하고 야망에 찬 아일랜드 사람들을 가리키면서 내부적 본성의 존재를 반박할 수가 없다는 것이다. 내부의 본질적 성질에 대한 이런 생각이 해로운 이유 중의 하나가 바로 이처럼 증거에 의해 쉽게 반박이 되지 않기 때문이다.[209]

인간 복제의 잘못된 점에 대해 지적하는 레온 카스의 말을 들어보면, 인간 혹은 포유류의 본성에 관련된 언어를 써서 윤리적인 토론을 했을 때 드러나는 불편함을 잘 느낄 수 있다. 그는 저서 일부에서 어떤 특징이 자연적으로 보이는 과정에 의해 대물림되었다는 사실 자체로 그것에 대해 어떤 평가를 할 수 없다는 설득력 있는 주장을 한다. 진화를 통해 우리가 지닌 특징 중 일부는 더 개발할 필요가 있지만 어떤 것은 없는 것이 낫다는 말이다.[210] 그렇다면 그가 "유성 생식이… 자연적으로… 자리를 잡았으며, 그것이 포유류에게는 자연적인 생식법이다"라고 말한 이유는 무엇인가?[211] 왜 유성 생식은 축하해야 할 일이고 무성 생식은 비난해야 하는 일인지 자세히 설명하기 전에는, 이 말을 비무성非無性 복제에 대한 정당한 반대 주장으로 받아들이기 힘들다.

그 설명의 내용이 바로 카스가 인간 복제의 윤리적인 허용에 반대하는 주장을 통해 말하고 싶은 것이기도 하다. 카스는 만약 사람들의 표준 생식 방법이 무성 생식이지만 과학자들이 유성 생식도 가능하게 하는 신기술을 개발했다고 했을 때 그가 어떤 입장을 취하겠느냐는 질문을 한 동료로 받은 적이 있다고 말한다. 인간의 본성을 변화시켜 유성 생식을 할 수 있게 하는 작업에 반대하겠는가 하는 질문이었다. 카스는 유성 생식 자체가 도덕적으로 올바른 행위이기 때문에 그런 작업에 반대하지 않을 것을 아래의 글에서 시사한다. 그에 따르면, 무성 생식을 하는 개체들은 잔인하게 소외를 당할 것이다. 반면 유성 생식을 하는 개체에는 세상이 그만큼 살기 좋은 곳이 된다.[212]

> 유성 생식 개체에게는 세상이 더는 무덤덤하고 거의 자신과 똑같은 사람들과 사는 세상이 아니다 … 세상에는 아주 특별하고 유사하면서도 대조적이고 또한 특별히 뜨거운 관심을 가지고 다가갈 수 있는 존재도 있기 때문이다.

성에 관한 이런 옹호를 얼마나 진지하게 받아들여야 할지 모르겠다. 물론 식물도 성적인 존재이다. 어떤 식물의 경우에는 자주*를 형성하여 규칙적으로 무성 생식을 한다. 그렇다면 딸기가 사과나무에 비해 세상에 대해 더 비관적이어야 한다는 말인가?

카스는 "박테리아, 해조, 곰팡이, 그리고 장기가 없는 무척추동물 같이 열등한 유형의 생명체에서만 무성 생식을 발견할 수 있다"라고 하면서 무성 생식을 높이 평가할 필요가 있는가 하는 질문을 던진다.[213] 그런데 카스가 말한 생명체만이 무성 생식을 하는 것이 아니다. 이미 우리는 무성 생식을 할 수 있는 여러 식물종에 대해 언급한 바 있다. 암컷의 난자가 수컷의 정자가 없이 수정란을 만드는 일종의 무성 생식인 처녀 생식의 경우 파충류에서 흔히 관찰된다.

무성 생식의 "도덕적 타락"이 주는 카스의 불편한 심기는 일단 접어두고, 인간 복제의 허용이 현명한 일인지를 토론하는 데 박테리아가 무성 생식을 한다는 사실이 도대체 어떤 도덕적 연관성이 있다는 말인가? 카스가 인간이 서로에게 "특별히 뜨거운 관심"을 가지고 다가가고 싶어 하는 욕망을 함양하기를 바라는 것은 맞는 생각이다. 어떤 사람들은 자녀가 없이 그런 욕구를 추구하고, 어떤 사람들

---

* 역주: 子株, 딸기같이 땅 위로 뻗어 가면서 뿌리를 내리는 식물의 줄기

과학한다, 고로 철학한다

은 동성의 사람을 통해서 추구해 그 과정에서 아이들을 입양하기도 한다. 카스가 높이 평가하는 이런 정서를 가지는 데에 유성 생식은 필요조건, 충분조건도 아니다. 생식 활동이 실수로 이루어지는 경우가 빈번하며, 어떤 경우에는 무책임하게 이루어진다. 서로 사랑하는 사이인 두 여자가 있는데 가정을 이루고 싶어한다고 해보자. 둘 다 친밀한 생물학적 역할을 통해 이 과정을 밟고 싶어하기 때문에, 한 사람으로부터 복제된 배아를 다른 사람의 자궁 속에 착상시킨다. 타자를 향한 두 인간 사이의 깊은 관계가 융성하는 세계를 보호하는 것이 카스의 관심사라면 무성 생식이 그런 인간관계를 해친다는 것을 보여주는 논증이 더 필요하다. 단순히 인간의 본성 혹은 포유류의 본성에 호소하는 것으로 논증을 대신할 수 없다.

인간 본성 개념의 위험

"인간 본성"이라는 것이 인간이 진화를 통해 가지게 된 보편적인 특징을 단순히 가르키는 문제 소지가 없는 개념이라고 생각했을 수 있다. 그런데 인간 본성이라는 말이 문제의 소지가 많다는 것을 이제 우리는 알고 있다. 진화된 특징이 모두 보편적이라는 것이 틀린 생각이라는 것, 바로 이것이 진화적 다형성多形性, polymorphism의 연구가 우리에게 던져주는 교훈이다. 또한, 보편적인 특징은 학습되지 않는다는 것 역시 틀린 생각인데, 바로 이것이 모방에 관한 헤이즈의 연구가 던져주는 교훈이다. "인간 본성"이라는 말이 윤리적 토론에서 언급되면 혼란을 일으키며, 또한 집단의 본성에 따른 사고가 특정 인종이나 성에 대한 전형적인 사고를 강화하는 것을 위에서 보았다. 인간이 심리적인 구조에 어떤 과정을 통해 유사점과 차이점이 생겼는가를 이해하기 위해 과학자들은 "인간 본성"이라는 개념을 상정할 필요가 없다. "인간 본성"이라는 개념을 상정할 필요도 없는데도 계속 문제거리만 된다면 차라리 이 말을 아예 쓰지 않는 것이 낫다고 생각한다.

과학한다, 고로 철학한다

8

자유가 사라진다?

Freedom Dissolves?

우리는 최선의 행동을 하기 위한 선택을 자주 하고 또 그러한 의식적인 고민이 어떤 행동을 할지 결정하는 데 기여한다고 느낀다. 다시 말해서, 우리는 자유롭게 행동한다고 느낀다.

인간은 그가 행하고자 하는 일을 행할 수 있으나
무엇을 행하고자 하는지를 소망할 수 없다.
— 아르투르 쇼펜하우어

선택이라는 신화

단순한 직감으로 사물이 실제로 어떤지를 알 수는 없다. 지구 위에 발을 딛고 서 있는 사람들에게는 지구가 약간 편평한 구라는 생각이 들지 않지만, 사실은 그렇다. 고래는 (적어도 겉으로 보기에) 포유류처럼 보이지 않지만 포유류이다. 가장 획기적인 과학적 발견 중 일부는 우주와 그 우주에 사는 생물들의 실제 모습이 우리의 생각과 얼마나 큰 차이가 나는지를 잘 보여준다. 그런데도 과학자들이 가끔 너무 극단적으로 신화의 정체를 폭로하는 것은 아니냐고 의문을 제기하는 사람들이 있을 것이다.

우리는 최선의 행동을 하기 위한 선택을 자주 하고 또 그러한 의식적인 고민이 어떤 행동을 할지 결정하는 데 기여한다고 느낀다. 다시 말해서, 우리는 자유롭게 행동한다고 느낀다. 예를 들어, 지난번에 차를 샀을 때 나는 내 선택에 대해 숙고를 하느라 꽤 많은 시간을 보냈다. 친구들에게서 조언을 듣기도 하고, 웹사이트를 보기도 하고, 내 예산도 고려하고, 아내에게도 물어보고, 또 내 딸과 시험 운전을 해보기도 했다. 이 모든 과정에 정신적인 노력이 들어갔으며, 마지막으로 내가 몰고 나온 차는 (좋건 나쁘건) 나한테 맞는 선택이었다. 그런데 나의 의식적인 숙고로 이런 결과를 "만들어 냈다"는 이 확실한 느낌이 착각이고, 내가 인내심 있게 생각해낸 것들이 지금 내 집 바깥에 세워져 있는 내 차를 사는 데 전혀 영향을 주지 않았다고 한다면 놀랄 수밖에 없다. 하지만 최근에 과학자들은 이런 이야기를 우리에게 주로 들려주고 싶어 한다.

일례로, 2008년 「네이처 뉴로사이언스Nature Neuroscience」지에 실린 널리 인용되는 논문을 들 수 있는데, 저자인 헤인즈John-Dylan Haynes와 그의 동료들은 이 논문에서 "주관적인 자유 체험은 환상에 불과하다"며 그 증거를 제시했다.[214] 다른 많은 사람이 이 주장에 동의했다. 아니 동의한 것처럼 보인다고 말하는 것이 더 정확한 표현이 되겠다. 왜냐하면, 자유의지의 문제에 있어서는 정확히 무엇을 주장했고 정확히 무엇을 부정했는지 하는 것이 불명확할 때가 많기 때문이다. 무신론자 과학 저자인 샘 해리스Sam Harris는 과학적인 연구 결과에 근거하여 "자유의지는 환상에 불과하다 ⋯ 우리가 생각하는 식의 자유가 우리에게는 없다"라고 주장한다.[215] 그렇다면 우리에게 자유의지 자체가 없다는 말인가, 아니면 우리가 생각하는 식의 자유가 우리에게 없다는 말인가? 신경과학자 패트릭 해가드Patrick Haggard는 영국 일간지 「데일리 텔레그래프The Daily Telegraph」독자를 향해 "우리에게 자유의지가 없다는 것은 분명하다 … 우리는 우리가 생각하는 그런 의미에서 자유롭지 않다."라고 말했다.[216] 그렇다면 어떤 의미에서는 아니고 어떤 의미에서는 신빙성 있게 우리에게 자유의지가 있다고 말할 수 있단 말인가?

또 다른 신경과학자 마이클 가자니가Michael Gazzaniga 역시 "신경과학 연구를 통해 볼 때 자유의지라는 개념은 무의미한데, 이는 존 로크가 17세기에 이미 지적한 바 있다… 자유의지에 대한 개념은 그냥 잊어버리고 앞으로 나아갈 때이다"라고 말한다.[217] 만약 자유의지라는 개념이 말 그대로 무의미하다면, 그것의 존재를 부정하는 것 역시 그것을 인정하는 것만큼이나 무의미한 일이 된다. 그렇다면 의식적인 숙고를 통해 특정한 행동을 선택한다는 생각이 과학적인 연구 결과에 어긋난 것일까?

저명한 과학자의 자유의지에 대한 최근의 공격은 두 가지 독특한 유형을 띠는데, 이것을 하나씩 살펴볼 필요가 있다.

먼저, 새로운 과학적 증거 대신에 오랫동안 지속한 우려에 그 근거를 둔 아주 포괄적인 유형의 회의주의가 있다. 이것을 "인과 관계 논변$^{causal\ nexus\ argument}$"이라 부르기로 하자. 인간의 몸과 마음을 우주의 인과 순서의 일부라고 여기면, 많은 이들은 우리 자신이 외부의 낯선 시간과 장소에서 유래한 결과의 중간 전달자에 불과하다고 느낄 것이다. 즉 인간이 범죄나 전쟁을 일으키고 온실가스를 배출하는 일을 한다 하더라도, 눈사태가 재앙의 진짜 행위자가 아니듯 우리도 그런 행동의 진짜 행위자가 아니라는 말이다. 눈사태의 경우 이전의 강설과 눈사태를 일으키게 하는 조건이 맞아 떨어져 일어난 결과에 불과하고, 인간 행동의 경우 어떤 식으로든 과거 사회적·신경학적·유전적 조건이 맞아 떨어져 그런 행동이 나오게 된 것이다.

인간의 자유의지를 회복하는 유일한 방법, 그러니까 우리가 에너지를 전달하는 배관같이 수동적인 체계가 아니라 사물의 결과를 결정짓는 데 관여한다는 정당한 확신을 회복할 수 있는 유일한 방법은 인간이 자연의 일부라는 것을 용감하게 부정하는 것뿐인 것 같다. 자유의지에 대한 가자니가의 회의주의 역시 대체로 이런 식의 논리에 바탕을 두고 있다. 그는 자유의지를 옹호하려면 인간이 사물의 인과·

과학한다, 고로 철학한다

물리적인 순서에서 벗어나 있다는, 즉 물체들이 보통 서로 밀고 당기고 하는 운동에서 어떤 식으로든 자유롭다는 것을 보여줄 수 있어야 한다고 주장한다. 그 자신이 그런 것을 보여주고 싶지 않아하는 건 충분히 이해가 간다. 알고 보면 신경 과학의 성공은 우리의 행동이 뇌의 구조에 영향을 받고, 그 뇌의 상태는 여타 자연 체계가 그러한 것처럼 이전의 내·외적인 세계의 상태에 의해 인과적으로 영향을 받는다는 이론에 그 바탕을 두고 있다.

자유의지에 대한 두 번째 유형의 과학적인 비판은 첫 번째와 다르다. 이 비판은 그 초점이 훨씬 구체적일 뿐만 아니라 최근에 제기된 것이다. 이 비판은 일반적인 개념적 논증보다는 구체적인 실험 결과에 초점을 둔다. 이런 의미에서 인과 관계 논변에 비해 새로운 과학적 정보를 더 많이 건설적으로 이용한다고 할 수 있겠다. 일단 이것을 "지연에 의한 논쟁argument from tardiness"이라고 불러보자. 그 이유를 조금 있다 알게 될 것이다.

이 장 처음에 언급한 헤인즈와 그 동료들은 2008년 논문에서 뇌 스캐너에서 나온 정보를 통해 어떤 사람이 어떤 행동을 할지 의식적으로 결정하기 10초 전에 그 사람이 할 행동을 예측할 수 있었다고 주장했다.[218] 이들의 연

구는 이들 이전의 벤저민 리벳^{Benjamin Libet}의 대담하고 중요
한 연구를 더 새롭게 확장한 것인데, 리벳은 무의식적인
뇌 활동으로 특정한 행동을 하는 결정이 리벳의 표현처
럼 "거품 방울처럼 일어나는데" 행동이 이미 촉발된 뒤에
그 결정에 대해 의식적인 인식을 하게 된다는 연구 결과
를 내놓았다.[219]

리벳과 헤인즈의 연구가 자유의지가 환상에 불과하다는
것을 보여준다고 여길 수 있다. 만약 뇌의 어떤 부분이 구체
적인 행동 경로를 촉발한 후에야 그 행동 경로를 의식적으
로 선택했다는 느낌이 든다면, 우리의 의식적인 결정이 우
리의 행동에 실제로는 전혀 영향을 끼치지 않는다는 말처
럼 들릴 수 있다. 실수로 길에서 휘청해 놓고는 일부러 웃기
려고 그랬다는 인상을 주려고 하는 사람처럼, 우리의 의식
적인 의도는 되돌이킬 수 없는 경로를 나중에 무능하게 인
정만 하는 것은 아닌가?

인과 관계 논변

인과 관계 논변은 철학과 학생이라면 잘 알고 있는 논변
이다. 사람들은 주로 다음에 소개될 단순한 딜레마 때문에

과학한다, 고로 철학한다

이 논변을 선호한다. "의지의 자유"란 우리의 의향에 따라 행동 경로를 구체적으로 정한다는 의미에서 일종의 통제 능력을 포함한다. 그런데 우리가 그런 통제 능력을 지녔다고 생각하는 근거는 무엇인가? 우리의 행동은 우리 뇌의 내부와 외부에서 일어나는 일련의 선행 사건들에 의해 인과적으로 결정되거나 혹은 그렇지 않거나 둘 중의 하나인 것 같다. 만약 우리의 행동이 일련의 선행 사건에 의해 결정되지 않는다면 이것은 통제 이론에 찬물을 끼얹는 것이 된다. 그렇게 되면 우리의 행동이 우리 자신도 놀라게 할 수 있는 돌발적인 즉흥 행동이 되기 때문이다.

우리가 결과적으로 하는 행동에 대해 우리의 숙고가 끼치는 인과론적 영향으로 통제를 이해하는 것이 가장 정확한 것 같다. 그런데 우리의 행동이 일련의 선행하는 사건에 의해 결정이 된다면, 사건이 특정한 방향으로 벌어지는 것에 대해 우리가 개입할 여지가 전혀 없다는 말이 되는 것 같다. 일련의 선행 사건이 후속 사건의 방향을 이미 정해 버리기 때문이다. 탁월한 진화생물학자 제리 코인 Jerry Coyne은 자유에 대한 회의적인 입장에 대해 말할 때 이런 논변을 쓴다.[220]

… 세계가 모든 면에서 똑같은 상태에서 만약 당신 삶의 테이프를 선택의 순간까지 재생해서 볼 수 있다면, 자유의지가 있다는 말은 당신이 다른 선택을 할 수 있었다는 것을 말한다… 재생해서 볼 수 있는 이런 테이프는 물론 실제로 없긴 하지만, 이런 의미의 자유의지란 물리적인 법칙에 의해 간단히 그리고 확실히 제거된다.

그의 말에 의하면, 내 느낌과 반대로 포드 자동차를 샀을 때 사실은 내게 폭스바겐 자동차를 살 자유가 애초에 없었다는 것이 된다. 그뿐만 아니라 같은 포드 모델이라도 다른 추가 부착물을 사는 자유도 내게는 없었다. 그러니까 내가 우주라는 테이프를 내가 태어난 해인 1974년으로 초기화해 다시 재생 버튼을 누른다 하더라도 2011년 2월에 내 집 앞에 세워져 있는 차는 똑같은 포드 차가 될 것이다.

우연의 세계

자유의지에 대한 반박 논증이 케케묵은 과학에 의존하고 있다는 불만이 이제 조금 이해가 갈 것이다. 양자 물리학에서는 우주를 우연의 세계로 본다. 물리학자와 철학자들은 이것을 "비결정론적^{indeterministic}"이라고 표현한다. "결정론적^{deterministic}" 우주에서는 자연 법칙의 존재가 특정 시점에서의 사물의 상태를 찍은 한 편의 완벽한 사진이 우주의 모든 미래를 결정하게 된다. 결정론적 우주에서는 빅뱅 직전의 사건들의 구조가 우주의 진화 방향을 한 쪽으로 결정지을 수 있다. 비결정론적인 우주는 이처럼 경직되어 있지 않다. 양자 물리학에서는, 불안정한 방사성 원자핵에 에너지를 발사하면 원자핵이 얼마 안돼 알파 입자를, 즉 두 양성자와 두 중성자를 포함하는 입자를 발산하면서 붕괴할 가능성이 크지만, 그렇다고 해서 알파 발산이 미래의 특정한 시간에 일어난다는 것은 물론이고 그것이 일어난다는 것 자체도 확실한 사실이 아니다. 비결정론적 우주에서는 특정 시점에서의 사물의 상태에 대한 완벽한 한 점의 사진이 있다 하더라도 우주가 그 후에 다양한 방식으로 진화할 가능성이 있다. 그렇다면 우리가 사는 우주가 이런 식으로 비결정론적인 우주라고 한다면, 앞에서 말한 코인의 테이프를 몇 번이나 재생할 수 있을 뿐더러 우리 집 진입로에 세워진 내 새 차 역시 매번 다를 수 있다.

자유의지 문제에 대한 이런 답변은 우리를 통제의 문제로 다시 돌아가게 한다. 우리가 사는 우주가 비결정론적인 우주라고 해보자. 논의상 더 논란이 되는 입장, 다시 말해 비결정론이 양자 영역에만 적용되는 것이 아니라 눈으로 관찰 가능한 일상 사건에까지 침투해 올라간다는 주장에도 동의한다고 해보자. 문제는 이런 식의 비결정론이 자유에 어떤 의미가 있는지다.

우리가 자유의지를 옹호하는 이유는 우리가 사물을 통제하고 있다는 것이 맞다는 주장을 하고 싶기 때문이다. 그런데 비결정론은 이 주장에 동의하지 못한다. 기껏해야 불안정한 원자핵이 5분 간격으로 붕괴할 수도 또 하지 않을 수도 있다고 말해줄 뿐인데, 이것은 결심을 굳힌 자동차 구매자가 포드 차를 5분 내에 살 수도 있고 사지 않을 수도 있다고 말하는 것과 다름이 없다. 다시 말해, 비결정론은 원자가 언제 붕괴하는가 하는 것이 원자에 달려 있다거나 어떤 사람이 포드 차를 구매하는 것이 그 사람 마음에 달려 있다는 말을 해주지 않는다. 비결정론은 몇 가지 다른 미래가 똑같은 가능성을 지닌 채 불안정한 원자에 펼쳐질 수 있듯이, 숙고를 하는 개인에게 몇 가지 다른 미래가 똑같은 가능성을 지닌 채 열려 있다고 생각한다.[221] 하지만 이런 미래를 가능하게 하는 것은 통제가 아니라 우연이다.

우리가 원하는 것이 미래에 대한 우리의 통제력을 확보

과학한다, 고로 철학한다

하는 것이라면, 비결정론에 호소해봤자 별로 도움이 되지 않는다. 이런 이유로 자유의지에 대한 담론을 하는 많은 학자가 비결정론적인 세계관을 받아들이지만, 그 세계관이 인간의 자유를 회복시켜줄 것이라고는 크게 기대하지 않는다. 대신에 자유의지의 현실에 대해 고려할 때 진짜 문제가 되는 것은, 선행하는 사건과 차후의 사건 사이의 인과 관계가 의식적인 숙고가 일의 결과에 영향을 미친다는 우리의 생각을 위협하는가 하는 것이다. 인과관계가 비결정론의 한 유형에 속하든 (이 경우에는 차후 사건이 발생할 가능성을 높여줄 뿐이다) 결정론에 속하든 (이 경우에는 차후 사건이 반드시 일어나게 된다) 그것은 문제와 상관이 없다.

자연적인 자유

최근에 철학자들은 인과관계가 자유에 실제로는 문제가 되지 않는다고 주장을 하는 편이다. 물론 "자유" 혹은 "자유의지"를 환경과의 상호작용에 있어 철저한 인과 관계망에 들어 있는 생명체로서의 인간의 이미지와 공존할 수 없는 섬뜩하고 초자연적인 개념으로 정의하게 되면, 인과 관계가 문제가 된다. 예를 들어, 우리가 자유의지를 지니고 있다는 말을 우리 머릿속에 난쟁이들이 살고 있는데 이 난쟁이들이 선행 원인의 영향을 차단하고 우리의 차후 신체적 행동을 결정할 수 있다는 뜻으로 이해하면, 물론 자유의지는 환상에 불과한 것이 된다. 그런데 대니얼 데닛^{Daniel} ^{Dennett}이 던진 현명한 질문처럼, 이런 식의 자유의지만이 꼭 우리가 "누릴 만한" 자유의지인가?[222]

자유의지를 다른 식으로 이해하면, 자유로운 행위자를 여러 독특한 능력을 지닌 사람으로 여길 수 있다. 자유로운 행위자는 물리적인 난관이나 장애가 없이 환경에 적절하고 유연하게 대처할 수 있는 사람이다. 자유로운 행위자는 일에 대해 심사숙고를 할 수 있고 합리적인 숙고를 따져볼 수 있으며, 숙고를 통해 적절한 경우 생각을 행동으로 옮길 수 있는 사람이다. 이 해석에 따르면, 내가 차 가격과 연비절감에 대한 정보를 이해할 수 있고, 미적인 선호도를 지니고 그 차가 거기에 미적으로 부합하는지를 확인할 수 있으며, 좌석 덮개가 어린아이들이 난폭하게 다루어도 괜찮을만큼 견고한지 알아본 뒤 다른 사람의 강압이나 협박 등이 없이 차 구매 계획을 실행에 옮길 수 있을 만큼 세련된 생명체라면 나는 자유롭다는 말을 들을 수 있다. 이런 생명체의 존재를 과학자들은 부인하지 않는다. 오히

과학한다, 고로 철학한다

려 과학자들의 활발한 연구 대상은 영장류, 새, 인간과 같이 다른 생물학적 종이 다른 식으로 유연한 대처를 하는 정도와 적정 수준의 예민함을 지니고 정보를 처리하는 정도, 그리고 그런 세련된 능력이 발생한 이유 등에 대한 수긍이 갈만한 이유를 제시하는 것이다.

조롱박벌에 대해 알고 싶었던 모든 것

환경적인 자극에 늘 같은 방식으로 대처하는 생물과 반대로 환경적인 난국에 처했을 때 아주 구체적으로 월등한 수준의 예민함을 자랑하며 대처하는 생물은 말 그대로 다른 세계에 사는 생물들이다. 1960년대 딘 울드리지^{Dean Wooldridge}가 처음으로 소개하고 나중에 데닛이 자신의 일련의 철학적인 저서에 실어 자유의지에 대한 관심을 불러일으켰던 나나니벌(조롱박벌) 연구가 바로 이 점을 시사하는 데 자주 인용된다.

조롱박벌은 알을 낳기 전에 굴을 만든 뒤 귀뚜라미를 찾는다. 귀뚜라미를 죽이는 대신 침을 쏘아 몸을 마비시켜 굴속으로 끌어온 뒤 그 옆에 알을 낳고는 그 자리를 떠나버리고 다시 돌아오지 않는다. 부화가 되어 나온 유충은 신선한 귀뚜라미를 먹잇감으로 먹게 된다. 이 모든 것이 조롱박벌 입장에서는 현명한 행동 같아 보인다. 하지만 울드리지는 조롱박벌의 실수에 대해 다음과 같이 기술한다.[223]

> 이 벌은 의례적으로 마비된 귀뚜라미를 굴 속으로 끌고 와 입구에 내려놓은 뒤, 굴속으로 들어가 알이 모두 잘 있는지 확인한 후 다시 나와 귀뚜라미를 안으로 끌고 들어간다. 만약 굴 내부 점검을 하는 중에 귀뚜라미가 몇 인치 정도 움직이면 벌은 굴 밖으로 나왔을 때 귀뚜라미를 굴 안이 아니라 다시 굴 입구로 데려다 놓고는 굴속의 모든 것이 제대로 되어 있는지 다시 점검한다. 이때 귀뚜라미가 또 움직이면 귀뚜라미를 굴 입구에 내려놓고 최종 굴 점검 행위를 다시 반복한다. 벌은 귀뚜라미를 바로 굴 안으로 데려올 생각을 한 번도 하지 않는다. 한 번은 이런 절차가 40번이나 늘 똑같은 반응으로 반복되었다.

안됐지만 조롱박벌의 행동은 정해져 있다. 환경에 작은 변화만 주었을 뿐인데도 이 벌은 내부 점검을 이미 끝냈으니 먹잇감을 안전하게 두는 일로 넘어가야 한다는 생각을 한 번도 하지 못한 채 똑같이 정해진 행동 양식을 따른다. 이 이야기에 따르면, 우리 인간은 유연하다. 우리는 행동

과학한다, 고로 철학한다

을 취하기 전에 우리 자신의 과거 행동, 다른 사람들의 행동, 그리고 환경의 특성을 자세히 고찰하고 이 모든 것을 고려해서 현명한 행동 방침을 정한다. 인간이 자유롭기 위해 이것 외에 더 필요한 것은 없어 보인다. 이런 의미의 자유는 과학적 연구를 할 가치가 충분히 있으며, 또한 이 자유가 진화의 결과로 주어진 생물학적 종이 몇 되지 않는다는 사실 역시 존중받을만 하다. 조롱박벌이 덫에 빠져 있다는 사실을 통해서 우리는 우리 자신이 자유롭다는 것을 알게 된다. 대니얼 데닛에 의하면 자유는 진화한다.

조롱박벌 이야기에 담긴 아이러니를 프레드 카이저^{Fred} ^{Keijzer}가 최근 자신의 역사학 저서에 아름답게 기술했다.[224] 조롱박벌의 실제 행동은 위의 자유의지에 대한 전설에서 소개된 것보다 훨씬 더 다양하고, 예민하고 현명한 것으로 드러났다. 조롱박벌 행동의 묘사에 기본 틀을 제공한 울드리지의 경우 항공 우주 산업에 종사하는 공학자였다. 그는 한 번도 곤충에 대한 연구를 직접 한 적이 없었다. 울드리지는 조롱박 이야기를 『생명의 과학^{The Science of Life}』이라는 책의 1938년 판본에서 따온 것으로 보이는데, 이 책은 웰스^{H. G. Wells}와 헉슬리^{Julian Huxley}, 그리고 웰스^{G. P. Wells}가 생물학 지식을 대중이 접하기 쉽게 요약해 놓은 것이다.[225] 그리고 이 세 작가는 프랑스 작가 파브르^{Jean-Henri Fabre}가 1879년에 자신의 독창적인 연구에서 밝힌 것을 보고한 것이었는데, 파브르의 연구는 나중에 영어로 1915년에 『사냥 말벌^{The Hunting Wasps}』이라는 제목으로 출판되었다.[226]

파브르는 실제로 논문에서 자신이 조롱박벌의 둥지 입구에 둔 귀뚜라미를 몇 인치 정도 옮겨 놓았더니 벌이 둥지 안으로 들어가기 전에 귀뚜라미를 다시 입구로 옮겨놓았다는 일을 기술하고 있다. 40번이나 옮겼는데도 "벌의 전술이 한 번도 바뀌지 않았다"고 그는 전한다. 그러나 파브르는 이 발견을 좀 석연찮게 생각했다.[227]

내가 자문한 것은 이것이다: "이 곤충이 환경이 변해도 바뀌지 않는 이 치명적인 행동 경향에 순복하는 것인가? 이 곤충은 정해진 대로 행동할 뿐이고 경험을 통해 조금도 배울 수 없는 것일까?" … 운 좋게도 다른 조롱박벌 군집을 발견했는데 처음 것에서 약간 떨어진 곳에 있었다. 다시 같은 실험을 했다. 두세 번 실험했을 때는 이전에 한 실험에서 빈번히 나온 결과와 비슷한 결과가 나왔는데, 그다음 번에는 조롱박벌이 귀뚜라미에 올라타더니 더듬이 옆의 턱으로 귀뚜라미를 잡아채서는 단번에 굴속으로 끌고 들

어갔다 … 다른 구멍에서는 이 벌의 이웃 벌들이 시
차는 조금씩 났지만 비슷한 식으로 내 술수를 알아
채고는 반복해서 먹잇감을 문턱에 갖다 놓는 행동을
하지 않고 바로 굴속으로 끌고 들어갔다.

파브르는 즉시 조롱박벌의 행동이 군집마다 차이가 난
다는 것을 알게 되었다. 즉, 이 벌들은 똑같은 정해진 행동
의 쳇바퀴를 도는 운명이 아니었다.

금색 갱부 말벌인 구멍파기 말벌에 대한 최근의 연구
가 제인 브록만[Jane Brockmann]이 1985년에 낸 책에 소개되었
다.[228] 브록만 역시 정해진 행동 주기를 깨고 옮겨 놓은 뢰
셀 여치(귀뚜라미의 가까운 친척)를 단번에 굴 속으로 끌고
가는 정도가 벌에 따라서 다른 것을 발견했다. 그는 나아
가서 벌이 옮겨놓은 뢰셀 여치의 위치를 바꾸는 것이 벌에
게 유리할 수도 있다고 말한다. 뢰셀 여치의 머리가 굴 입
구 쪽으로 놓여 있지 않으면 벌을 굴 속으로 옮기는 과정
에서 여치의 머리가 입구에 걸리기 쉽다. 벌은 굴 속에서
다시 들어가 머리를 앞으로 한 채 다시 나와야 하는데, 그
이유는 뢰셀 여치의 더듬이를 잡아채 굴 안으로 끌고 들어
가야 하기 때문이다. 그렇다면 실험자가 뢰셀 여치의 위치
를 바꿔 놓았을 때 벌이 먼저 여치를 굴 입구에 내려놓고

굴속에 다시 들어가 몸을 돌린 뒤 머리를 내밀어야 한다는 것은 당연하다.

브록만은 구멍파기 말벌의 행동이 위의 철학적인 신화가 이야기하는 것보다 더 다양하고 다능하며 적응을 잘하고 대체로 합리적이라고 주장한다. 카이저는 구멍파기 말벌이 끝없는 행동 주기를 어느 정도로 반복할 운명인지는 분명하지 않지만, 우리 철학자들이 구멍파기 말벌의 이야기를 나름의 복잡성과 유래를 간과한 채 단순화시켜 끝없이 반복하는 잘못을 저질렀다고 말한다.[229]

양립가능론

구멍파기 말벌의 실제 현실을 알게 되면, 인간의 행동은 유연하지만 곤충들의 행동은 정해져 있다고 생각하지 않아야 한다는 것을 깨닫게 된다. 내용의 진위를 따지지 않고 말벌의 행동에 대한 이야기를 계속해서 반복하는 인간이야말로 때로는 너무 쉽게 판에 박힌 행동을 하는 것은 아닌가? 귀뚜라미를 둥지로 데려가기 위한 복잡한 실행 계획을 세워야 하는 경우 때때로 벌은 현명한 전략을 드러낸다. 이런 사실은 자유의지에 대한 데닛의 이론이 지닌

과학한다, 고로 철학한다

핵심 사항에 문제를 제기하기보다는 그것을 뒷받침한다. 동물과 인간이 얼마나 유연하게 행동할 수 있는가 하는 문제는 우리에게 중요한 문제이고 과학적으로 연구될 수 있다. 우리가 자유롭지 않다는 것을 증명하려면 인내심 있는 작업을 통해 우리의 선택이 구체적 환경적 요인과 무관하다는 것을 보여 주어야 한다.

　예를 들어, 비교 인지 연구의 상당 부분은 유인원이 어느 정도로 다른 유인원의 행동뿐만이 아니라 자신의 정신 상태까지 고려할 수 있는지에 대해 초점이 맞추어져 있다.[230] 이런 논쟁이 활발해짐으로 인해 학자들이 실험을 설계할 때 아주 창의적일 필요가 있다. 데닛의 이론에 따르면, 내가 차를 살 당시 포드 자동차 회사와 이성적으로 설명이 안 되는 사랑에 빠져 포드 차에 대한 부정적인 정보를 아무리 많이 들어도 내 결정을 바꿀 수 없었다거나, 혹은 다른 모든 자동차 회사의 차에 대해 비밀스러운 공포감을 지니고 있었다는 사실이 과학적 연구로 드러날 때 비로소 내가 포드 차를 살 운명이었다고 주장할 수도 있다. 실제로 우리가 스스로 결정에 관련된 특정한 정보를 무시하고 자신의 사고 과정을 과대평가하는 경향이 있다는 것이 자주 심리학 연구를 통해 알려진다.[231]

이런 연구는 우리 자신이 애초에 생각했던 것보다 더 정형화되어 있다는 것을 강조한다. 그런데 우리의 행동이 유발되었다는 것이 우리가 자유롭지 않다는 말은 아니다. 그 이유는 유연하고 적절하게 대처하는 능력이 복잡한 인과 체계 내에서 이루어지기 때문이다. 실제로 우리의 자유는 우리의 행동이 구체적으로 정해진 방식으로 유발되는 만큼 위협을 받게 된다. 다시 말해, 우리가 상황의 변화나 증거의 변화에 무심한 만큼 우리는 서로에게 그리고 환경에 대해 적절하게 대응하는 능력이 줄어들게 된다. 그렇다면 자유마저도 한번에 사라지는 것이 아니라 점차적으로 잃게 되는 어떤 것이다. 그리고 이런 의미에서 자유와 인과관계는 양립이 가능하다.

많은 관련 학자들은 자유의지에 대한 "양립론적" 설명을 탐탁지 않게 생각한다. 어떤 비평가들은 변태 철학자 같은 사람들만이 복잡한 인과 능력을 갖추고 있어 환경에 대해 제한받지 않고 예민하게 반응하는 생물체를 자유로운 개체라고 정의하지, 대부분의 사람은 자신이 자유로운지를 알고 싶을 때 그런 생각을 하지 않는다고 꼬집었다. 대부분의 사람이 자유에 대해 생각할 때는 이보다 더 간담을 서늘하게 하고 과학적으로 용납되지 않는 생각을 떠올

과학한다, 고로 철학한다

리는데, 이것은 인간의 행동이 선행 원인의 영향에서 벗어
난다는 생각이다. 이런 이유로 예를 들면 샘 해리스^{Sam Harris}
의 경우 양립주의를 거부하는데, 그것은 양립주의가 그의
생각에 따르면 (강단 철학자들을 제외하고) 그 누구도 관심을
두지 않는 문제는 해결할지 몰라도 보통 사람들을 괴롭히
는 다급한 문제는 전혀 해결하지 못하기 때문이다.

　바로 이런 이유로 인해 최근의 자유의지에 대한 토론은
거리에 지나가는 사람들이 자유롭다고 말할 때 어떤 의미
로 그러는지를 묻는 심리학적 문제로 바뀌었다. 이런 변화
를 경계할 필요가 있다. 자유의지의 문제는 언제나 그래 왔
고 지금도 그러하고 미래에도 역시 보통 사람들에게는 동
떨어진 문제일 것이다. 그러므로 "대부분의 사람"이 자유에
대해 어떻게 생각하는지를 묻는 연구에 대해 회의적일 필
요가 있다. 이런 문제에 대해 사람들이 공통적인 어떤 견해
를 가지고 있다는 말은 할 수 있을지 모르나 실제로 익히 알
려진 다양한 사람들의 입장과 같은 주장을 펼칠 수 있을 정
도로 많이 생각해 본 사람은 거의 없을 것이다. 이런 이유로
설문 조사 자료, 특히 복잡한 문제에 대해 단순한 답변을 기
대하는 그런 설문 조사의 경우 항상 좀 의심하는 마음으로
받아들여야 한다. 거리에 지나가는 사람들을 불러세운 뒤

일 년 동안 장암을 예방할 수 있다면 얼마나 많은 돈을 쓰겠느냐 하는 질문을 던지면, 답이 금방 나올 것이다. 하지만 그렇다고 해서 이들 답변자가 암 환자로 지내는 삶이 어떤 것인지, 혹은 이것을 금전적으로 환산했을 때 얼마나 될지에 대해 충분히 생각해 보았다고 여겨서는 안 된다.[232]

자유의지 문제로 돌아와서, 철학자들 몇 명은 인간을 "자연적 비양립론자"라고 여긴다. 이들의 주장에 따르면, 인간은 자신의 행동이 선행하는 원인에 의해 결정되면 자유롭지 않다라고 자연적으로 생각하는 경향이 있다.[233] 이 말이 더 깊이 함축하는 바는 이런 상식적인 생각을 지닌 사람들을 설득하려면 상당한 철학적 논변, 그러니까 억지로 갖다 붙인 듯해서 거의 설득력이 없을 그런 논변이 필요하다는 것이다. "비양립론"은 두 기술적인 입장이 지닌 문제를 지적한다. 비양립론자는 다음의 두 가지 관점이 양립할 수 있다는 데 반대한다. 첫째, 우리의 행동이 자유롭다. 둘째, 우주가 우주의 법칙에 의해 정해진 진로를 밟아 진보한다. 그런데 사람들이 "자연적으로" 이런 관점을 가지게 된다는 것을 믿기가 좀 힘들다.

일단 위에서 제기된 문제는 접어두기로 하자. 대부분의 사람이 "자유의지"를 어떻게 이해하는가 하는 문제는 실

과학한다, 고로 철학한다

제 사람들을 대상으로 조사를 해야만 알 수 있으므로 경험적 문제라고 할 수 있다. 나미아스^{Eddy Nahmias}와 그의 동료들은 이 문제에 대한 답변을 찾기 위해 몇 개의 설문 조사를 했는데, 그 결과가 양립론이 철학에 오염된 사람들만이 수긍할 수 있는 비정상적이고 인위적인 입장이라고 여기는 사람들에게는 실망스러운 내용이었다.[234]

예를 들어, 나미아스와 그의 동료들은 조사 참가자들에게 미래를 정확하게 예견하는 슈퍼컴퓨터가 있어 "제레미"라고 불리는 사람이 태어나기 20년 전에 그가 나중에 은행 강도 행위를 저지를 시점을 정확히 알아낼 수 있는 경우를 한번 생각해 보라고 했다. 앞일을 예견할 수 있는 컴퓨터가 있다면 제레미는 결정된 세계에서 사는 것이 된다. 그리고서 실험자들은 참가자들에게 다음과 같은 질문을 던진다. "제레미가 은행 강도 행위를 했을 때 그 사람이 스스로 그 행동을 선택했다고 생각합니까?" 참가자의 76%가 그가 택한 행동이라고 답변했다. 그보다 약간 적은 67%의 참가자는 제레미가 그의 행동이 예견되었다고 할지라도 은행 강도 행위를 하지 않을 수 있었다고 답변했다. 이 답변들을 종합해 보면 결정론이 자유를 위협한다고 생각한 사람은 소수에 불과했다.

이런 연구에 물론 의문을 제기할 수 있다. 예를 들어, 나미아스가 한 조사 참가자들이 진짜 결정된 우주라고 생각했을까 하는 것이다. 다시 말해, 슈퍼컴퓨터가 20년 앞서서 결정론적인 법칙의 결과를 계산한 뒤 예견을 내놓았다고 이들이 생각했을까? 아니면 이들은 단순히 슈퍼컴퓨터가 비결정적인 우주의 미래를 직접 볼 수 있는 마법의 능력을 지녔다고 생각한 것일까?[235] 나미아스의 연구로 어떤 결론을 내리는 힘들지만, 일단 토론의 초점이 대부분의 사람들이 "자유의지"에 대해 이야기할 때 생각하는 자유의지가 양립론자들이 말하는 개념과 다르다는 주장으로 옮겨가면 분명히 한 가지 시사점은 있다. 물론, 이 설문 조사는 이런 양립론적인 입장이 과연 맞는가 하는 문제에 대해 답변은 해주지 않는다. 우리가 거기에 대해 이제 답변을 해보기로 하자.

달리 행동할 수 있었을까?

제레미의 행동이 결정론적 법칙의 결과인데도 불구하고 그가 달리 행동할 수도 있었다고 생각하는 것이 말이 될까? 많은 비평가가 이런 생각을 양립론자들이 쓰는 술수라고 여겼다. 결정론은 미래를 과거의 피할 수 없는 결과라고 말한다. 만약 우리의 행위가 피할 수 없는 것이라면 다른 식으로 행동하는 것이 불가능한 것처럼 여겨진다. 그리고 우리가 달리 행위를 할 수 없었다면 우리는 자유롭지 않다는 말이 된다. 이렇게 되면 철학자가 여전히 결정주의가 인간의 자유를 위협하지 않는다는 주장을 하려면, 모순적이고 말도 안 되는 것을 세련되고 기술적으로 옹호한다는 의미에서 샘 해리스가 경멸적으로 부르는 "신학 theology"에 의존해야 한다.

양립론 신학은 상식에서 출발한다. 내가 포드 자동차를 샀다. 폭스바겐이 나았을 수도 있지만 그게 포드보다 비싸므로 사지 않았다. 내가 다른 차를 샀을 수도 있을까? 예를 들어, 폭스바겐 차를 살 수도 있었을까? 당시에 나는 빠듯하나마 폭스바겐을 살 수 있는 돈이 있었지만, 남는 돈을 다른 데 쓰는 것이 현명하다고 생각했다. 만약 내가 주택 장기 할부금을 갚는다거나 아이들 위탁비를 대는 것보다 독일 공학기술에 더 가치를 두었더라면 폭스바겐을 샀을 것이다. 즉, 내 우선순위가 달라졌다면 폭스바겐을 샀을 수도 있었다. 화살을 더 힘차게 쏘았다면 더 멀리 날아갔을 것이라는 사실이 결정론에 의해 위협을 받지 않는 것처럼 이런 내 생각도 결정론에 전혀 위협을 받지 않는다.

"하지만!"하고 이 시점에서 회의주의자가 다음과 같은 문제를 제기할 수 있다. "지금 당신은 주제를 흐리고 있다. 우리가 말하는 '자유로운 사람'은 상황이 약간 달라지면 다르게 행동할 수 있는 사람이 아니다. 자유로운 사람은 상황이 전혀 달라지지 않아도 다르게 행동할 수 있는 사람이다. 결정론에 의하면 그 어느 구체적 시점에서 우주의 상황을 볼 때도 정해진 진화 경로를 밟고 있다. 결정론이 자유의지와 양립할 수 없는 이유는 우리가 다르게 행동할 수 있다는 주장과 모순되는 주장을 하기 때문이다". 이미 앞에서 우리는 제리 코인이 자유의지에 대한 비판을 이런 식으로 하는 것을 보았다.[236]

나는 대부분의 사람이 생각하는 식으로 자유의지를 이해한다. 즉, 여러 가지 중에서 하나를 택해야 하는 경우 다른 것을 택할 수 있으면 나에게는 자유의지가 있는 것이다. 좀 더 기술적으로 설명하자면, 세계가 모든 면에서 똑같은 상태에서 당신의 삶의 테이프를 선택의 순간까지 재생해서 볼 수 있다면, 자유의지가 있다는 말은 당신이 다른 선택을 할 수 있었다는 것을 말한다.

과학한다, 고로 철학한다

"내가" 생각하는 자유의지가 "대부분의 사람"이 생각하는 것과 아마도 같을 것이라는 주장을 받아들이기 전에 신중히 생각해 볼 필요가 있다고 앞에서 말한 바 있다. 코인은 대부분의 사람이 자유의지가 결정론과 모순되는 개념으로 받아들인다고 말하는데, 대부분의 사람이 꼭 그렇게 생각하는 것이 아니라는 실험 증거를 이미 우리는 보았다. 하지만 코인의 주장을 받아들여 대부분의 사람이 코인이 말한 것처럼 생각한다고 해보자. 그렇다면 이들의 생각이 맞는가?

인간이 증거를 고려하고 이유를 따져보고 계획을 세워 행동을 옮길 수 있는 능력을 지닌 뛰어난 생물체라는 사실은 결정주의에 의해 전혀 위협받지 않는다. 이런 능력으로 우리는 구체적인 당면 상황에 예민하게 반응할 수 있는데, 이 말은 상황에 대해 다른 정보를 알고 있었더라면 숙고의 결과도 달라졌을 것이라는 말을 하는 것과 같다. 이것은 또한 우리의 행동이 어떤 중요한 의미에서 결정주의에 제약을 받지 않는지 이해하게 한다. 제약된 과정을 밟는 경우 그 출발점에 상관없이 그 종점이 항상 같을 것이다. 쇠구슬을 컵 테두리에 굴리는 경우 어느 쪽에서 운동이 시작되든 찻잔 바닥이 그 종점이 될 것이다. 이런 의미에서 구슬이 찻잔 바닥으로 굴러가는 것은 피할 수 없는 사건이라 할 수 있겠다. 인간의 행동은 이런 식으로 제약을 받지 않는다. 인간 행동의 종점은 그 시작에 따라 미묘하게 차이가 난다. 그뿐만 아니라 이러한 차이는 자주 수긍이 가는데, 그것은 증거가 제시하는 것에 따라 우리의 행동을 결정하기 때문이다. 즉, 애초에 증거가 다른 것을 제시했다면 우리의 행동이 달라졌을 것이다. 이 모든 것에 자유의지가 개입되어 있으며 또한 이 모든 것이 결정론과 양립 가능하다. 이것보다 더 많은 자유가 우리에게 과연 필요할까?

지연에 의한 논쟁

위에서 우리는 자유의지의 존재를 부인하는 최근 과학자들의 시도가 자유와 인과성因果性 사이의 관계에 대한 아주 오래되고 근본적인 우려를 불러일으키는 것을 보았다. 자유의지의 존재를 반박하는 새로운 연구가 신경 과학 실험 분야에서 나오는데, 이 연구는 의식적인 숙고가 행동의 결과에 별반 영향을 끼치지 않는다고 주장하는 것 같다. 기압계가 내려가는 것이 비가 오기 전에 선행될 수는 있지만, 기압계가 내려가는 것이 비가 오는 원인이 될 수는 없다. 사실은 기압계와 비 둘 다 기압의 강하라는 흔한 원인

과학한다, 고로 철학한다

의 결과이다. 비슷한 식으로, 우리의 의식적인 결정이 우리의 행동보다 먼저 이뤄질 수 있지만, 그것이 우리가 이런저런 행동을 하게 하는 원인은 아니다. 우리의 의식적인 결정과 행동 둘 다 우리 뇌가 지닌 공통된 선행 원인의 결과이다. 이들의 이론은 이런 식으로 전개된다.

이런 주장은 흔히 우리가 부르는 "순간적인" 결정, 다시 말해 다른 특별한 이유가 아니라 지금 내가 원하기 때문에 어떤 행동을 결정하는 시점을 알아내기 위해 시행된 실험에 그 근거를 두고 있다. 이 분야에서 시행된 리벳의 초기 고전 실험에 참가한 사람들은 그러고 싶을 때마다 팔목을 굽히라는 지시를 받았다.[237] 물론 대부분의 우리 결정은 이런 식으로 자발적이지 않다. 보통 내가 팔목을 굽힐 때 지금이 바로 팔목을 굽힐 때라는 식으로 갑자기 뜬금없이 욕구를 느껴 하지 않는다. 그것보다는 문을 두드려야 하거나 다른 사람 어깨를 살짝 톡 치거나 하기 위해 팔목을 굽히게 된다. 이 경우 내가 팔목을 굽히는 이유는 문이 닫혀 있거나 남의 등이 내 쪽으로 돌려져 있기 때문이다.

심리학자들은 팔목 굽히기 같은 순간적이며 자발적인 운동이 일어나기 전에 "준비 전위Readiness Potential, RP"로 알려진 뉴런 활동이 증가하는 것을 발견했다. 뇌전도(EEG)라고 불리는 측정 수단을 써서 준비 전위의 시작을 측정하는 것이 가능하다. 리벳은 실험에서 참가자들에게 외부 자극에 전혀 신경 쓰지 말고 그러고 싶을 때마다 팔목을 굽혀보라고 했다. 그는 이후 세 가지 사건의 시점을 기록했다. 먼저, 그는 참가자들이 팔목을 굽히고 싶은 욕구를 느꼈던 순간을 기록했다. 그는 참가자들에게 돌아가는 문자반이 달린 시계를 보고 팔목을 굽히고 싶은 느낌이 들었을 때의 문자반의 위치를 기억하라고 했다. 두 번째로, 그는 뇌전도를 써서 준비 전위의 시작점을 기록했는데, 이 시점을 리벳은 뇌에서 유발된 팔목 굽히기 행동이 시작된 점으로 보았다. 세 번째로, 그는 팔목 굽히기 행동 자체가 일어난 시점을 기록했다.

리벳의 실험 결과는, 글쎄, 놀랍다고 할 수 있겠다. 준비 전위의 시작점이 행동 자체보다 약 550밀리초(약 0.5초) 빨랐다. 그런데 또 알게 된 점은 참가자가 팔을 굽히고 싶은 욕구를 보고하기 350밀리초 전에 준비 전위가 시작된다는 것이었다. 그렇다면 준비 전위가 가장 먼저 오고, 그다음에 팔목을 굽히고 싶은 욕구를 느끼게 되고 마지막으로 팔목을 굽히는 행동이 나타난다는 말이 된다. 이 말은 어떤 사람의 준비 전위를 지켜보고 있는 다른 사람이 있다면 그 사람이 팔목을 굽히고 싶다는 욕구를 스스로 느끼기도 전에 언제 준비 전위가 시작될지 예측할 수 있다는 뜻이 된다. 이런 해석으로 인해 많은 비평가가 인간의 의식적인 결정이 너무 늦게 나타나기 때문에 팔목을 굽히는 원인이 되지 못한다고 주장했다.

리벳의 실험은 대단한 흥미를 불러일으켰고 그 연구에 대한 다양한 해석이 학술 논문으로 많이 발표되었다.[238] 리벳이 주장하는 기본적인 시간 순서를 일단 인정한다고 해보자. 그에 따르면 먼저 뉴런의 활동이 증가하고, 참가자가 팔목을 굽히고 싶은 욕구를 느끼고, 마지막으로 참가자가 팔목을 굽히는 행동을 하게 된다. 그리고 뉴런의 활동이 팔목 굽히기가 일어나는 시점을 꽤 잘 예측해 준다는 것도 인정하기로 해보자. 그렇다고 하더라도 팔목을 굽히고 싶은 욕구가 팔목 굽히기의 원인이라고 할 수 있을까? 내 생각에는 그렇지 않다.

다음과 같은 사건의 시간적 순서를 한번 생각해보자. 먼저 출발 신호원이 총을 "빵"하고 쏜다. 둘째, 우사인 볼트가 스타팅 블록에서 재빨리 튀어나오고 싶은 욕구를 느낀다. 셋째, 볼트가 달린다. 출발을 알리는 총이 발사 되자마자 지극히 짧은 시간이긴 하지만 볼트가 질주에 대한 욕구를 느끼기도 전에 우리는 볼트가 질주하리라는 것을 쉽게 예상할 수 있다. 볼트 자신이 질주하고 싶은 욕구를 느끼기 전에 출발원이 출발을 알리는 총을 쏜다고 해서 볼트의 욕구가 쓸데없는 것이 되지는 않는다. 볼트가 뛰는 이유는 그 욕구를 느끼기 때문이다. 그리고 그가 그 욕구를 느끼는 이유는 총소리를 들었기 때문이다. 그 욕구가 총소리가 나고 조금 있다 일어나는데, 그것은 그 총소리가 그의 귀에 도착하는 데 시간이 걸릴 뿐만 아니라 반응을 하는 데도 시간이 걸리기 때문이다.

볼트의 경우가 리벳의 경우와 어떤 관련이 있느냐고? 볼트의 질주는 "순간적인" 행동이 아니다. 볼트가 질주하는 것이 그냥 질주하고 싶었기 때문이 아니다. 그가 질주하는 것은 총소리를 들었기 때문이다. 이와 달리 "자발적인" 행동은 외부의 자극 때문에 유발되는 것이 아니라 철저히 내부로부터 유래한다. 만약 누군가가 여러분에게 외부 자극에 신경을 쓰지 말고 팔목을 굽히고 싶을 때만 굽히라고 한다면, 그런 욕구가 전혀 안 들어 불편하지만 팔을 편 상태로 그대로 두어야 하는 상황이 충분히 발생할 수 있다.[239] 하지만 리벳의 실험에 참가한 실험자들은 실험이 진행되는 동안 한 번은 팔목을 움직여야 했다 (만약 그러지 않는다면 리벳은 자료를 구하지 못할 테니 말이다).

과학한다, 고로 철학한다

실험 참가자들이 행여 자기가 팔목을 굽히고 싶은 자발적인 의욕도 느끼지 못하는 사람이 아닐까 하고 걱정하는 경우 이들이 과연 실험자의 지시 사항을 잘 따른다고 말할 수 있을까? 여기 한 가지 방법이 있다. 머릿속에서 우르릉하고 들리는 소리를 "빵"하는 신호로 여긴 뒤 "빵"하는 소리가 들리면 팔목을 굽히는 것이다. 만약 리벳의 실험이 이런 것이었다면, 준비 전위가 일종의 우리 내부에서 유래하는 "빵" 소리였을 확률이 높다. 이 소리가 팔목을 굽히라는 욕구를 불러일으키고 이 욕구가 팔을 굽히는 행동을 유발하는 것이다. 신호원의 총소리가 볼트가 질주하려는 욕구에 선행하는 것이 놀라운 일이 아니듯, 준비 전위가 팔목을 굽히고 싶은 욕구에 선행하는 것 역시 놀라운 일이 아니다.

이런 식의 사고는 탁상공론의 신경 과학이라는 의심을 받을 수 있다. 그렇다면 이것을 뒷받침할 증거가 있을까? 먼저, 최근의 한 꼼꼼한 신경 과학 연구에 따르면 준비 전위의 본질이 잘못 이해되고 있다. 이제까지 과학자들은 준비 전위를 팔목을 굽히려는 무의식적인 결정을 보여줄 때처럼 행동 계획과 유사한 어떤 것을 가리키는 신경 표지자로 여겼다. 뉴질랜드의 한 연구진이 실험 참가자들에게 어떤 소리 톤을 듣고 난 뒤 키를 누를지 안 누를지를 결정하라고 했다. 리벳이 말한 것처럼, 이 연구진도 만약 준비 전위가 곧 행해질 행동의 표지자라면 사람들이 키를 누르기로 할 때는 준비 전위를 포착할 수 있고 키를 누르지 않기로 하면 포착할 수 없을 거로 생각했다. 그런데 이들은 참가자들의 선택과 관계없이 준비 전위를 포착할 수 있었다.[240] 그렇다면 준비 전위가 행동하기 위한 무의식적인 결심이라고 보기 힘들어진다.

두 번째, 더 최근에 슈어거[Aaron Schurger]와 그의 동료들이 준비 전위가 어떻게 발생하는지를 알아내기 위한 연구를 했는데, 그 결과가 내부적인 "빵"소리 이론과 일치한다.[241] 보통 우리는 확보된 증거를 바탕으로 결정을 내린다. 어떤 경로의 행동을 지지하는 증거가 어느 정도 있다고 여겨지면 행동을 취하게 된다. 위에서 보았듯이, 리벳의 실험에 참가한 사람들은 좀 특이한 행동 강령을 받았는데, 그것은 지금 팔목을 굽혀도 된다는 것을 보여주는 관련 증거가 없다고 하더라도 팔목을 굽히고 싶은 욕구만 느끼면 굽히라는 것이었다. 그런데 우리는 보통 이런 식으로 결정을 내리지 않는다. 볼트는 총소리를 듣고 출발하지 출발 욕구를 느낄 때마다 출발하는 것이 아니다. 엉뚱한 결정도 보통 적절한 이유와 적절한 상황이 뒷받침이 되어야 나온다. 심지어는 내가 아이스크림을 "지금 바로" 원하더라도, 더운 날씨와 일에서 손을 놓고 잠깐 휴식할 수 있는 시간, 그리고 근처의 아이스크림 매대가 뒷받침이 되어야 아이스크림을 사는 내 행동이 유발되는 것이다. 다시 말해, 리벳이 실험 참가자들에게 요구했던 일은 실제로는 거의 일어나지 않는다.

슈어거와 그의 동료들은 우리가 이런 인위적인 지시를 받으면 단순히 "생리학적인 소음"에 따라 행동을 결정한다고 주장한다. 팔목을 굽히는 행동을 촉발할 수 있는 수긍이 갈만한 신호가 부재한 상황에서 우리가 뉴런이 내놓는 임의의 배경 잡음에 따라 행동을 하게 된다는 말이다. 좀 더 구체적으로 말하면, 우연히 들리는 배경 "잡음"이 어느 선을 넘어서게 되면 그제야 행동을 한다는 것이다. 이 입장에 따르면 준비 전위는 어떤 무의식적인 계획을 알려주는 것이 아니라 단순히 가끔 높은 신경 잡음을 기록할 뿐인데, 리벳의 실험 참가자들은 바로 이것을 행동해야 되는 신호로 여겼다.

볼트가 경쟁자가 전혀 없는 상황에서 관중들에게 자신의 빠르기를 보여주려고 한다고 해보자. 그리고 그에게 신호원이 총을 쏘지 않을테니 스타트 블록을 박차고 나가고 싶을 때 그냥 출발하라고 한다고 해보자. 이런 지시를 받은 경우 그가 관중석의 소음이 평소보다 높아졌을 때 출발을 하는 것이 이해가 된다. 하지만 배경 소음이 언제 스타트 블록을 박차고 나가는지를 결정하는 데 도움이 된다고 해서 배경 소음이 일종의 계획이라고 말할 수는 없다. 그뿐만 아니라 배경 소음의 증가 시점과 볼트가 출발하고 싶은 요구를 느끼는 시점 사이에 약간의 시간적 지연이 있다해도 여전히 그의 욕구가 출발하는 행동의 원인이라고 할 수 있다. 다시 한 번 정리하자면, 볼트는 질주의 욕구를 느끼기 때문에 질주하고, 질주의 욕구를 느끼는 이유는 관중들의 소리가 점점 더 커지기 때문이다. 비슷한 식으로, 리벳의 실험 결과대로 준비 전위가 팔목을 굽히고 싶다고 참가자들이 느낀 시점에 선행했다 하더라도 여전히 의식적인 욕구가 행동하게 되는 원인이 된다.

리벳의 준비 전위가 행동이 일어나기 1초도 되기 전에 행동을 예측하는 것에 비해, 2008년에 같은 양식으로 진행된 연구(이 장 초반에 언급을 한 바 있다)에서는 행동이 일어나기 훨씬 이전에 예측할 수 있다고 주장했다. 헤인즈와 그의 동료들은 실험 참가자들에게 두 단추 중 하나(하나는 왼쪽에 ,다른 하나는 오른쪽에 위치해 있는데 둘

다 중요한 기능을 가진 것은 아니었다)를 누르라고 지시를 내린 뒤 그들의 뇌를 기능적 자기공명영상을 써서 지켜보았다.[242]

> 뇌의 두 영역이 피실험자가 의식적인 결정 전에 왼쪽이나 오른쪽을 선택하는지를 높은 정확성을 가지고 기록한다는 것을 알게 됐다. … 신경 정보의 예측이 … 의식적인 운동 결정보다 최대 10초 빨랐다.

이것이 의미하는 바는 무엇인가?

여기서 뇌 스캔이 보여준 "높은 정확성"을 과장해서는 안 된다. 실험 참가자들이 오른쪽 혹은 왼쪽 단추를 누를지 실험자가 맞게 예측한 경우가 열 중의 여섯 번이었는데 그 말은 열 번의 네 번은 틀렸다는 말이기 때문이다. 뿐만 아니라 우리가 어떤 결정을 하는 경우, 뇌에 대한 정보로 어느 정도 예측을 할 수 있는 것에 대해 여러 이유를 댈 수 있다. 앨 밀리Al Mele는 사람들이 왼쪽보다는 오른쪽을 선호하는 가볍고 무의식적인 편견을 가진 것 같다고 말한다.[243] 이런 편견이 헤인즈의 뇌 스캔에 나타나면 실험 참가자들이 어느 단추를 누를지 예측할 수 있게 된다.

우리 자신이 인과 관계의 한 부분이라면 우리의 이전 뇌 상태를 통해 우리의 행동을 예측하는 게 가능해진다는 말이다. 행동을 취하는 데는 시간이 걸리고 선행하는 인지 과정의 영향을 받는다. 신경 과학이 발전하면서 우리의 미래 행동을 "기록"한 뇌의 부분을 보여 주는 뇌 스캔이 등장하게 될 것이다. 하지만 이런 자료가 우리의 의식적인 결정의 무능함을 증명하기에는 충분하지 않다. 적어도 신호원의 총소리에 근거해 볼트의 번개 같은 출발을 예측할 수 있는 능력보다 더 충분하다고 말할 수 없다. 결론적으로 신경 과학은 인간의 자유가 환상이라는 것을 입증하는 데 실패했다.

과학한다, 고로 철학한다

후기

과학의 범위

Epilogue: The Reach of Science

가장 중요한 것은 질문하는 것을 멈추지 않는 것이다.
— 알베르트 아인슈타인

과학적 제국주의

과학은 우주의 본질과 미생물의 사회적 행위를 규명해 주었다. 과학은 물의 분자 구조와 인간의 결정에 연관된 신경학적 근거에 대해서도 설명해 주었다. 과학의 제국은 과연 얼마나 더 팽창할 것인가? 결국에 가서는 우리가 알고자 하는 모든 것을 과학이 규명해 줄 수 있지 않을까?

이런 질문은 부분적으로 이 책의 처음 두 장에서 다루었던 경계 구분의 문제와 연결된다. 역사 기록을 열심히 공부하면 전쟁의 원인과 다른 시대의 사람들의 삶, 민주적인 제도의 운용, 그리고 정치력의 행사를 이해하는 데 도움이 된다. 역사 같이 보통 과학의 한 분야의 여겨지지 않는 학문도 계속해서 중요한 지식을 제공한다.

이런 유형의 지식은 지역적인 시간과 장소에 국한될 수밖에 없다고 말할 사람이 있을 수 있다. 인문학이 1차 세계대전의 원인이나 마틴 루터가 독일어를 쓰는 나라에서의 종교 개혁에 끼친 영향 같은 문제를 규명해 줄 수는 있지만, 오직 체계를 갖춘 과학적 탐구만이 (진화론이나 심리학의 한 변형이 될 수 있다고 생각하는데) 전쟁이나 종교 전반에 대해 규명해줄 수 있다.

이것은 과학이 지역적인 통찰력을 제공하는 학문보다 우월하다는 뜻이 아니다. 지역적인 지식은 다양한 소재에서 유래할뿐더러 이런 다양한 소재를 다룰 때 여러 과학 분야의 통찰력이 쓰일 수 있기 때문이다. 예를 들어, 진화론적 연구는 우주를 전체적으로 규명하는 대신에 다른 영장류 간의 계통 관계에 드러난 특수한 양식이나 향유고래의 거대한 코의 기능에 대해 알려줄 수 있다. 이러한 이론은 특정한 시간과 장소에 사는 특정한 종이나 종 집단에 국한되어 있다.

지역 지식은 또한 큰 도움이 될 수 있다. 어떤 학문이 어떤 것을 전반적으로 규명해주기 때문에 구체적인 대상을 연구하는 학문보다 더 유용하다고 생각하는 것은 잘못된 생각이다. 문제 상황에 대한 현실적인 반응을 고려할 때 이것은 더욱 분명해진다. 지역 지식의 가치를 가장 잘 보여주는 사례 중의 하나가 영국 북부 지역의 양치는 농부들과 1986년 4월 우크라이나의 체르노빌 원자로 폭발 후 그

들이 처하게 된 곤경에 대해 사회학자 브라이언 와인[Brian Wynne]이 한 연구일 것이다.[244]

지역 지식

1986년 6월 방사성 세슘이 영국의 고지대에서 발견된 이후 컴브리아주[州] 일부에서 양을 치고 도살하는 것이 금지 되었다. 컴브리아주에 있는 한 작은 지역에서는 애초에 관 변[官邊] 과학자들이 예상했던 3주보다 훨씬 오랫동안 그 금지 령이 풀리지 않았다. 그런데 놀랍게도 원자로 폭발이 있고 26년이 지난 2012년까지 그 금지령은 계속되었다.[245]

왜 그 당시 과학자들이 컴브리아주에서 세슘 수치가 낮 아지는 데 걸리는 시간을 그렇게 틀리게 예상했던 것일 까? 브라이언 와인은 그 원인의 일부가 과학자들이 농부 들의 중요한 지역 지식을 무시했기 때문이라고 주장한다.

관변 과학자들의 첫 번째 실수는 세슘이 고지대 환경에 서 어떻게 활동하는지에 대해 틀린 가정을 한 것이었다. 이들은 세슘이 바로 땅으로 흡수되어버리기 때문에 양의 체내에 침투할 수 없을 것으로 생각했다. 불행히도 이런 가정은 알칼리성을 띄는 진흙땅에서는 맞지만 컴브리아

고지대의 산성 토탄지에서는 틀린 것이었다. 토탄지에서는 세슘이 목초지에서 양의 체내로, 양의 배설물에서 흙으로, 흙에서 다시 목초지로, 그리고 마지막으로 목초지에서 다른 세대의 양으로 이동하면서 끊임없이 재활용되었다.

그러자 과학자들은 벤토나이트라고 불리는 일종의 진흙이 세슘을 잡아 흡수할 수 있을거라 여기고 그 흙을 뿌리는 방법을 생각해냈다. 이들은 이 방법이 통하는지, 그리고 만약 통한다면 얼마나 많은 양의 벤토나이트가 필요한지를 알아보기 위한 실험을 했다. 양을 우리에 가둔 뒤 우리마다 다른 양의 벤토나이트를 뿌렸다(물론 벤토나이트를 전혀 안 뿌린 우리도 있었다). 농부들은 이 실험의 성공에 대해 회의적이었는데, 그 이유는 자기들이 키우는 양이 우리 안에서 거의 시간을 보내지 않기 때문이었다. 보통 이 양들은 울타리가 없는 언덕에서 마음껏 뛰어놀았다. 그런데 우리에 갇히게 되면 얼마 안 있어 양의 건강이 나빠지게 되어 실험에서 재생하려는 평소 양이 지닌 조건과 달라지기 때문에 실험 결과가 왜곡될 것이다.

그뿐만 아니라 세슘 농도가 훨씬 낮은 계곡에서 양이 더 많이 풀을 뜯도록 하라는 과학자들의 충고에 농부들은 또 한 번 놀랐다고 와인은 지적한다. 계곡에서는 풀이 많이 나

과학한다, 고로 철학한다

지 않는다는 농부들의 지역적인 지식을 과학자들이 무시한 것이다. 와인이 인터뷰한 농부 중 한 사람은 양을 계곡에다가 어느 기간 풀어놓는다면 계곡이 "사막으로 변하는 것은 시간문제다"라고 말했다. 결론적으로 컴브리아에 대한 유용한 지식을 관변 과학자들은 놓치고 있었던 것이다.

과학의 완전성 정도

일반적인 의미에서의 자연과학이 다루지 않는 중요한 사실들이 많이 있다. 이것은 별로 놀라운 일이 아니다. 위의 와인의 경우처럼 꼼꼼한 사례 연구를 통해 우리는 컴브리아에서 하는 농업 방식에 관련된 사실이, 그러니까 농부들이 잘 알고 있었던 이 사실이 방사성 낙진의 관리 문제와 관련이 있다는 것을 알고 있다. 사회과학자들과 같은 다른 유형의 과학자들은 컴브리아 지방에서의 목양 운영에 대해 세세하게 알아낼 수 있다. 그렇다면 그 어떤 유형의 과학도 획득할 수 없는 어떤 중요한 지식이 존재할 수 있을까?

지난 반세기 동안 가장 유명한 철학적 사고 실험 중 하나가 호주 철학자 프랭크 잭슨Frank Jackson의 실험인데, 이 실험에서 잭슨은 과학적인 연구로 도저히 알아낼 수 없는 어떤 유형의 진리가 존재한다는 결론을 끌어냈다.[246] 메리라 불리는 여자가 있다고 생각해 보라고 잭슨은 말한다. 메리는 훌륭한 과학자이다. 평생 그는 색깔과 색각色覺에 대해 연구를 해 왔다. 그는 사물의 표면 성질, 사물이 빛을 반사하는 방식에 대한 모든 것, 눈의 전반적인 해부학적 구조, 그리고 시각적 자료를 뇌가 처리하는 과정에 정통하다. 그런데 메리는 이 모든 과학적 지식을 창문이나 거울이 전혀 없는 흑백 건물 안에서 흑백 옷(장갑 포함)을 입고 살면서 획득했고 또 평생을 이렇게 살았다. 어느 날 그가 흑백 건물 문을 열고 평생 처음으로 외부 세계에 발을 디딘다. 거리에 있는 영국 우체통을 보고는 "어머나! 빨간색을 실제로 보는 게 어떤 것인지 몰랐는데, 이제 알겠네!"라고 말한다.

잭슨이 말하고 싶은 것은(싶었던 것이라고 하는 것이 맞겠다. 나중에 그는 이 이야기의 핵심에 대한 자신의 의견을 바꿨다), 메리가 집 바깥으로 나가면서 새로운 것을 배운다는 것이다. 예를 들어 메리는 빨간색을 경험하는 것이 어떤 것인지 이제 알게 됐다. 건물 안에 있었을 때 그는 빨간색과 빨간색을 경험하는 것에 대한 물리적 사실 일체를 알고 있었다. 그렇다면 그가 새로운 것을 배웠다고 할 때 그 새

과학한다, 고로 철학한다

로운 것은 비물리적인 어떤 것이 된다. 다시 말해, 그가 새로 알게 된 사실은 물리학적인 사실이 아니다.

여기서 지적하고 싶은 것은, 잭슨의 주장이 단순히 "물리학"이 다룰 수 없는 사실은 없다는 강건한 입장뿐만 아니라 어떤 사실이든지 과학의 한 분야에서 다룰 수 있다는 더욱 온건한 입장까지 흔들어 놓을 수 있다는 것이다. 몇몇 철학자들은 화학, 생물학 그리고 심리학 분야에서 발견된 사실이 근본적으로는 물리학적 사실이라는 주장에 회의적인 반응을 보여 왔다.[247] 그러니까 이들 철학자는 메리가 흑백 건물 안에서 배우는 내용이 근본적으로 모두 물리학적 사실이라고 생각하지 않는다. 이 이야기에 따르면 메리는 망막의 생리학적 구조와 색각의 진화 등에 대해 공부하는 것으로 시간을 보낸다. 그런데 이런 것들은 물리학 시간에 배우는 것이 아니다. 설령 메리가 갇혀 사는 무채색 건물 안에 신경 과학, 진화론, 생태학, 발달 심리, 인류학 등에 관한 학술지 논문과 교과서가 있어 메리가 읽는다 하여도, 실제로 빨간색 물체를 맞닥뜨리기 전에는 빨간색을 경험하는 것이 어떤 것인지 알 수 없을 것이다. 다시 말해, 집 밖으로 나갔을 때 메리가 배우는 것은 과학적인 사실이 아니다. 그렇다면 과학이 미치지 못하는 어떤 지식 영역이 있다는 말이다.

잭슨의 논변에 대한 가장 강력한 답변 중에 하나가 소위 말하는 "능력[ability]" 답변이다. 메리가 흑백 건물 바깥으로 나갔을 때 이전에 몰랐던 것을 알게 되는데, 이것은 이제까지 지니고 있던 과학적 지식과 다른 것이다. 그는 빨간색을 보는 것이 어떤 것인지 알게 된다. 그런데 메리가 알게 되는 것을 일종의 사실이라고 여긴다면, 비물리적인 사실 (혹은 비과학적인 사실)이 존재한다고 결론지을 수밖에 없다.

루이스[David Lewis], 네메로브[Laurence Nemirow] 그리고 멜러[Hugh Mellor] 같은 철학자들을 포함한 능력 답변의 옹호자들에 따르면, 메리가 건물 바깥에서 배우는 것은 새로운 기술 혹은 능력이다.[248] 메리는 처음으로 빨간 물체를 접하게 되는데, 일단 접하고 나면 다른 빨간 물체를 인지하고 빨간 물체를 상상하고 과거에 보았던 빨간 물체를 떠올리는 능력을 갖추게 된다. 메리가 빨간 우체통을 직접 경험하는 것에서 과학이 미치지 못하는 새로운 특수한 종류의 사실을 알게 되는 것이 아니다. 다만 새로운 기술을 획득하게 된다.

능력 답변의 가장 큰 장점 중의 하나가 메리의 경우에 제기되는 까다로운 문제에 대해 좋은 답변을 제공한다는 것이다. 메리가 집 바깥으로 나가서 배우는 것이 (꼭 과학적인 것이 아니라도) 새로운 사실이라고 한다면, 왜 그 사실을 집 안에서 책을 통해 배울 수 없었는지를 어떻게 설명할 것인가? 비과학적인 사실을 표현하기 힘들어서 보통의 방법으로는 설명되지 않는다고 반론을 제기할 수 있다. 하지만 이런 반론은 어떤 사실이 비과학적인 특징을 지녔을 때 왜 기술이 되지 않는지에 대한 문제를 다시 지적하는 것에 불과하다.

메리에게 일어난 사건에 대해 능력 답변은 더 만족스러운 답변을 제공한다. 이번에는 잭슨의 사고 실험을 약간 변형시켜, 자전거에 심취한 브래들리라는 사람의 경우를 생각해보자. 그는 자전거에 관한 책은 뭐든지 읽고, 투르 드 프랑스$^{Tour\ de\ France}$의 역사에 정통하며 자전거의 움직임을 설명한 물리학을 완전히 꿰고 있다. 자전거 경주에서 경쟁 상대를 이기려면 어떤 책략이 필요한지를 설명하는 책도 두루 섭렵했다. 그런데 브래들리의 문제는 평생 실내에서만 갇혀 살아 한 번도 자전거를 타본 적이 없다는 사실이다. 마침내 그가 생전 처음 집 밖으로 나오고 주차로에 자기를 기다리고 있는 새 경주용 자전거를 발견한다. 그는 자전거를 타보려고 하지만 바로 자전거에서 떨어진다.

이 경우 분명히 브래들리가 책을 통해 완벽하게 지식을 쌓았지만, 여전히 자전거에 대해 알지 못하는 어떤 것이 있다. 이 경우 그에게 필요한 것은 사실적인 지식이 아니라 기술이다. 그에게는 자전거를 타는 기술이 없는 것이다. 기술이란 실제 경험이 없이는 배우기가 상당히 어려운 것인데, 바로 이런 이유로 브래들리가 자전거 타는 방법에 대해 많이 읽었다고 해서 자전거를 타는 방법을 배운 것은 아닌 것이 된다. 비슷한 식으로, 색과 색의 지각에 대한 엄청난 지식을 메리가 지니고 있었지만, 그것이 메리에게 빨간색을 경험하는 것이 무엇인지 알려줄 수 없었는데, 그것은 빨간색을 경험하는 것에 대한 지식이 일종의 기술이기 때문이다. 이런 기술을 획득하려면 실제로 빨간 물체를 접할 수 있어야 하는데, 이는 자전거를 타는 것을 배우려면 자전거를 접할 수 있어야 하는 것과 비슷한 원리이다. 과학 논문을 읽는다고 빨간색을 경험하는 것이 어떤 것인가에 대해서는 알 수 없는데, 그것은 과학 논문을 읽어서 기술을 습득하는 것이 일반적으로 어려운 일이기 때문이다.

능력 답변을 받아들이게 되면, 잭슨의 사고 실험은 더 이상 과학이 미치지 못하는 영역에 대해 어려운 경계선을 그으려고 하지 않아도 된다. 능력 답변은 과학이 미치지 못

과학한다, 고로 철학한다

하는 중요한 지식이 존재한다는 것을 확연히 보여준다. 과학이 우리에게 빨간색을 보는 것이 어떤 것인지에 대해 알려주지 않는다는 말이 맞을 수도 있지 않을까? 우울증으로 고생하는 것이 어떤 건지, 혹은 산업화 때문에 한 개인의 삶이 뭉개지는 것이 어떤 것인지 이해하고 싶다면 건조한 사실 보고를 읽는 것보다 흡인력 있는 소설 한 권을 읽는 것이 훨씬 도움되기 때문이다. 심리학이나 사회학 연구 논문에서 찾을 수 없는 일종의 지식이나 이해를 가상의 창작물(픽션)에서 찾을 수 있다는 것에 동의할 수 있다. 이 말이 가상의 창작물(픽션)이 과학이 발견하지 못한 사실에 대해 알려 준다는 말은 아니다. 그보다는 우리 인간에게 중요한 기술을 획득하고 단련시키는 방법을 제시한다.

과학적 지식을 발견하는 데도 물론 실제적인 기술의 도움이 필요하다. 즉, 과학자들은 실험을 계획하는 방법, 기구를 사용하는 방법, 그리고 자료를 해석하는 방법에 대해 배워야 한다. 과학은 많은 중요한 것에 관해 알려주지만, 그렇다고 세상을 이해하고 삶을 잘 살고 현명한 결정을 내리는 데 필요한 모든 것에 대해 해답을 제시해줄 리는 만무하다. 중요한 목표 아래 연구를 성공적으로 진행하기 위해서는 과학이 자주 간과하는 지역적 지식이 고려되어야 한다. 과학적 연구를 활용하는 데도 기술이 필요한데, 특히 연구 결과를 실제에 반영할 수 있는 권위를 지닌 이들 중 누구에게 이 결과를 전달해 주고 또 전달한다면 어떤 방식으로 전달할지에 관련된 기술이 필요하다. 마지막으로, 자기 이해를 돕는데 과학적 연구의 중요성을 알고 싶다면 과학 학술지에 실린 논문 페이지를 읽어내려간다고 해서 되는 일이 아니라는 것을 말하고 싶다. 오히려 인간의 자유의지, 도덕적인 자화상, 그리고 인간 본질에 관련되어 이 연구들이 어떤 의미를 지니는가 하는 질문을 할 때는 신중한 해석이 요구된다. 과학의 의미는 무엇인가? 이것은 과학이 혼자서 답변할 수 있는 문제가 아니다.

감사의 말

 먼저 내게 이 책을 쓸 것을 권했던 펭귄 출판사의 로라 스틱니에게 감사의 말을 전한다. 그는 섬세한 감각을 지닌 열정적이고 인내심 있는 편집자이다. 여러 동료와 친구에게도 감사의 마음을 전하고 싶다. 안나 알렉산드로바, 리아나 베즐러, 애드리안 부텔, 앤드류 버스켈, 크리스토퍼 클락, 크리스 에드구스, 베스 해넌, 스티븐 존 그리고 휴 프라이스 모두 원고 전체를 읽어 주었다. 아내 엠마 길비에게는 도움이 많이 되었던 논평뿐만이 아니라 수많은 다른 것에 대해 고맙다는 말을 전하고 싶다. 분리된 장과 부분에 논평을 해준 조나단 버치, 장하석, 헬렌 커리, 대니엘 데닛, 제러미 호윅, 닉 자딘, 리사 로이드, 아론 슈어거, 루이사 러셀 그리고 데이비드 톰슨에게 감사의 마음을 전한다.

 이 책을 쓸 수 있도록 시간을 준 케임브리지 대학 및 클

레어 대학과 책을 끝까지 재미있게 쓸 수 있는 환경을 마련해준 CRASSH^{Centre for Research in the Arts, Social Sciences and Humanities}의 새 동료(특히 사이먼 골드힐과 캐서린 헐리), 그리고 해당 연구의 상당 부분을 보조해 준 유럽 연구 이사회(연구 보조 번호284123)에 감사의 말을 전하고 싶다. 또한, 역사 및 과학철학 학과에서 공부한 학생들과 내게 과학철학이 무엇이고 그 의미가 무엇인가를 생각케 해준 케임브리지대 철학교수진에게 고마움을 전한다. 이 책을 읽을 독자들을 생각하면서 나는 훌륭한 교사이자 여전히 그리운 피터 립톤을 떠올렸다.

이 책을 내 아이들 로즈와 샘에게 바친다. 그 애들이 없었다면 이 책을 쓰지 못했을 것이다라는 말은 솔직히 할 수 없다. 하지만 그 애들이 없었더라면 다른 책이, 아마도 훨씬 못한 책이 나왔을테고 이 책을 쓰는 과정을 반도 즐기지 못했을 것이다.

팀 르윈스

과학한다, 고로 철학한다

참고문헌 및 주석

Acknowledgements and References

● Ⅰ부 : "과학"이란 무엇인가? ●

· 1장 : 과학적인 방법 ·

포퍼의 삶에 대해 알고 싶으면 아래의 자서전이 도움된다.

칼 포퍼Karl Popper(1992), 『끝없는 탐구Unended Quest(박중서 역,

2008)』, 갈라파고스(품절)

포퍼가 직접 쓴 책 중에는 다음의 책들이 읽기 쉽다.

칼 포퍼Karl Popper(1963), 『추측과 논박Conjectures and Refutations(이

한구 역, 2001)』, 민음사.

칼 포퍼Karl Popper, (1992), 『과학적 발견의 논리The Logic of Scientific

Discovery(박우석 역, 1994)』, 고려원(품절).

대부분의 과학철학 입문서가 포퍼의 저서를 다루고 있지만, 그에 대한 활
발한 (그리고 전혀 봐주지 않는) 비판서를 읽고 싶으면 아래의 책을 권한다.

데이비드 스토브David C. Stove(1982), 『현대 비이성주의자 4인방

Four Modern Irrationalists』, Oxford: Pergamon.

포퍼에 이론에 대한 호의적인 평가서를 읽고 싶다면 아래의 책을 권한다.

데이비드 밀러David Miller, 『비판적 합리주의: 재진술과 방어Critical

Rationalism: A Restatement and Defence』, Chicago: Open Court.

포퍼의 기본 입장을 과학의 역사에 맞추고자 한 세련된 포퍼주의에 대해
읽고 싶으면 아래의 책이 좋다.

러커토시 임레Imre Lakatos(1980), 『과학적 연구 프로그램의 방법론

The Methodology of Scientific Research Programmes(신중섭 역, 2002)』,

아카넷(품절).

· 2장 : 과학적인 방법 ·

경제학과 다양한 경제학 이론에 관한 짧은 입문서로 아래의 책을 권한다.

장하준(2014), 『장하준의 경제학 강의Economics: The User's Guide(김희정 역, 2014)』, 부키.

과학으로서의 경제학의 위상에 관한 책으로 다음의 책이 좋다.

대니얼 하우스먼Daniel Hausman(1992), 『부정확하고 독립된 과학으로서의 경제학The Inexact and Separate Science of Economics』, Cambridge: Cambridge University Press.

알렉산더 로젠버그Alexander Rosenberg(1994), 『경제학: 수리정치학인가 수확체감의 과학인가Economics: Mathematical Politics or Science of Diminishing Returns?』, Chicago: University of Chicago Press.

지적설계론에 대해 찬반 의견을 균형 있게 실은 책으로는 다음의 책이 좋다.

마이클 루즈Michael Ruse, 윌리엄 뎀스키William Dembski 편저(2004), 『설계 논쟁: 다윈부터 DNA까지Debating Design: From Darwin to DNA』, Cambridge: Cambridge University Press.

저자가 아는 한 동종요법에 관한 좋은 철학책은 아직 없다. 증거 중심 의학에 관련된 문제들을 종합적으로 다루는 괜찮은 책이 있는데 아래의 책은 위약의 정체에 대해서도 자세히 다루고 있다.

제레미 호윅Jeremy Howick(2011), 『증거 중심 의학의 철학The Philosophy of Evidence-Based Medicine』, Oxford: Wiley/BMJ Books.

· 3장 : "패러다임"이라는 패러다임 ·

가장 중요한 필독서는 물론 쿤의 『구조』이다. 이안 해킹Ian Hacking의 친절한 서론이 들어간 50주년 기념판이 최근에 출판되었다.

토마스 쿤Thomas Kuhn(2012), 『과학 혁명의 구조The Structure of Scientific Revolutions(김명자, 홍성욱 역, 2013)』, 까치.

쿤의 후기 에세이집도 읽어볼 만한 중요한 저작이다.

토마스 쿤[Thomas Kuhn](2012), 『과학 혁명의 구조[The Structure of Scientific Revolutions](김명자, 홍성욱 역, 2013)』, 까치.

이 장에서 다룬 문제에 대한 쿤과 포퍼 그리고 러커토시 간에 벌어진 중요한 논쟁에 대해 읽고 싶으면 다음의 책이 좋다.

임레 러커토시[Imre Lakatos], 알랜 머스그레이브[Alan Musgrave] 편저(1970), 『비판과 지식의 성장[Criticism and the Growth of Knowledge]』, Cambridge: Cambridge University Press.

다음의 두 책은 쿤의 이론을 이해하는 데 아주 도움이 된다.

알렉산더 버드[Alexander Bird](2001), 『토마스 쿤[Thomas Kuhn]』, London: Acumen.

파울 호이닝엔 휘네[Paul Hoyningen-Huene](1993), 『과학 혁명 재구성: 토마스 쿤의 과학철학[Reconstructing Scientific Revolutions: Thomas S. Kuhn's Philosophy of Science]』, Chicago: University of Chicago Press.

역사 및 제도적 관점에서 쿤을 참신하게 연구한 최근의 책으로 아래의 책을 권한다.

조엘 아이작[Joel Isaac](2012), 『실용 지식: 파슨부터 쿤까지 인간 과학 만들기[Working Knowledge: Making the Human Sciences from Parsons to Kuhn]』, Cambridge, MA: Harvard University Press.

· 4장 : 그런데 이게 진실일까? ·

과학적 실재론 논쟁을 전반적으로 가장 잘 소개하고 또 의미심장하게 옹호한 책으로 다음을 권한다.

스타티스 프실로스[Stathis Psillos](1999), 『과학적 실재론: 과학은 진리를 어떻게 추적하는가[Scientific Realism: How Science Tracks Truth]』, London, Routledge.

아래의 책은 과학적 실재론에 관한 중요한 몇 가지 논문을 담고 있다.

데이비드 파피노[David Papineau] 편저(1996), 『과학철학[The Philosophy of Science]』, Oxford: Oxford University Press.

지난 50년 동안 과학적 반실재론자로서 가장 중요하고 영향력 있는 학자를 뽑으라면 바스 밴 프라센일 것이다.

바스 밴 프라센[Bas van Fraasse](1980), 『과학적 이미지[The Scientific Image]』, Oxford: Clarendon Press.

이 장에 소개된 유형의 실재론에 대한 장하석의 물에 대한 연구가 여러 면에서 의미 있는 도전장을 던지고 있다.

장하석(2012), 『물은 H_2O인가[Is Water H_2O]』, Dordrecht: Springer.

마지막으로 카일 스탠포드의 비관적 귀납 논증의 재해석도 명료하고 재미있다.

카일 스탠포드[Kyle Stanford](2006), 『우리의 이해를 초월해서: 과학, 역사 그리고 생각해 보지 못한 대안[Exceeding Our Grasp: Science, History and the Problem of Unconceived Alternatives]』, Oxford: Oxford University Press.

● Ⅱ부 : 과학이 우리에게 어떤 의미가 있는가? ●

· 5장 : 가치와 진실성 ·

과학과 가치에 관한 논쟁을 포괄적으로 다룬 개론서를 원하면 아래의 책이 좋다.

휴 레이시[Hugh Lacey](1999), 『과학에 가치가 배제되어 있는가[Is Science Value Free]』, London: Routledge.

해롤드 킨케이드[Harold Kincaid], 존 뒤프레[John Dupré], 앨리슨 와일리

Alison Wylie 편저(2007), 『가치 배제 과학: 이상과 환상Value-Free Science: Ideals and Illusions』, Oxford: Oxford University Press.

이 장에 있는 많은 논변은 헤더 더글라스의 저작에 영감을 받은 것이다.

헤더 더글라스Heather Douglas(2009), 『과학, 정책 그리고 가치가 배제된 이상Policy and the Value-Free Ideal』, Pittsburgh, PA: University of Pittsburgh Press.

여성의 오르가슴에 대해 더 자세히 알고 싶으면 아래의 책을 권한다.

엘리자베스 로이드Elisabeth Lloyd(2005), 『여성 오르가슴: 진화론 연구의 편견The Case of the Female Orgasm: Bias in the Study of Evolution』, Cambridge, MA: Harvard University Press.

· 6장 : 인간적인 친절 ·

다양한 형태의 이타주의와 이러한 이타주의의 발현에 집단 선택이 하는 역할에 대한 주요 토론을 쉽게 읽을 수 있는 책으로 다음의 책을 권한다.

엘리엇 소버Elliott Sober, 데이비드 윌슨David Wilson(1999), 『타인 지향: 이타적인 행동의 진화와 심리학Unto Others: The Evolution and Psychology of Unselfish Behaviour』, Cambridge, MA: Harvard University Press.

집단 선택에 대한 논쟁은 아래의 책에 잘 소개되어 있다.

마크 보렐로Mark Borello(2010), 『진화적 제한: 집단 선택에 대한 논쟁의 역사Evolutionary Restraints: The Contentious History of Group Selection』, Chicago: University of Chicago Press.

이타성에 대한 진화론적 방법론에서 가장 중요한 혁신적인 개념을 역사적으로 훌륭하게 기술한 책으로 아래의 저서를 권한다.

오렌 하먼Oren Harman(2011), 『이타주의의 대가: 조지 프라이스와 인간의 친절함의 근원을 찾아서The Price of Altruism: George Price and the Search for the Origins of Human Kindness』, London: The Bodley Head.

마지막으로, 이타성에 관해 쟁점이 되는 가장 최근의 이론에 대해 알고 싶으면 아래의 책이 좋다.

마틴 노왁Martin Nowak, 로저 하이필드Roger Highfield(2012), 『초협력자Supercooperators(허준석 역, 2012)』, 사이언스북스.

· 7장 : "본성"이라는 말을 조심하라! ·

인간 본성의 개념에 대한 최고의 개론서로 아래의 책을 권한다.

스티븐 다운즈Stephen Downes, 에두아드 마쉐리Edouard Machery 편저(2013), 『인간 본성에 대한 토론: 최근의 논쟁Arguing About Human Nature: Contemporary Debates』, London: Routledge.

인간 능력 개발에 문화가 차지하는 폭넓은 역할을 강조한 책으로 아래의 책이 있다.

제스 프린즈Jesse Prinz(2012), 『인간 본성을 넘어서: 문화와 경험이 만드는 우리의 삶Beyond Human Nature: How Culture and Experience Shape our Lives』 London: Penguin.

인간 본성 개념을 적극적으로 옹호한 책으로는 다음을 권한다.

스티븐 핑커Steven Pinker(2002), 『빈 서판: 인간은 본성을 타고 나는가The Blank Slate: The Modern Denial of Human Nature(김한영 역, 2004)』, 사이언스북스.

인간 진화 과정에서의 문화의 역할에 대한 입문서로 아래의 책을 권한다.

피터 리처슨Peter Richerson, 로버트 보이드Robert Boyd(2005), 『유전자만이 아니다Not by Genes Alone: How Culture Transformed Human Evolution(김준홍 역, 2009)』, 이음.

· 8장 : 자유가 사라진다? ·

자유의지에 대한 고전적인 글을 읽고 싶으면 다음의 책이 좋다.

게리 왓슨^{Gary Watson} 편저(2003). 『자유의지^{Free Will}』, Oxford: Oxford University Press.

양립론을 흥미 있고 적극적으로 옹호한 책으로 다음의 책을 권한다.

대니얼 데닛^{Daniel Dennett}(1984), 『팔꿈치를 펼 공간: 다양한 유형의 자유의지^{Elbow Room: The Varieties of Free Will Worth Wanting}』 Cambridge, MA: MIT Press.

이 장의 제목은 양립론에 대한 데닛의 최근 저서에서 따왔는데 이 책은 리벳의 실험도 자세히 다루고 있다.

대니얼 데닛^{Daniel Dennett}(2003), 『자유는 진화한다^{Freedom Evolves}(이한음 역, 2009)』, 동녘사이언스.

과학적 연구에 중점을 두고 자유의지에 대해 기술한 중요한 책으로 다음의 두 책을 권한다.

앨 밀리^{Al Mele}(2009), 『효과적인 의도: 의식적인 의지의 힘^{Effective Intentions: The Power of Conscious Will}』, Oxford: Oxford University Press.

로버트 케인^{Robert Kane}(1996), 『자유의지의 중요성^{The Significance of Free Will}』 Oxford: Oxford University Press.

· 후기 : 과학의 범위 ·

지역적 과학 지식에 대한 좋은 책으로 다음을 권한다.

앨런 어윈^{Alan Irwin}, 브라이언 와인^{Brian Wynne} 편저(1996) 『과학의 오해: 과학과 기술의 공적인 재구성^{Misunderstanding Science: The Public Reconstruction of Science and Technology}』 Cambridge,

과학한다, 고로 철학한다

Cambridge University Press: 1996.

과학 분야 간의 관계, 특히 모든 과학이 근본적으로 물리학에 불과한지에 대한 문제에 대해 더 알고 싶으면 다음의 책이 좋다.

존 뒤프레[John Dupré](1993), 『사물의 무질서[The Disorder of Things]』 Cambridge, MA: Harvard University Press.

메리 사고 실험에 대해 읽고 싶으면 다음의 책이 좋다.

피터 루드로브[Peter Ludlow], 유진 나가사와[Yujin Nagasawa], 다니엘 솔저[Daniel Stoljar] 편저(2004), 『메리에겐 뭔가 특별한 것이 있다[There's Something About Mary]』, Cambridge, MA: MIT Press.

주석

· 서문 ·

1   이 말을 파인만이 한 것으로 널리 알려졌는데, 실제로 그렇다는 확실한 증거는 없다.

2   아인슈타인의 편지 출처는 다음과 같다. Don Howard, 'Einstein's Philosophy of Science', *The Stanford Encyclopedia of Philosophy* (Summer 2010 Edition), Edward N. Zalta (ed.). 인터넷 출처: http://plato.stanford.edu/archives/sum2010/entries/einstein-philscience/

3   이 중요한 주제는 케임브리지대 동료 교수인 장하석의 저서에 많이 강조되었다.

● I 부 ●

· 1장 : 과학적인 방법 ·

4   A. Rosenberg, *Economics: Mathematical Politics or Science of Diminishing Returns?* Chicago: University of Chicago Press (1992).

5   M. Dembski and M. Ruse (eds.), *Debating Design: From Darwin to DNA*, Cambridge: Cambridge University Press (2004); S. Sarkar, *Doubting Darwin? Creationist Designs on Evolution*, Oxford: Blackwell (2007).

6   예를 들어, 다음의 책을 참고하라. S. Singh and E. Ernst, *Trick or Treatment? Alternative Medicine on Trial*, London: Bantam Press (2008).

과학한다, 고로 철학한다

7   이것이 2014년 5월에 내가 < Nuffield Council on Bioethics > 에 참석했을 때 들은 동종요법 옹호론이다.

8   K. Popper, *Unended Quest*, London: Routledge (1992).

9   D. Gillies, 'Lakatos, Popper, and Feyerabend: Some Personal Reminiscences'. 인터넷 출처. http://www.ucl.ac.uk/silva/sts/ staff/gillies/gillies_2011_lakatos_popper_feyerabend.pdf

10 Ibid.

11 인용 출처. Medawar, Eccles and Bondi all come from B. Magee, *Popper*, London: Fontana (1973), p. 9.

12 D. Gillies, 'Lakatos, Popper, and Feyerabend: Some Personal Reminiscences'. 인터넷 출처. http://www.ucl.ac.uk/silva/sts/ staff/gillies/gillies_2011_lakatos_popper_feyerabend.pdf

13 K. Popper, 'Science: Conjectures and Refutations' in *Conjectures and Refutations*, London: Routledge (1963), p. 44.

14 Ibid., p. 45.

15 Ibid., p. 45.

16 이 예는 2014년 8월 「데일리 메일」 별점에서 따온 것이다. Published online http://www.dailymail.co.uk/home/you/ article-1025205/This-weeks-horoscopes-Sally-Brompton. html Accessed 12th August 2014.

17 S. Freud, *The Standard Edition of the Complete Psychological Works*, Volume 4 (1900), p. 150. 철학적 관점에서 이 예를 심층 토론한 것을 읽고 싶으면 다음을 참고하기 바란다. A. Grünbaum, 'The Psychoanalytic Enterprise in Philosophical Perspective' in C. W. Savage (ed.) *Scientific Theories: Minnesota Studies in Philosophy of Science* 14 (1990), pp. 41-58.

18   Ibid.

19   귀납의 문제가 다음 책의 제1장에 깔끔하게 잘 소개되어 있다. P. Lipton, *Inference to the Best Explanation* (Second Edition), London: Routledge (2004).

20   K. Popper, 'Science: Conjectures and Refutations' in *Conjectures and Refutations*, London: Routledge (1963), p. 56.

21   파인만의 논평 출처는 그의 강의 비디오이다. http://youtu.be/ EYPapE-3FRw

22   G. Brumfei, 'Particles Break Light-Speed Limit' *Nature*, 22nd September 2011. 인터넷 출처. http://www.nature.com/ news/2011/110922/full/news.2011.554.html#update1

23   리스와 와인버그의 논평 출처. J. Matson, 'Faster-Than-Light Neutrinos? Physics Luminaries Voice Doubts' *Scientific American*, 26th September 2011. 인터넷 출처. http://www. scientificamerican.com/article/ftl-neutrinos/

24   F. Dyson, A. Eddington and C. Davidson, 'A Determination of the Deflection of Light by the Sun's Gravitational Field, from Observations Made at the Total Eclipse of May 29, 1919', *Phil. Trans. R. Soc. Lond. A* (1920), 220, p. 332.

25   H. Putnam, 'The "Corroboration" of Theories', in R. Boyd, P. Gasper and D. Trout (eds.) *The Philosophy of Science* (MIT Press).

26   K. Popper, *The Logic of Scientific Discovery*, London: Routledge (1992): p. 94.

27   Ibid., p. 87.

28   E. Reich, 'Embattled Neutrino Project Leaders Step Down', *Nature*, 2nd April 2012. 인터넷 출처. http://www.nature.

과학한다, 고로 철학한다

com/news/embattled-neutrino-project-leaders-step-down-1.10371

29   C. Darwin, *On the Origin of Species*, London: John Murray (1859).

30   H. Kroto, 'The Wrecking of British Science' Guardian, 22nd May 2007.

31   Ibid.

32   P. Feyerabend, *Against Method*, New York: Verso, p. 40.

· 2장 : 그것도 과학인가? ·

33   http://www.nobelprize.org/nobel_prizes/economic-sciences/

34   여기에 대한 개론으로 다음의 책이 좋다. D. Kahneman, *Thinking Fast and Slow*, London: Penguin (2012)

35   J. Henrich et al ' "Economic Man" in Cross-Cultural Perspective: Behavioral Experiments in 15 Small-Scale Societies' *Behavioral and Brain Sciences* 28 (2005): 795-855.

36   A. Sen, *Poverty and Famines: An Essay on Entitlements and Deprivation*, Oxford: Oxford University Press (1983).

37   N. Cartwright, *Nature's Capacities and their Measurement*, Oxford: Oxford University Press (1989).

38   E. Sober, *The Nature of Selection*, Chicago: University of Chicago Press (1984), Chapter One.

39   A. Alexandrova, 'Making Models Count' *Philosophy of Science* 75: 383-404 (2008).

40   N. Cartwright, 'The Vanity of Rigour in Economics:

Theoretical Models and Galilean Experiments' in her *Hunting Causes and Using Them* (Cambridge, Cambridge University Press: 2007): pp. 217-235.

41   장하석이 이 생각에 도움을 주었다.

42   예를 들어, 다음을 참고하라. M. Ridley, *Evolution*, Third Edition, Oxford: Blackwell (2003); N. Barton et al, *Evolution*, CSHL Press (2007).

43   J. Endler, *Natural Selection in the Wild*, Princeton University Press (1986).

44   지적설계이론에 대한 대표 저서로 다음과 같은 책이 있다 W. Dembski and J. Kushiner (eds.), *Signs of Intelligence*, Brazos Press (2001); M. Behe, *Darwin's Black Box*, Second Edition, Simon and Schuster (2006).

45   다양한 창조론자와 지적설계론자를 비판적으로 다룬 책으로 다음을 권한다. R. Pennock, *Tower of Babel*, MIT Press (1999).

46   아래에 소개되는 토론은 다음의 내 책에서 더 자세히 다루고 있다. *Darwin*, London: Routledge (2007).

47   M. Behe, *Darwin's Black Box*, Second Edition, Simon and Schuster (2006).

48   K. Miller, 'The Flagellum Unspun' in W. Dembski and M. Ruse (eds.), *Debating Design: From Darwin to DNA*, Cambridge: Cambridge University Press (2004).

49   E. Sober, 'The Design Argument' in W. Mann (ed.), *The Blackwell Companion to the Philosophy of Religion*, Oxford: Blackwell (2004).

50   다음의 책도 참고하기 바란다. S. Sarkar, *Doubting Darwin? Creationist Designs on Evolution*, Oxford: Blackwell (2007).

51   http://www.britishhomeopathic.org/what-is-homeopathy/

52   C. Weijer, 'Placebo Trials and Tribulations' *CMAJ* 166
      (2002): 603-604.

53   R. Smith, 'Medical Journals and Pharmaceutical Companies:
      Uneasy Bedfellows' *BMJ* 326 (2003): 1202.

54   L. Kimber et al, 'Massage or Music for Pain Relief in Labour',
      European Journal of Pain 12 (2008): 961-969; E. Ernst, 'Does
      Post-Exercise Massage Treatment Reduce Delayed Onset
      Muscle Soreness? A Systematic Review' *British Journal of
      Sports Medicine* 32 (1998): 212-214.

55   개별 질병의 경우와 연관된 동종요법은 "임상 동종요법"으로 불
      리는데 이는 "전통 동종요법"과 대조된다. 다음의 참고 문헌을
      읽어 보기 바란다. Bannerji et al, 'Homeopathy for Allergic
      Rhinitis: Protocol for a Systematic Review' *Systematic
      Reviews* 3 (2014): 59.

56   http://www.britishhomeopathic.org/what-is-homeopathy/

57   NHMRC Homeopathy Working Committee, *Effectiveness
      of Homeopathy for Clinical Conditions: Evaluation of the
      Evidence*, Optum (2013), p. 8.

58   D. Sackett et al, 'Evidence-Based Medicine: What it is and
      What it isn't' *BMJ* 312 (1996): p. 71

59   http://www.britishhomeopathic.org/evidence/the-evidence-
      for-homeopathy/

60   F. Benedetti, *Placebo Effects: Understanding the
      Mechanisms in Health and Disease*, Oxford: Oxford
      University Press (2009).

61   W. Brown, *The Placebo Effect in Clinical Practice*, Oxford:

Oxford University Press (2013): pp. 54-5.

62   R. Hahn 'The Nocebo Phenomenon: Concept, Evidence,
        and Implications for Public Health' *Preventive Medicine* 26
        (1997): 607-611.

63   J. Fournier et al, 'Antidepressant Drug Effects and
        Depression Severity: A Patient-Level Meta-Analysis' *JAMA*
        303 (2010): 47-53.

64   T. Kaptchuk et al, 'Placebos without Deception: A
        Randomized Controlled Trial in Irritable Bowel Syndrome',
        PLOS One (2010) DOI: 10.1371/journal.pone.0015591

65   J. Howick et al, 'Placebo Use in the United Kingdom: Results
        from a National Survey of Primary Care Practitioners' *PLOS
        One* (2013), DOI: 10.1371/journal.pone.0058247

· 3장 : '패러다임'이라는 패러다임 ·

66   J. Isaac, *Working Knowledge: Making the Human Sciences
        from Parsons to Kuhn*, Cambridge, MA: Harvard University
        Press (2012), p. 211.

67   T. Kuhn, *The Structure of Scientific Revolutions*, Third
        Edition, Chicago: University of Chicago Press (1996), p. 151.

68   Ibid., p. 181. 다음을 참고하기 바란다. M. Masterman, 'The
        Nature of a Paradigm' in I. Lakatos and A. Musgrave (eds.)
        Criticism and the Growth of Knowledge, Cambridge:
        Cambridge University Press (1970).

69   T. Kuhn, *The Structure of Scientific Revolutions*, Third
        Edition, Chicago: University of Chicago Press (1996), p. 175.

과학한다, 고로 철학한다

70   M. J. S. Hodge, 'The Structure and Strategy of Darwin's "Long Argument", *British Journal for the History of Science* 10 (1977): 237-246.

71   Lander et al, 'Initial Sequencing and Analysis of the Human Genome', *Nature* 409 (2001): 860-921.

72   Lindblad-Toh et al, 'Genome Sequence, Comparative Analysis and Haplotype Structure of the Domestic Dog' *Nature* 438 (2005): 803-819; Goff et al, 'A Draft Sequence of the Rice Genome' *Science* 296 (2002): 92-100; Shapiro, M. 'Genomic Diversity and the Evolution of the Head Crest in the Rock Pigeon', *Science* 339 (2013): 1063-1067.

73   T. Kuhn, *The Structure of Scientific Revolutions*, Third Edition, Chicago: University of Chicago Press (1996), p. 190

74   역사·철학적 관점에서 공간에 대해 자세하게 토론한 책으로 다음을 권한다. L. Sklar, *Space*, Time and Spacetime, University of California Press (1974).

75   이 문단에서 소개된 역사는 문맥상 아주 단순화시켜 조명한 것이다. 상대성의 유래에 대한 상세한 토론은 다음의 책에 잘 나와 있다. R. Staley, *Einstein's Generation: The Origins of the Relativity Revolution*, University of Chicago Press (2009).

76   T. Kuhn, 'Commensurability, Comparability, Communicability' in his *The Road Since Structure*, Chicago: University of Chicago Press (2000), pp. 33-57. 공약불가능성에 대한 쿤의 생각이 어떻게 바뀌었는지 알고 싶으면 다음의 책이 좋다. H. Sankey, 'Kuhn's Changing Concept of Incommensurability', *British Journal for the Philosophy of Science* 44 (1993): 759-774. 공약불가능성에 대해 전반적으로 알고 싶으면 다음의 책이

좋다. H. Sankey, *The Incommensurability Thesis*, Aldershot: Avebury (1994).

77 T. Kuhn, 'Commensurability, Comparability, Communicability' in his *The Road Since Structure*, Chicago: University of Chicago Press (2000), p. 48.

78 T. Kuhn, The Structure of Scientific Revolutions, Third Edition, Chicago: University of Chicago Press (1996).

79 "아리스토텔레스 발견 순간"에 대한 이야기의 출처. J. Isaac, *Working Knowledge: Making the Human Sciences from Parsons to Kuhn*, Cambridge, MA: Harvard University Press (2012), pp. 211-212.

80 T. Kuhn, *The Structure of Scientific Revolutions*, Third Edition, Chicago: University of Chicago Press (1996), p. 134.

81 Ibid., p. 119.

82 I. Hacking, *Representing and Intervening*, Cambridge: Cambridge University Press (1985).

83 이 문제에 대한 철학적 토론은 다음의 책에 잘 소개돼 있다. A Byrne and D Hilbert (eds.) *Readings on Color Volume 1: The Philosophy of Color*, MIT Press (1997).

84 T. Kuhn, *The Structure of Scientific Revolutions*, Third Edition, Chicago: University of Chicago Press (1996), p. 118.

85 E. Thompson, *Colour Vision: A Study in Cognitive Science and Philosophy of Science*, Routledge (1995).

86 다음의 내 책에서 나는 진보에 대한 다윈의 생각을 심층 토론한 다. *Darwin*, London: Routledge (2007).

87 J. Odling-Smee, K. Laland and M. Feldman, *Niche Construction: The Neglected Process in Evolution*,

Princeton: Princeton University Press (2003).

88   T. Kuhn, 'The Road Since Structure' in *The Road Since Structure: Philosophical Essays 1970-1993*, Chicago: University of Chicago Press (2000) p. 104.

89   C. Darwin, *The Origin of Species*, London: John Murray (1859).

90   나중에 나온 『종의 기원』 판본에 다윈이 추가한 "역사적 배경 Historical Sketch"을 읽으면, 이런 전조를 다윈이 인정한다는 것을 알 수 있다.

91   J. Secord, *Victorian Sensation*, Chicago: University of Chicago Press (2001).

92   P. Bowler, *The Eclipse of Darwinism*, Johns Hopkins University Press (1983).

93   H. Fleeming Jenkin, 'Review of The Origin of Species', *North British Review* 46 (1867): pp. 277-318.

94   T. Lewens, 'Natural Selection Then and Now', *Biological Reviews* 85 (2010): 829-835.

95   R. A. Fisher, *The Genetical Theory of Natural Selection*, Oxford: Clarendon, (1930).

· 4장 : 그런데 이게 진실일까? ·

96   유대교 관점에서 비슷한 입장을 다룬 책으로 다음을 권한다. P. Lipton, 'Science and Religion: The Immersion Solution' in J. Cornwell and M. McGhee (eds.) *Philosophers and God: At the Frontiers of Faith and Reason*, London: Continuum (2009): 31-46.

97 비결정주의에 대한 주요 논문을 다음의 책에서 읽을 수 있다. L. Laudan, 'Demystifying Underdetermination', in C. Wade Savage (ed.) *Scientific Theories*, Minnesota Studies in the Philosophy of Science, vol. 14, Minneapolis: University of Minnesota Press (1990), pp. 267–297; L. Laudan and J. Leplin, 'Empirical Equivalence and Underdetermination', *Journal of Philosophy* 88 (1991): 449–472.

98 C. Clark, *The Sleepwalkers: How Europe Went to War in 1914*, London: Penguin, (2013), pp. 47-48.

99 보아스의 미출판 강의 원본이 다음의 책 부록에 인터넷 출처로 소개되어 있다. H. Lewis, 'Boas, Darwin, Science, and Anthropology', *Current Anthropology* 42 (2001). 이것을 내게 알려준 짐 모어에게 고맙다는 말을 전한다.

100 원출처. P. Duhem, *La Théorie Physique*. Son Objet, Sa Structure, Paris, Chevalier and Rivière (1906).

101 P. Duhem, *The Aim and Structure of Physical Theory*, Princeton, NJ: Princeton University Press ([1914] 1954).

102 Shin, H-J. et al., 'State-Selective Dissociation of a Single Water Molecule on an Ultrathin MgO Film', *Nature Materials* 9 (2010): 442-447.

103 위의 이론 전개는 전적으로 다음의 책에 바탕을 둔 것이다. H. Chang, *Is Water H_2O?*, Dordrecht: Springer (2012).

104 Kukla, A., 'Does Every Theory Have Empirically Equivalent Rivals?', *Erkenntnis*, 44 (1996): 145.

105 다음의 논문이 내게 도움을 주었다. K. Stanford, 'Refusing the Devil's Bargain: What Kind of Underdetermination Should We Take Seriously?', *Philosophy of Science*, 68 [Proceedings]

과학한다, 고로 철학한다

(2001): S1-S12.

106   예를 들어, 다음을 참고하라. R. Boyd, 'On the Current Status of the Issue of Scientific Realism', *Erkenntnis*, 19 (1983): 45–90.

107   H. Putnam, *Mathematics, Matter and Method*, Cambridge: Cambridge University Press (1975), p. 73.

108   퍼트넘이 1975년에 간단한 논평을 하기 훨씬 이전에 이런 유형의 논변이 제기 되었다. 예를 들어, 호주 철학자 J. J. C. 스마트는 1963년에 출판된 그의 저서에서 비슷한 논변을 펼쳤다. *Philosophy and Scientific Realism*, London: Routledge (1963).

109   F. Nietzsche, *The Gay Science*, translated by W. Kaufmann, New York: Random House, (1974 [1887]), Book Three, Section 110.

110   B. van Fraassen, *The Scientific Image*, Oxford: Clarendon Press (1980).

111   P. D. Magnus and C. Callender, 'Realist Ennui and the Base Rate Fallacy', *Philosophy of Science* 71 (2004): 320-338.

112   A. Tversky and D. Kahneman, 'Evidential Impact of Base Rates' in Kahneman, Tversky and Slovic (eds.) *Judgement Under Uncertainty: Heuristics and Biases*, Cambridge: Cambridge University Press (1982).

113   진리에 대한 이런 "미니멀리스트" 관점을 다룬 책으로 다음을 권한다. P. Horwich, *Truth, Second Edition*, Oxford: Oxford University Press (1998).

114   이런 관점을 소개하고 옹호한 책으로 다음을 권한다. K. Stanford, *Exceeding Our Grasp: Science, History and the Problem of Unconceived Alternatives*, Oxford: Oxford University Press (2006).

115   L. Boto, 'Horizontal Gene Transfer in the Acquisition of Novel Traits by Metazoans' *Proceedings of the Royal Society B* (2014) doi: 10.1098/rspb.2013.2450

116   L. Graham et al, 'Lateral Transfer of a Lectin-Like Antifreeze Protein Gene in Fishes' *PLOS One* (2008): doi: 10.1371/journal.pone.0002616

117   이 주제를 다음의 책에서 다루고 있다. W. F. Doolittle, 'Uprooting the Tree of Life' *Scientific American* 282 (2000): 90-95.

118   래리 라우던이 자주 비관적 귀납주의자로 여겨지는데, 이것이 잘못된 평가가 아닌가 한다. 다음의 문헌을 참고하라. 'A Confutation of Convergent Realism' *Philosophy of Science* 48 (1981): 19-49.

119   P. Lipton, 'Tracking track records', *Aristotelian Society Supplementary Volume* 74 (2000): 179–205.

120   비관적 귀납주의에 대한 이 답변에 대해 제기되는 주요 문제에 대해 알고 싶으면 다음을 참고하라. K. Stanford 'No Refuge for Realism' *Philosophy of Science* 70 (2003): 913-925; H. Chang 'Preservative Realism and its Discontents: Revisiting Caloric' *Philosophy of Science* 70 (2003): 902-912.

121   K. Stanford, *Exceeding Our Grasp: Science, History and the Problem of Unconceived Alternatives*, Oxford: Oxford University Press (2006).

122   이 문제에 대한 내 생각은 이전 내 박사 과정 학생이었던 샘 니컬슨이 쓴 미출판 논문에 많이 도움을 받은 것이다. S. Nicholson, *Pessimistic Inductions and the Tracking Condition*, University of Cambridge, PhD Thesis, (2011).

● II부 ●

· 5장 : 가치와 진실성 ·

123 *Shale Gas Extraction in the UK: A Review of Hydraulic Fracturing*, Royal Society/Royal Academy of Engineering (2012): 5. 인터넷 출처. http://www.raeng.org.uk/publications/reports/shale-gas-extraction-in-the-uk

124 *Scientific Review of the Safety and Efficacy of Methods to Avoid Mitochondrial Disease through Assisted Conception*, HFEA (2011). Published online: http://www.hfea.gov.uk/docs/2011-04-18_Mitochondria_review_-_final_report.PDF

125 리센코의 발표에 대한 내 설명은 다음에 근거한다. W. deJong Lambert, *The Cold War Politics of Genetic Research: An Introduction to the Lysenko Affair*. Springer (2012).

126 R. M. Young, 'Getting Started on Lysenkoism' *Radical Science Journal* 6-7 (1978): 81-105.

127 S. C. Harland, 'Nicolai Ivanovitch Vavilov. 1885-1942' *Obituary Notices of the Royal Society* 9 (1954), 259-264.

128 S. C. Harland, 'Nicolai Ivanovitch Vavilov. 1885-1942' *Obituary Notices of the Royal Society* 9 (1954), 259-264.

129 더 자세히 알고 싶으면 다음을 참고하라. D. Turner, 'The Functions of Fossils: Inference and Explanation in Functional Morphology', *Studies in History and Philosophy of Biological and Biomedical Sciences* 31 (2000): 193-212.

130 E. A. Lloyd, *The Case of the Female Orgasm: Bias in the Study of Evolution*, Cambridge, MA: Harvard University Press (2005).

131 예를 들어, 로이드의 웹사이트를 참고하라. http://mypage.

iu.edu/~ealloyd/

132 A. Kinsey et al., *Sexual Behavior in the Human Female*,
     Philadelphia: W. B. Saunders (1953), p. 164.

133 D. Morris, *The Naked Ape: A Zoologist's Study of the Human
     Animal* (New York: McGraw Hill (1967), p. 79.

134 G. Gallup and S. Suarez, 'Optimal Reproductive Strategies for
     Bipedalism' *Journal of Human Evolution* 12 (1983), p. 195.

135 E. A. Lloyd, *The Case of the Female Orgasm: Bias in the
     Study of Evolution*, Cambridge, MA: Harvard University
     Press (2005), p. 58.

136 W. H. Masters and V. E. Johnson, *Human Sexual Response*,
     Boston: Little Brown (1966), p. 123; E. A. Lloyd, *The Case
     of the Female Orgasm: Bias in the Study of Evolution*,
     Cambridge, MA: Harvard University Press, (2005), p. 182.

137 E. A. Lloyd, *The Case of the Female Orgasm: Bias in the
     Study of Evolution*, Cambridge, MA: Harvard University
     Press (2005), p. 190.

138 로이드의 최근 회의적인 생각에 대해 알고 싶으면 다음을 참
     고하라. E. Lloyd, 'The Evolution of Female Orgasm: New
     Evidence and Feminist Critiques' in F. de Sousa and G.
     Munevar (eds.) *Sex, Reproduction and Darwinism*, London:
     Pickering and Chatto, (2012).

139 D. Puts, K. Dawood and L. Welling, 'Why Women have
     Orgasms: An Evolutionary Analysis' *Archives of Sexual
     Behavior* 41 (2012): 1127-1143.

140 R. Levin, 'Can the Controversy about the Putative Role of the
     Human Female Orgasm in Sperm Transport be Settled with

과학한다, 고로 철학한다

our Current Physiological Knowledge of Coitus?' *Journal of Sexual Medicine* 8 (2011): 1566-1578.

141   R. Levin, 'The Human Female Orgasm: A Critical Evaluation of its Proposed Reproductive Functions' *Sexual and Relationship Therapy* 26 (2011): 301-314.

142   E. Lloyd, 'Pre-Theoretical Assumptions in Evolutionary Explanations of Female Sexuality' *Philosophical Studies* 69 (1993): 139-153.

143   다윈의 젊은 시절에 대해 알고 싶으면 다음의 책이 좋다. J. Browne, *Charles Darwin: Voyaging*, London: Pimlico (2003).

144   마르크스와 엥겔스 편지의 출처. A. Schmidt, *The Concept of Nature in Marx*, Translated B. Fowkes, from the German edition of 1962, London: NLB (1971).

145   C. Darwin, *On the Origin of Species*, London: John Murray (1859), p. 108.

146   자세한 것은 다음을 참고하라. J. Odling-Smee, K. Laland and M. Feldman, *Niche Construction: The Neglected Process in Evolution*, Princeton University Press (2003).

147   예를 들어, 다음을 참고하라. R. Levins and R. Lewontin, *The Dialectical Biologist*, Cambridge, MA: Harvard University Press (1985).

148   이 부분에 나오는 논변은 다음의 책에서 많이 도움을 받은 것이다. H. Douglas, *Science, Policy and the Value-Free Ideal*, Pittsburgh University Press (2009).

149   이동 전화가 위험하다는 주장에 대한 반응을 다룬 책으로 다음의 책을 권한다. A. Burgess, *Cellular Phones, Public Fears and a Culture of Precaution*, Cambridge: Cambridge

University Press (2003).

150   S. John, 'From Social Values to p-Values: The Social Epistemology of the International Panel on Climate Change' *Journal of Applied Philosophy* (forthcoming).

151   J. O'Reilly, N. Oreskes, and M. Oppenheimer, 'The rapid disintegration of consensus: the West Antarctic Ice Sheets and the International Panel on Climate Change' *Social Studies of Science* 42 (2012): 709-731.

152   이 부분의 논변은 다음의 내 논문이 그 출처이다. 'Taking Sensible Precautions', *Lancet* 371 (2008): 1992-1993.

153   C. Sunstein, *Laws of Fear: Beyond the Precautionary Principle*, Cambridge: Cambridge University Press (2005).

154   *Rio Declaration on Environment and Development*, available at http://www.un.org/documents/ga/conf151/aconf15126-1annex1.htm

155   G. Suntharalingam et al 'Cytokine Storm in a Phase 1 Trial of the Anti-CD28 Monoclonal Antibody TGN1412' *New England Journal of Medicine* 355 (2006): 1018-1028.

156   U. Beck, *The Risk Society*, London: Sage (1992), p. 62. Italics in original.

157   S. John, 'In Defence of Bad Science and Irrational Policies' *Ethical Theory and Moral Practice* 13 (2010): 3-18.

· 6장 : 인간적인 친절 ·

158   C. Darwin, *The Descent of Man*, London: John Murray (1871), p. 106.

159   M. Ghiselin, 'Darwin and Evolutionary Psychology', *Science* 179 (1973), p. 967.

160   M. Ghiselin, *The Economy of Nature and the Evolution of Sex*, University of California Press (1974).

161   C. Darwin, *The Descent of Man*, London: John Murray (1871), p. 87.

162   C. Darwin, *The Origin of Species*, London: John Murray (1859).

163   R. Alexander, 'Evolutionary Selection and the Nature of Humanity' in Hösle and Illies (eds.) *Darwinism and Philosophy*, University of Notre Dame Press (2005), p. 309.

164   D. Zitterbart et al, 'Coordinated Movements Prevent Jamming in an Emperor Penguin Huddle' *PLOS One* (2011): doi: 10.1371/journal.pone.0020260

165   J. Birch, 'Gene Mobility and the Concept of Relatedness' *Biology and Philosophy* 29 (2014): 445-476.

166   박테리아의 사회적 행동에 대해 자세히 알고 싶으면 위의 문헌을 참고하라. 생물학적 이타주의와 심리학적 이타주의에 대한 세련된 토론은 다음의 책에 소개되어 있다. E. Sober and D. Wilson, *Unto Others*, Harvard: Harvard University Press (1999).

167   R. Trivers, 'The Evolution of Reciprocal Altruism', *Quarterly Review of Biology* 46 (1971): 35-57.

168   S. West, A. Griffin and A. Gardner, 'Social Semantics: Altruism, Cooperation, Mutualism, Strong Reciprocity and Group Selection', *Journal of Evolutionary Biology* 20 (2007): 415-432.

169   R. Dawkins, *The Selfish Gene*, 30th Anniversary Edition,

Oxford: Oxford University Press (2006), p. 4.

170 이기적 유전자와 진화론에 대한 책으로 다음을 권한다. A. Gardner and J. Welch, 'A Formal Theory of the Selfish Gene' *Journal of Evolutionary Biology* 24 (2011): 1801-1813.

171 R. Dawkins, *The Extended Phenotype*, Oxford: Oxford University Press (1982); A. Gardner and J. Welch, 'A Formal Theory of the Selfish Gene' *Journal of Evolutionary Biology* 24 (2011): 1801-1813.

172 C. Darwin, *The Descent of Man*, London: John Murray (1871).

173 J. Henrich et al, 'In Search of Homo Economicus: Behavioral Experiments in 15 Small-Scale Societies' *The American Economic Review* (2001): 73-78.

174 R. Frank et al, 'Does Studying Economics Inhibit Cooperation?', *Journal of Economic Perspectives* 7 (1993): 159-171; B. Frey and S. Meier, 'Are Political Economists Selfish and Indoctrinated? Evidence from a Natural Experiment', *Economic Inquiry* 41 (2003): 448-462.

175 J. Henrich, 'Does Culture Matter in Economic Behavior? Ultimatum Game Bargaining among the Machiguenga of the Peruvian Amazon' *American Economic Review* 90 (2000): 973-979.

176 C. Darwin, *The Descent of Man*, London: John Murray (1871).

177 사회적 진화에 대한 내 이해를 돕기 위해 조나단 버치가 몇 년에 해당하는 개인 교습을 내게 해주었다.

178 푸른 수염에 대한 자세한 토론은 다음의 책에 소개되어 있다. A.

과학한다, 고로 철학한다

Gardner and S. West, 'Greenbeards', *Evolution* 64 (2010): 25-38.

179   L. Keller and K. Ross, 'Selfish Genes: A Green Beard in the Red Fire Ant', *Nature* 394 (1998): 573-575.

180   다음의 책에 이것이 잘 요약되어 있다. E. Jablonka and M. Lamb, *Evolution in Four Dimensions, Revised Edition*, Cambridge, MA: MIT Press (2014).

181   예를 들어, 다음을 참고하라. P. Richerson and R. Boyd, *Not by Genes Alone*, Chicago: University of Chicago Press (2005).

182   C. el Mouden et al, 'Cultural Transmission and the Evolution of Human Behaviour: A General Approach Based on the Price Equation', *Journal of Evolutionary Biology* 27 (2014): 231-241.

· 7장 : '본성'이라는 말을 조심하라! ·

183   S. Pinker, *The Blank Slate: The Modern Denial of Human Nature*, London: Allen Lane (2002).

184   M. Sandel, *The Case Against Perfection: Ethics in the Age of Genetic Engineering*, Cambridge, MA: Harvard University Press (2007).

185   L. Kass, 'The Wisdom of Repugnance: Why We Should Ban the Cloning of Humans', *Valparaiso University Law Review* 32 (1998): 689.

186   D. Hull, 'Human Nature' *PSA: Proceedings of the Biennial Meeting of the Philosophy of Science Association* 2 (1986): 12

187   M. Ghiselin, *Metaphysics and the Origin of Species*, SUNY

Press (1997), p. 1.

188   J. Henrich, S. Heine and A. Norenzayan, 'The Weirdest People in the World?' *Behavioral and Brain Sciences* 33 (2010): 61-135.

189   M. Segall, D. T. Campbell and M. Herskovits, *The Influence of Culture on Visual Perception*, Bobbs-Merrill (1966).

190   J. Winawer, N. Witthoft, M. Frank, L. Wu, A. Wade and L Boroditsky 'Russian Blues Reveal Effects of Language on Color Discrimination' *PNAS* 104 (2007): 7780-7785.

191   더 자세한 토론과 예를 원하면 다음을 참고하라. T. Lewens, 'Species, Essence and Explanation' *Studies in History and Philosophy of Biological and Biomedical Sciences* 43 (2012): 751-757.

192   S. Okasha, 'Darwinian Metaphysics: Species and the Question of Essentialism', *Synthese* 131 (2002): 191-213.

193   C. Darwin, *On the Origin of Species*, London: John Murray (1859).

194   E. Machery, 'A Plea for Human Nature' *Philosophical Psychology* 21 (2008): 321-329.

195   T. Lewens, 'Human Nature: The Very Idea' *Philosophy and Technology* 25 (2012): 459-474.

196   B. Sinervo and C. M. Lively 'The Rock-Paper-Scissors Game and the Evolution of Alternative Male Strategies' *Nature* 380 (1996): 240-243.

197   M. Tomasello, *The Cultural Origins of Human Cognition*, Cambridge, MA: Harvard University Press (1999).

198   C. Heyes, 'Grist and Mills: On the Cultural Origins of Cultural

Learning' *Phil. Trans. R. Soc. B* 367 (2012): 2181-2191.

199   C. Heyes, 'Causes and Consequences of Imitation' *Trends in Cognitive Sciences* 5 (2001): 253-261.

200   J. Hope, 'Inability to Recognise People's Faces is Inherited' *Daily Mail* (8th May 2014). 인터넷에서도 읽을 수 있다. http://www.dailymail.co.uk/health/article-2622909/Find-hard-place-face-Its-genes-Inability-recognise-people-inherited-study-says.html

201   유전율은 다음에 잘 소개되어 있다. E. Sober, 'Separating Nature and Nurture', in D. Wasserman and R. Wachbroit (eds), *Genetics and Criminal Behavior: Methods, Meanings and Morals*, Cambridge: Cambridge University Press (2001), pp. 47–78.

202   나머지 부분은 케임브리지대 Centre for Research in Arts, Social Sciences and Humanities 소속 블로그에 게재된 포스트에 기초한 것이다.

203   P. Wintour, 'Genetics Outweighs Teaching, Gove Adviser Tells his Boss' *Guardian* (11th October 2013). Available online at: http://www.theguardian.com/politics/2013/oct/11/genetics-teaching-gove-adviser

204   R. Plomin and K. Astbury, *G is for Genes: The Impact of Genetics on Education and Achievement*, Oxford: Wiley-Blackwell (2013).

205   T. Helm, 'Michael Gove Urged to Reject "Chilling Views" of his Special Adviser', *Observer* (12th October 2013). Available online at: http://www.theguardian.com/politics/2013/oct/12/michael-gove-special-adviser

206   P. Wilby, 'Psychologist on a Mission to Give Every Child a Learning Chip', *Guardian* (18th February 2014). Available online at: http://www.theguardian.com/education/2014/feb/18/psychologist-robert-plomin-says-genes-crucial-education

207   S. Atran, et al 'Generic Species and Basic Levels: Essence and Appearance in Folk Biology' *Journal of Ethnobiology* 17 (1997): 17–43.

208   S. Gelman, and L. Hirschfeld, 'How Biological is Essentialism?', in S. Atran and D. Medin (eds), *Folkbiology*, Cambridge, MA: MIT Press (1999), pp. 403–445.

209   리 랭턴이 이런 생각을 하는 데 도움을 주었다.

210   Kass, L., 'Ageless Bodies, Happy Souls: Biotechnology and the Pursuit of Perfection', *The New Atlantis* 1 (2003): 9–28.

211   Kass, L., 'The Wisdom of Repugnance: Why We Should Ban the Cloning of Humans', Valparaiso University Law Review 32 (1998): 679–705.

212   Ibid., p. 691.

213   Ibid.

· 8장 : 자유가 사라진다? ·

214   C. Soon et al, 'Unconscious Determinants of Free Decisions on the Human Brain', *Nature Neuroscience* 11 (2008): 543-545.

215   S. Harris, *Free Will*, New York: The Free Press (2012).

216　T. Chivers, 'Neuroscience, Free Will and Determinism' *Daily Telegraph* (12th October 2010). 인터넷에서도 읽을 수 있다.

217　M. Gazzaniga, 'Free Will is an Illusion, But You're Still Responsible for Your Actions', *Chronicle of Higher Education* (18th March 2012). Available online at: http://chronicle.com/article/Michael-S-Gazzaniga/131167

218　C. Soon et al, 'Unconscious Determinants of Free Decisions on the Human Brain', *Nature Neuroscience* 11 (2008): 543-545.

219　B. Libet et al, 'Time of Conscious Intention to Act in Relation to Onset of Cerebral Activity (Readiness Potential): The Unconscious Initiation of a Freely Voluntary Act', *Brain* 106 (1983), 623-642; B. Libet, 'Do we have Free Will?', *Journal of Consciousness Studies* 6 (1999), 54.

220　J. Coyne, 'You Don't have Free Will', *The Chronicle of Higher Education* (March 18th 2012). 인터넷에서도 읽을 수 있다. http://chronicle.com/article/Jerry-A-Coyne/131165/

221　자유의지 문제에서 비결정론이 하는 역할을 옹호하는 책으로 다음을 권한다. R. Kane, *The Significance of Free Will*, Oxford: Oxford University Press (1996).

222　D. Dennett, *Elbow Room: The Varieties of Free Will Worth Wanting*, Cambridge, MA: MIT Press (1984).

223　D. Wooldridge, *The Machinery of the Brain*, New York: McGraw-Hill (1963), pp. 82-83.

224　F. Keijzer, 'The Sphex Story: How the Cognitive Sciences Kept Repeating an Old and Questionable Anecdote' *Philosophical Psychology* 26 (2013): 502-519.

225　H. G. Wells, J. S Huxley and G. P. Wells, *The Science of Life:*

Volume 2, Garden City, New York: Doubleday, Doran and Company (1938).

226　J. Fabre, *Souvenirs Entomologiques*, Paris: Librarie Ch. Delagrave (1879); J. Fabre, *The Hunting Wasps*, New York: Dodd, Mead and Company (1915).

227　Ibid.

228　J. Brockman, 'Provisioning Behavior of the Great Golden Digger Wasp, Sphex ichneumoneus', *Journal of the Kansas Entomological Society* 58 (1985): 631-655.

229　F. Keijzer, 'The Sphex Story: How the Cognitive Sciences Kept Repeating an Old and Questionable Anecdote' *Philosophical Psychology* 26 (2013): 502-519.

230　See R. Lurz, *Mindreading Animals: The Debate over what Animals Know about Other Minds*, Cambridge, MA: MIT Press (2011).

231　예를 들어, 다음을 참고하라. D. Kahneman, A. Tversky and P. Slovic (eds.) *Judgement Under Uncertainty: Heuristics and Biases*, Cambridge: Cambridge University Press (1982).

232　보건과 안전에 관한 입법의 맥락에서 이것을 토론한 책으로 다음을 권한다. C. Sunstein, *Laws of Fear: Beyond the Precautionary Principle*, Cambridge: Cambridge University Press (2005).

233　이런 주장의 예가 다음 책의 참고 문헌에 나온다. E. Nahmias et al, 'Surveying Freedom: Folk Intuitions about Free Will and Moral Responsibility', *Philosophical Psychology* 18 (2005): 561-584.

234　E. Nahmias et al, 'Surveying Freedom: Folk Intuitions

about Free Will and Moral Responsibility', *Philosophical Psychology* 18 (2005): 561-584.

235   조나단 버치가 이 문제를 내게 지적해 주었다.

236   J. Coyne, 'You Don't have Free Will', *The Chronicle of Higher Education* (March 18th 2012). 인터넷에서도 읽을 수 있다. http://chronicle.com/article/Jerry-A-Coyne/131165/

237   B. Libet et al, 'Time of Conscious Intention to Act in Relation to Onset of Cerebral Activity (Readiness Potential): The Unconscious Initiation of a Freely Voluntary Act', *Brain* 106 (1983), 623-642

238   다음이 그 예가 된다. T. Bayne, 'Libet and the Case for Free Will Scepticism' in R. Swinburne (ed.) *Free Will and Modern Science*, OUP/British Academy (2011); D. Dennett, Freedom Evolves, London: Penguin (2003); A. Mele, *Effective Intentions: The Power of Conscious Will*, Oxford University Press (2009).

239   앨 밀리가 그의 동료들과 한 자세한 토론을 통해 나는 이 중요한 점을 깨닫게 되었다.

240   J. Trevena and J. Miller, 'Brain Preparation Before a Voluntary Action: Evidence Against Unconscious Movement Initiation', *Consciousness and Cognition* 19 (2010): 447-456.

241   A. Schurger et al., 'An Accumulator Model for Spontaneous Neural Activity Prior to Self-Initiated Movement' *PNAS* 109 (2012): E2904-E2913.

242   C. Soon et al, 'Unconscious Determinants of Free Decisions on the Human Brain', *Nature Neuroscience* 11 (2008): 543-545.

243   A. Mele, 'The Case Against the Case Against Free Will'

Chronicle of Higher Education (18th March 2012). 인터넷에
서도 읽을 수 있다. http://chronicle.com/article/Alfred-R-Mele-
The-Case/131166/

· 후기 : 과학의 범위 ·

244   예를 들어, 다음을 참고하라. B. Wynne, 'Misunderstood
        Misunderstandings' *Public Understanding of Science* 1
        (1992): 281-304.

245   BBC News, 'Post-Chernobyl Disaster Sheep Controls Lifted
        on Last UK Farms' (1st June 2012). 인터넷에서도 읽을 수 있다.
        http://www.bbc.co.uk/news/uk-england-cumbria-18299228

246   F. Jackson, 'Epiphenomenal Qualia', *Philosophical Quarterly*
        32 (1982): 127-136; F. Jackson, 'What Mary Didn't Know',
        The Journal of Philosophy 83 (1986): 291-295.

247   E.g. T. Crane and D. H. Mellor, 'There is no Question of
        Physicalism' *Mind* 99 (1990), 185-206; J. Dupré, *The
        Disorder of Things*, Cambridge, MA: Harvard University
        Press (1993).

248   D. Lewis, 'What Experience Teaches' in W. Lycan (ed.)
        Mind and Cognition, Oxford: Blackwell (1990); L. Nemirow,
        'Physicalism and the Cognitive Role of Acquaintance' in W.
        Lycan (ed.) *Mind and Cognition*, Oxford: Blackwell (1990));
        D. H. Mellor, 'Nothing Like Experience' *Proceedings of the
        Aristotelian Society* 93 (1992/3): 1-16.